普通高等教育“十三五”规划教材

大学计算机——基于Windows 7+ Office 2010 的操作技能

（第5版）

邵 明 柳 红 主编

白清华 王小燕 张 伟 张 莉 编

電子工業出版社

Publishing House of Electronics Industry

北京 · BEIJING

内 容 简 介

本书是《大学计算机——基于计算思维》（第5版）配套的实训教程。本书根据教育部高教司非计算机专业计算机基础教学指导委员会提出的高等学校计算机基础课程教学基本要求编写，并参照全国计算机等级考试（二级）新大纲中对公共基础部分的要求进行编写。

本书以实例分析为基础，配合了大量的具体操作实验。全书分为6章，主要内容包括：中文Windows 7操作系统、Word 2010文字处理、Excel 2010电子表格、PowerPoint 2010演示文稿、网页制作软件Dreamweaver、计算机网络与Internet应用。在编写过程中注重基础知识的学习与讲解，配有详细的案例，指导步骤清晰、内容翔实。

本书可以作为高等学校非计算机专业计算机基础课程的入门教材，也可以作为全国计算机等级考试（二级）的培训教材，还可以供相关领域工作人员学习、参考。

图书在版编目 (CIP) 数据

大学计算机：基于Windows 7+Office 2010的操作技能 / 邵明，柳红主编. —5版. —北京：电子工业出版社，2016.8
ISBN 978-7-121-29202-6

I. ①大… II. ①邵… ②柳… III. ①Windows 操作系统－高等学校－教材 ②办公自动化－应用软件－高等学校－教材 IV. ①TP3

中国版本图书馆CIP数据核字(2016)第145477号

策划编辑：王羽佳
责任编辑：郝黎明
印　　刷：三河市良远印务有限公司
装　　订：三河市良远印务有限公司
出版发行：电子工业出版社
　　　　　北京市海淀区万寿路173信箱　　邮编：100036
开　　本：787×1092　1/16　印张：10　字数：301.7千字
版　　次：2016年8月第1版
印　　次：2016年9月第2次印刷
印　　数：1500册　　定价：29.90元

凡所购买电子工业出版社图书有缺损问题，请向购买书店调换。若书店售缺，请与本社发行部联系，联系及邮购电话：(010)88254888，88258888。

质量投诉请发邮件至zlts@phei.com.cn，盗版侵权举报请发邮件至dbqq@phei.com.cn。

本书咨询联系方式：(010)88254535，wyj@phei.com.cn。

前　　言

计算机是现代信息社会的重要标记，掌握丰富的计算机知识，正确熟练地操作计算机已成为信息时代对各类人才的必然要求。

本书是《大学计算机——基于计算思维》（第 5 版）的配套操作技能实训教程。本套教材是以教育部高等学校大学计算机课程教学指导委员会发布的“高等学校计算机基础教育基本要求”和《计算思维教学改革白皮书》为指导，在总结多年教学实践和改革经验的基础上，对原教材的内容进行重新修改和规划。

本书是以适应新的教学模式、教学制度为根本，以满足学生需求和社会需求为目标的指导思想编写而成的。主要内容包括中文 Windows 7 操作系统、Word 2010 文字处理、Excel 2010 电子表格、PowerPoint 2010 演示文稿、网页制作软件 Dreamweaver、计算机网络与 Internet 应用等内容。本书主要面向计算机的应用，重视对学生操作能力的培养，使学生能够快速掌握办公自动化软件的应用和基本技能。本书内容循序渐进、由浅入深，适应多层次分级的教学要求，满足不同学时的需求，适合有不同计算机基础的学生学习。本书紧跟计算机技术的发展和人才培养的目标，力求做到以下几点。

（1）内容先进。本书紧密结合计算机行业的发展和应用的现状，实现课程内容和社会应用的有机衔接，以适应信息社会对人才的要求。

（2）突出基础，重视实践应用。本书紧密结合计算机操作性强的特点，每一章采用知识要点、实训案例和实训内容的编写方法紧扣知识点，使学生更易掌握。

（3）应用性强。本书体现了以应用为核心，以培养学生实际动手能力为重点。实训案例和实训内容贴近实际应用，将理论知识与培养操作技能有机结合起来，做到学以致用。

（4）注重可读性。本书的编写小组由具有丰富的教学经验，多年来一直从事并仍在从事计算机基础教育的一线资深教师组成，教材内容组织合理，语言使用规范，符合教学规律。

本书由邵明、柳红主编并统稿，参加编写的还有多年从事计算机教学的一线教师，包括张伟、王小燕、白清华、张敏霞、孙丽凤、纪乃华、罗容、迟春梅、王秀鸾、张莉、张媛媛等。在此，感谢整个教学团队所有成员的帮助与支持。

由于作者水平有限，书中难免有错误和不妥之处，敬请读者批评指正。

作　者

2016 年 5 月

前言

目录

第 1 章　中文 Windows 7 操作系统

1.1　知 识 要 点

操作系统是应用软件的支撑平台，所有其他软件都必须在操作系统的支持下才能使用。Windows 操作系统及其支持软件均采用统一的操作界面及操作方式，掌握 Windows 的操作是使用其他软件的基础。

1.1.1　基本概念和基本操作

1. Windows 7 简介

Windows 操作系统是目前使用最广泛的操作系统之一，Windows 7 是 Microsoft 公司推出的较新版本，其核心版本号是 Windows NT 6.1。根据用户对象的不同，中文版 Windows 7 分为 6 个版本，分别为 Windows 7 Starter（初级版）、Windows 7 Home Basic（家庭普通版）、Windows 7 Home Premium（家庭高级版）、Windows 7 Professional（专业版）、Windows 7 Enterprise（企业版）和 Windows7 Ultimate（旗舰版）。

Windows 7 对运行环境的要求相对较高，为了充分发挥系统性能，计算机应满足以下最低硬件配置要求。

（1）1.8GHz 以上的 CPU。

（2）1GB 内存（基于 32 位）或 2GB 内存（基于 64 位）。

（3）25GB 可用硬盘空间（基于 32 位）或 50GB 可用硬盘空间（基于 64 位）。

（4）带有 WDDM 1.0 或更高版本的驱动程序的 DirectX 9 图形设备。

2. 认识 Windows 7 的操作环境

1）Windows 7 的桌面

开机启动 Windows 7 后，就会出现如图 1.1 所示的 Windows 7 系统的桌面。桌面是打开计算机并登录到 Windows 之后看到的主屏幕区域。就像实际的桌面一样，它是用户工作的平面。打开程序或文件夹时，它们便会出现在桌面上。还可以将一些项目（如文件和文件夹）放在桌面上，并且随意排列它们。从广义上讲，桌面包括“任务栏”，“任务栏”位于屏幕的底部，显示正在运行的程序，并可以在它们之间进行切换。它还包含“开始”按钮，使用该按钮可以访问程序、文件夹和计算机设置。

图 1.1　Windows 7 系统的桌面

2）Windows 7 的帮助系统

如果用户有疑难问题，可以通过 Windows 7 的帮助系统获得软件使用的各种帮助信息。执行以下常用方法之一，可以进入帮助系统。

方法 1：选择“开始”→“帮助和支持”命令。

方法 2：按键盘的功能键 F1。

方法 3：如果打开了某个窗口，选择窗口菜单的“帮助”→“帮助和支持中心”命令。

注意：不同应用程序窗口中的帮助系统往往是不同的。

3）关闭计算机

用完计算机以后应将其正确关闭，这一点很重要。不仅是因为节能，还有助于使计算机更安全，关机前要确保数据已做好保存。

图 1.2　关闭 Windows 7 系统

关闭计算机的方法如下。

方法 1：按计算机的电源按钮。

方法 2：选择“开始”→“关机”命令（如图 1.2 所示）。

方法 3：如果是便携式计算机，合上其盖子即可。

若在关机的时候选择“睡眠”命令，计算机进入睡眠状态。计算机进入睡眠状态时，显示器将关闭，通常计算机的风扇也会停止。计算机机箱外侧的一个指示灯闪烁或变黄就表示计算机处于睡眠状态，这个过程只需要几秒钟。因为 Windows 将记住用户正在进行的工作，因此在使计算机睡眠前不需要关闭程序和文件。但是，将计算机置于任何低功耗模式前，最好还是先进行保存工作。在下次打开计算机时（必要时输入密码），屏幕显示将与先前关闭计算机时完全一样。

若要唤醒睡眠状态中的计算机，可按下计算机机箱上的电源按钮。因为不必等待 Windows 启动，所以将在数秒内唤醒计算机，几乎可以立即恢复工作。

计算机处于睡眠状态时，耗电量极少，它只需维持内存中的工作。如果使用的是便携式计算机，不必担心电池会耗尽。计算机睡眠时间持续几个小时之后，或者电池电量变低时，系统会自动将工作保存到硬盘上，然后计算机将完全关闭，不再消耗电源。

3. Windows 7 的基本操作

1）任务栏

任务栏位于桌面下方，如图 1.3 所示。最左侧有一个“开始”按钮，是一切工作的开始。其次为“程序按钮区”，可以快速启动常用的应用程序。“显示桌面”按钮位于任务栏的右侧，单击该按钮可以使所有已打开的窗口最小化，便于查找桌面文件。

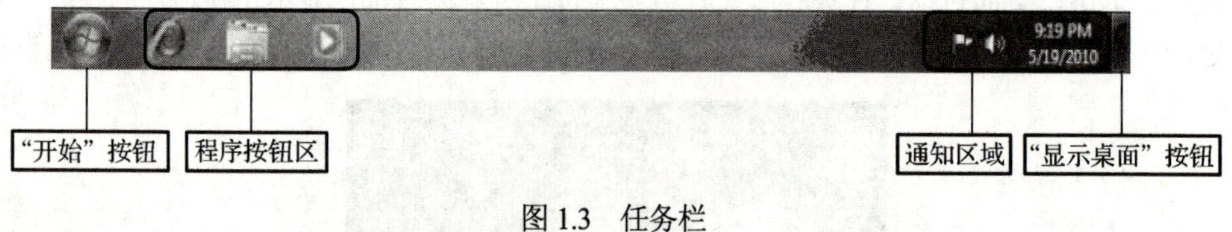

图 1.3　任务栏

2）“开始”菜单

单击任务栏上的“开始”按钮，或者在键盘上按 Ctrl+Esc 组合键，可以打开 Windows 的“开始”菜单。“开始”菜单是计算机程序、文件夹和设置的主通道。“开始”菜单由“常用程序”列表、“所有程序”列表、“搜索”框、“启动”菜单及“关闭选项”按钮区等组成，如图 1.4 所示。

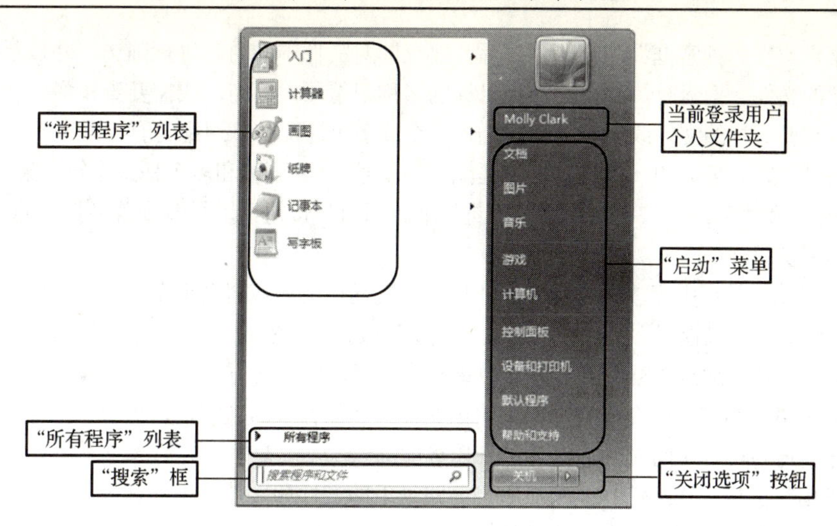

图 1.4 “开始”菜单

3）窗口

窗口是桌面上大小可以变化的矩形框，用来展示应用程序、文档或文件夹中的内容。通过窗口可以观察应用程序的运行情况，观察文档和文件夹的内容，也可以对应用程序、文档和文件夹进行操作。虽然各个窗口的内容不同，但是大多数窗口具有相同的基本组成部分，如图 1.5 所示是“计算机”窗口。

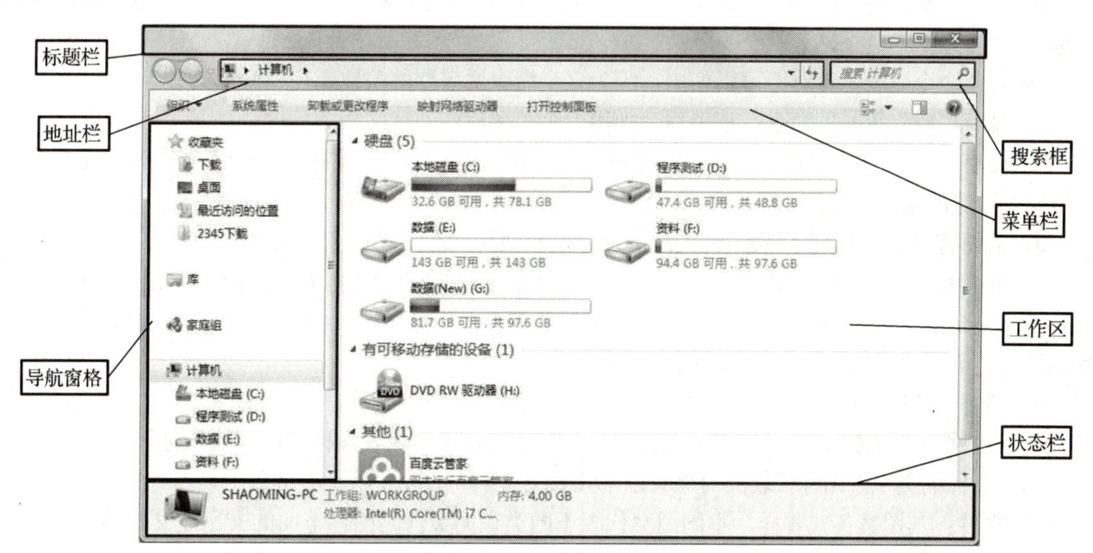

图 1.5 “计算机”窗口

（1）边框。组成窗口的四条边线称为窗口的边框，按住鼠标左键，拖动边框即可改变窗口的大小。

（2）标题栏。窗口最上边的一行称为标题栏，标题栏显示已打开应用程序的图标、名称等，还有“最小化”、“最大化”和“关闭”按钮。单击左上角的应用程序图标，会打开窗口中应用程序的控制菜单，使用该菜单也可以实现最小化、最大化和关闭等功能。另外，拖动标题栏可以移动窗口，还可以双击标题栏完成窗口的最大化和还原的切换。

（3）地址栏。地址栏显示当前所在的位置。通过单击地址栏中的不同位置，可以直接导航到这些位置。

（4）搜索框。在“搜索框”中键入内容后，将立即对文件中的内容进行筛选，并显示出与所键入的内容相匹配的文件。搜索时，如果对查找目标的名称记得不太确切，或需要查找多个文件名类似的文件，则可以在要查找的文件或文件夹名中插入一个或多个通配符。通配符有问号（？）和星号（*）两个，其中问号（？）可以和一个任意字符匹配，而星号（*）可以和多个任意字符匹配。

（5）“前进”和“后退”按钮。使用“前进”或“后退”按钮可以导航到曾经打开的其他文件夹，而无须关闭当前窗口。

（6）工具栏。工具栏中存放着常用的操作按钮。工具栏上的按钮会根据查看内容的不同而变化，但一般包含“组织”和“视图”等按钮。通过“组织”按钮可以实现文件（夹）的复制、粘贴、剪贴、删除、重命名等操作，通过“视图”按钮可以调整图标显示大小与方式。

（7）导航窗格。用户可以在导航窗格中单击文件夹和保存过的搜索，以更改当前文件夹中显示的内容。使用导航窗格可以访问文档、图片和音乐等库。

（8）详细信息面板。详细信息面板显示当前路径下的文件和文件夹中的详细信息，如文件的创建日期、修改日期、大小、文件夹中的项目数等。

（9）菜单栏。窗口在默认情况下不显示传统的菜单栏及工具栏等，用户可以自行设置所需的项目。在“计算机”窗口中，依次执行“组织”→“布局”→“菜单栏”命令，可将传统的菜单栏显示出来。

Windows 7 的多数窗口都有菜单，菜单中包括了所有对该窗口的有效操作命令。只要用鼠标单击所需的某个菜单，即可立即执行这项菜单命令对应的功能。

在 Windows 7 系统中，窗口的菜单命令有如下各种不同的表现形式。

① 命令简称：每个命令后面的英文字母。打开菜单后，按键盘上的这个字母，就可以执行这个菜单命令。

② 灰色命令：表示暂时不可以使用，因为这个命令所需要的条件或环境尚未具备。

③ 带有“▶”符号的命令：选中后会弹出一个子菜单。

④ 带有“…”符号的命令：选中后会弹出一个对话框，用户需要在对话框中回答有关问题后，才能执行所选的菜单命令。

⑤ 前面有“√”的命令：表示开关式的命令，有两种状态即“选中”或“不选中”。

⑥ 前面有“•”的命令：表示多选一状态的选择命令，即在提供的多个并列选项中选择其中一个。

在 Windows 7 中，用鼠标右键单击任何目标都将弹出一个菜单，此菜单的弹出和使用都非常方便，称为快捷菜单。不同的对象会有不同的快捷菜单。

4）图标和快捷方式

图标也称为“对象”、“项目”，分布在桌面、各个窗口中，代表各种硬件、软件对象。

（1）图标的类型。图标代表的对象有以下几种类型。

① 文件：其图案各式各样，不同图案代表不同类型的文件。图标下面的文字是文件的名称。例如，图中带有 图标的文件是 Word 文档，带有 图标的文件是 Excel 电子表格文档。

② 文件夹：图案是统一的 ，桌面上的 也是一个文件夹。图标下面的文字是文件夹的名称，文件夹用于存放相关的一组文件。

③ 应用程序：其图案也是各式各样的。如图 1.1 中桌面上的 就是应用程序图标，图标下面的文字是应用程序的名称，双击该图标将进入回收站。

④ 快捷方式：快捷方式图标的标志是图标左下角有一个箭头，如桌面上的 是快捷方式图标。双击该图标可以打开压缩解压缩软件 WinRAR。图标下面的文字是快捷方式的名称。

⑤ 硬件设备：“计算机”窗口中的 就是硬件设备图标，图标下面有设备的名称。

（2）图标的排列。当桌面上或窗口内的图标很多时，可以按一定的顺序重新排列图标。操作方法为：鼠标右键单击桌面或窗口空白处，在弹出的快捷菜单中选择“排序方式”下的某个子菜单命令，可选择不同的图标排列方式。

（3）快捷方式。快捷方式提供了一种对常用程序和文档的访问捷径。快捷方式实际上是外存中原文件或外部设备的一个映像文件，其文件扩展名为“.lnk”，只占很少的磁盘空间，通过访问快捷方式就可以访问到它所对应的原文件或外部设备。

创建快捷方式的方法如下。

方法 1：在“计算机”或“资源管理器”中找到并选中原文件或外部设备，然后用鼠标将它拖到桌面或某文件夹中。

方法 2：选中原文件或外部设备后，单击鼠标右键，在弹出的快捷菜单中选择“创建快捷方式”命令来创建快捷方式。

方法 3：在期望放置快捷方式的桌面或文件夹的空白处单击鼠标右键，在弹出的快捷菜单中依次执行“新建”→“快捷方式”命令来创建快捷方式。

要查询快捷方式对应的原文件或外部设备的详细信息，可以查询快捷方式的“属性”实现。操作方法是：鼠标右键单击快捷方式图标，在弹出的快捷菜单中选择“属性”命令，打开“快捷方式属性”对话框，在该对话框中可以查询到快捷方式对应的原文件或外部设备的有关信息。

5）对话框

对话框是 Windows 7 系统中的一类特殊窗口。例如，在写字板窗口中，执行“文件”→“打开”命令，弹出如图 1.6 所示的“打开”对话框。

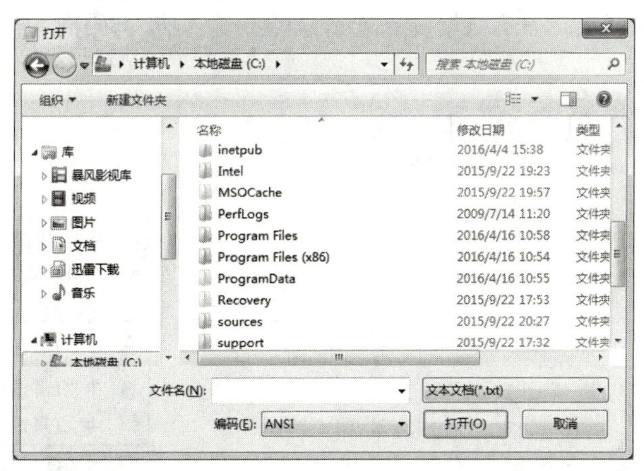

图 1.6 “打开”对话框

对话框包括标题栏，其中有对话框的名字。右上角有“关闭”按钮，没有“最大化”和“最小化”按钮。对话框与一般窗口有两点不同：一是对话框不能最大化、最小化，而一般窗口可以；二是用途不同，一般窗口显示的是应用程序、文件夹或文档的内容，而对话框展示的只是执行命令过程中人机对话的一种界面。

6）应用程序

应用程序是指能够完成特定功能的程序，或是为某些应用领域开发的实用软件，如 CD 播放器 Windows Media Player、文字处理软件 Word 等。

（1）应用程序的运行。运行一个应用程序的方法如下。

方法 1：选择“开始”→“所有程序”命令，在“所有程序”子菜单中找到并单击要打开的应用程序名称。

方法 2：在“资源管理器”窗口中找到并双击该应用程序。

方法 3：在桌面上或任务栏的“程序按钮区”或某文件夹中建立应用程序的快捷方式，再双击应用程序的快捷方式图标。

（2）应用程序的强制退出。当某个应用程序在运行过程中出现问题无法正常运行也无法正常退出时，就必须强制退出这个应用程序。

鼠标右击任务栏空白处，在弹出的快捷菜单中选择“Windows 任务管理器”命令，或同时按键盘上的 Ctrl+Alt+Del 组合键，打开“Windows 任务管理器”，如图 1.7 所示，在“应用程序”列表中选择要强制退出的程序，单击“结束任务”按钮。

7）剪贴板

剪贴板是 Windows 实现信息传送和信息共享的工具。剪贴板中的信息不仅可以用于不同的 Windows 应用程序之间，也可以用于同一个应用程序的不同文档之间，还可以用于同一个文档的不同位置。传送和共享的信息可以是文字、数据，也可以是图像、图形或声音等。

可以把整个屏幕或当前窗口作为图形画面复制到剪贴板，然后将剪贴板中的图形粘贴到“画图”程序窗口中，以供修改、保存和使用，也可以粘贴到 Word、Excel 等应用程序中作为插图使用。本书中的许多窗口、桌面或全屏幕的插图就是用这种方法获得的，这种方法也叫抓图。

复制整个屏幕图像到剪贴板的方法是按 Print Screen 键，复制当前窗口图像到剪贴板的方法是按 Alt+Print Screen 组合键。

8）中文输入法

Windows 7 提供的中文输入法有微软拼音输入法、全拼输入法、郑码输入法、智能 ABC 输入法等，如图 1.8 所示。

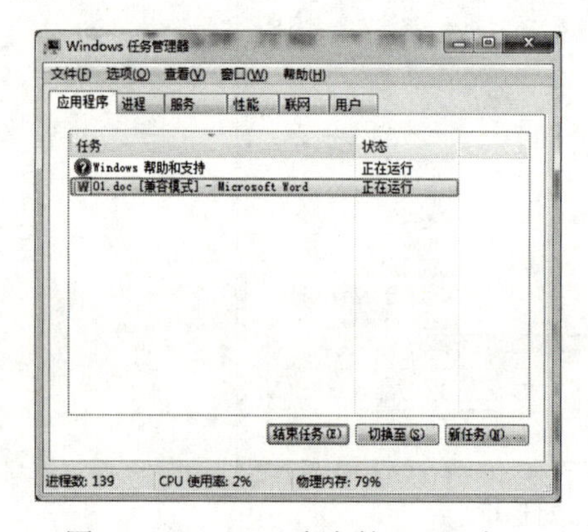

图 1.7 “Windows 任务管理器”窗口

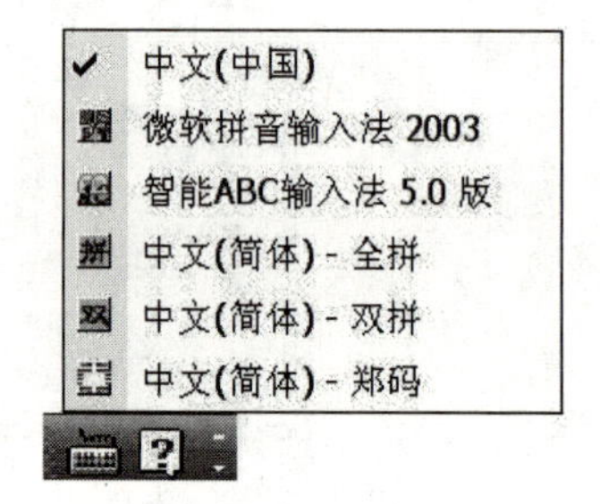

图 1.8 中文输入法

1.1.2 资源管理

Windows 的资源管理是指对包括所有硬件、软件在内的计算机资源进行管理。资源管理主要包括文件和文件夹的建立、复制、移动、重命名、删除和属性设置等操作，以及对回收站、磁盘、网上邻居和资源搜索等的操作。

1. 资源管理的基础知识

1）文件和文件夹

（1）认识文件和文件夹。文件是按一定的格式存储在计算机外存储器中的一组相关信息的集合，文件包括程序文件和数据文件两类。数据文件一般必须与一定的程序文件相联系才能起作用，如图形数据文件必须与一个图形处理程序相联系才能看到图形；声音数据文件必须与一个声音播放程序相联系才能听到声音等。

当一个文件夹中包含的文件太多时，可以在此文件夹内部再建立若干个下一级的文件夹，称为子文件夹，然后把这个文件夹中的文件按类别分别存放到各个子文件夹中。

（2）文件和文件夹的名称。为了区别不同内容、不同格式的文件，每个文件都有一个文件名，文件夹也是如此。文件名或文件夹名可以使用英文字母、数字、汉字、空格和其他字符，但不能使用\ /: * ? ” < > | 等字符。文件名和文件夹名不区分英文字母大小写。

Windows 允许使用长文件名或文件夹名，最多可达 255 个字符，实际操作中一般不超过 20 个字符。

大多数的文件名由两部分组成：〈主文件名〉.〈扩展名〉。主文件名是文件名的实际名称，扩展名则用来标识文件的类型或文件的格式。例如，文件名“myfile.docx”的主文件名是 myfile，扩展名是.docx，表示它是一个 Word 文档，又如，.txt 是文本文件；.bmp 是位图文件；.exe 是可执行文件；.lnk 是快捷方式链接文件等。

2）管理资源常用工具的使用方法

在 Windows 中，管理资源的两个主要工具是资源管理器和“计算机”。它们不仅可以显示文件夹的结构和文件的详细信息，而且可以实现文件和文件夹的查看、复制、移动和删除等操作，还可以实现启动应用程序、打印文档、进行磁盘维护等操作。

资源管理器与“计算机”的使用方法基本相同，下面以资源管理器为例说明资源管理工具的使用方法。

（1）打开资源管理器。可以采用以下方法之一打开资源管理器。

方法 1：单击桌面上的“开始”按钮，依次执行“所有程序”→“附件”→“Windows 资源管理器”命令。

方法 2：鼠标右键单击任务栏上的“开始”按钮，在弹出的快捷菜单中选择“打开 Windows 资源管理器”命令。

图 1.9 所示为资源管理器窗口。资源管理器窗口的显示区分为左右两个窗格。左窗格以层次方式显示计算机中全部资源的树形目录结构，右窗格显示“计算机”中的资源，包括硬盘和可移动存储设备（软驱、光驱等）。鼠标拖曳左右窗格的分界线可以调整左右窗格的相对大小。

（2）目录结构的展开与收缩。在左窗格中，展开按钮 ▷ 表示此处可以展开下一级内容，收缩按钮 ◢ 表示此处展开的内容可以收缩回来。

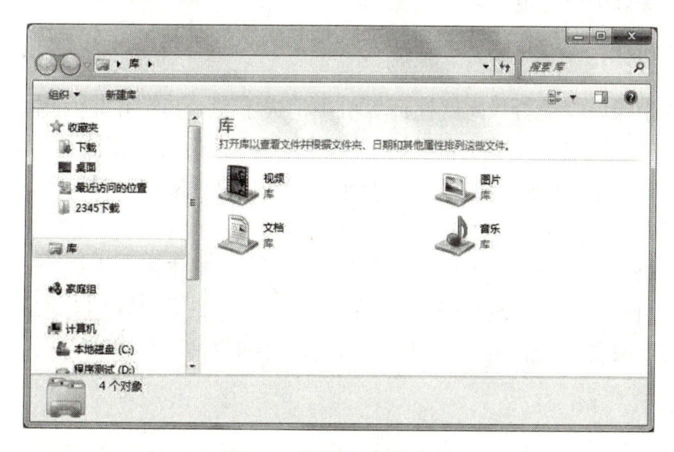

图 1.9　资源管理器窗口

（3）资源的定位。单击展开按钮在树形目录结构中把指定的资源目标显示出来，然后用鼠标单击指定的资源目标，就可以完成资源的定位。

（4）左右窗格的联动。在左窗格展开和收缩目录结构的过程中，右窗格的显示不会受到影响，也为不同文件夹之间的复制和移动文件提供了方便。但当左窗格定位到新的目标时，右窗格的显示内容会随着左窗格目标定位的变化而变化。

（5）右窗格的显示方式。如果要改变右窗格内容的显示方式，使用工具栏中的“视图”按钮，在弹出的下拉菜单中选择“大图标”、“小图标”、“列表”、“详细资料”、“缩略图”命令之一即可。

（6）右窗格显示对象的排列顺序。在资源管理器窗口右窗格空白处，鼠标右键单击，在弹出的快捷菜单中选择“排序方式”命令，可以根据需要改变其排列顺序。

2．文件和文件夹的选定

对文件和文件夹进行复制、移动和删除等操作之前，必须先选定操作的对象。选定一个对象只需单击指定对象即可，选定多个对象则有下列不同情况。

（1）多个连续对象的选定：单击第一个对象，按住 Shift 键，再单击最后一个对象，放开 Shift 键，首尾两个对象之间的所有对象均被选中。或者鼠标指针落在第一个对象旁边的空白处，按住鼠标左键，拖曳鼠标到最后一个对象，被鼠标“扫描”到的对象均被选中。

（2）多个不连续对象的选定：按住 Ctrl 键，再单击任意不连续的对象，然后放开 Ctrl 键，即可选中多个不连续的对象。

（3）全部选定：当要选定窗口中的所有对象时，可以依次执行窗口菜单的“编辑”→“全部选定”命令，或按键盘的 Ctrl+A 组合键，即可选中全部对象。

如果要撤销部分已选定的对象，按住 Ctrl 键，单击要撤销的对象即可；如果要撤销全部选定的对象，用鼠标单击窗口的任意空白处。

3．文件和文件夹的基本操作

文件和文件夹的操作主要是在资源管理器和“计算机”中进行的，在桌面上也可以实现一些操作。文件和文件夹的操作方式有以下几种。

（1）快捷菜单：是实现文件和文件夹操作的最佳途径，因为快捷菜单上集中了指定位置或指定对象在当时可以实现的基本操作。

（2）工具栏：在资源管理器和“计算机”中，使用“工具”按钮也是一种直观、简便的方法。

（3）键盘：通过键盘快捷键也可以完成操作。

4．“回收站”的使用

文件或文件夹被删除后，是否从此就在计算机中消失了呢？其实并非如此。为了防止误删除给用户带来的损失，Windows 系统设立了“回收站”，收集所有被删除的对象。

“回收站”使用的存储资源是硬盘，因此“回收站”中的对象将一直保留，直到进入“回收站”再一次删除时，才会被永久地删除。

“回收站”最大的好处是其中的对象可以被“还原”到原始位置，为删除文件或文件夹提供了安全保障。但是，当“回收站”空间被充满后，系统将自动清除最早删除的对象，以存放最新删除的对象。为了留下那些具有保留价值的项目，应该经常清理“回收站”。

5．磁盘的操作

磁盘的操作主要包括软盘（目前已很少用）、硬盘、U 盘的操作方法。对于 U 盘而言，一个新的

U 盘首先要经过格式化处理，使用一段时间后由于多次的读写操作，也需要格式化处理。在使用硬盘时，也需要进行格式化处理，以便清理磁盘和安装新的系统。

U 盘和硬盘的操作主要包括格式化、硬盘分区、复制磁盘等，磁盘操作在“计算机”和资源管理器中都可以进行。下面以在“计算机”中的操作为例介绍磁盘的操作。

1）U 盘格式化

将一个 U 盘进行格式化的操作步骤如下。

（1）单击“计算机”图标，在“可移动磁盘”图标上单击鼠标右键，在弹出的快捷菜单中选择“格式化”命令，打开“格式化可移动磁盘”对话框，如图 1.10 所示。

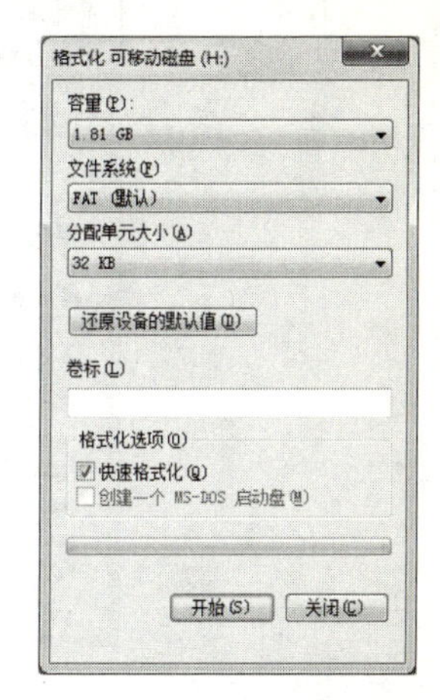

图 1.10 “格式化可移动磁盘”对话框

（2）在“卷标”文本框输入卷标，卷标是对磁盘的命名，不要超过 11 个字符。容量、文件系统和分配单元大小一般按默认的设置，不要更改。然后选中“快速格式化”复选框，快速格式化只是删除磁盘中的所有文件，而不是真正的格式化。

（3）单击“开始”按钮，开始对磁盘进行格式化。

2）查看磁盘的属性

要了解磁盘的有关信息，可以查询磁盘的“属性”。

如果要查询 C 盘的属性，在资源管理器窗口中，选择 C 盘，依次选择工具栏中的“组织”→“属性”命令，打开“本地磁盘（C:）属性”对话框，如图 1.11 所示。其中：

（1）“常规”选项卡：显示了磁盘的卷标、类型、文件系统、已用空间、可用空间、容量，并用一个彩色饼图表示磁盘的使用情况。在对话框中还可以更改磁盘的卷标。

（2）“工具”选项卡：提供了磁盘的 3 个维护工具，即查错、碎片整理和备份。

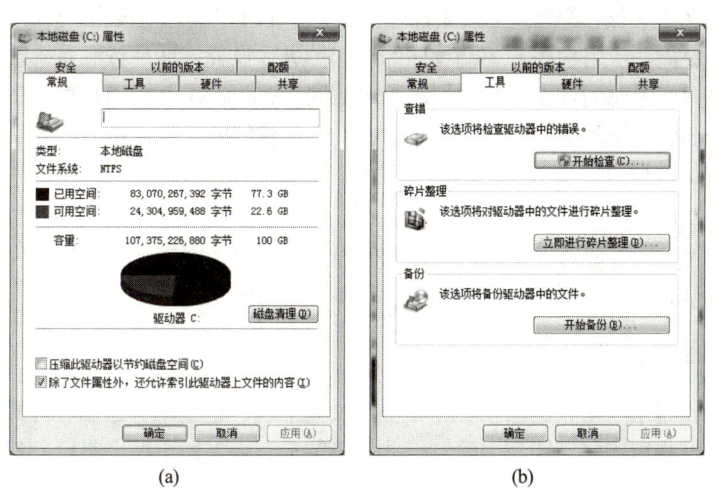

(a)　　　　(b)

图 1.11 “本地磁盘（C:）属性”对话框

6. 资源的搜索

Windows 提供了查找文件和文件夹的多种方法，在不同的情况下可以使用不同的方法。

1）使用“开始”菜单上的搜索框查找程序或文件

单击“开始”按钮，然后在搜索框中键入字词或字词的一部分。键入字词后，与所键入文本相匹配的项目将出现在“开始”菜单上。

2）在文件夹或库中使用搜索框来查找文件或文件夹

使用已打开窗口顶部的搜索框，在搜索框中键入字词或字词的一部分。键入字词时，系统将筛选文件夹或库的内容，并以高亮颜色显示搜索到的字符，看到需要的文件后，即可停止键入。“搜索结果”窗口如图 1.12 所示。

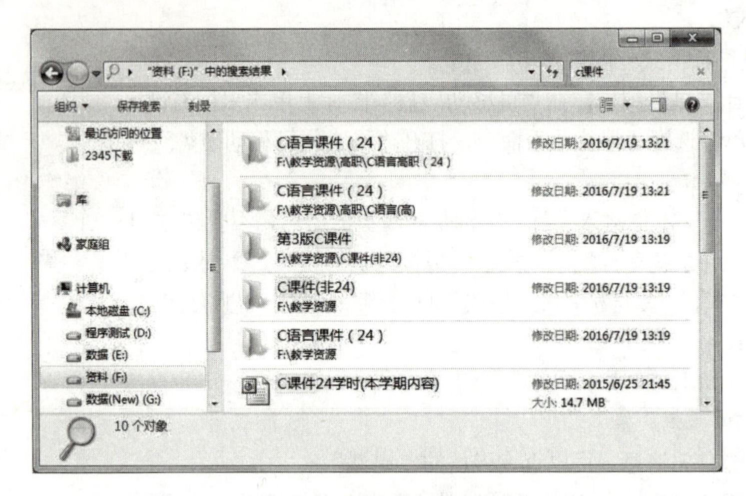

图 1.12 “搜索结果”窗口

1.1.3　控制面板与附件

1．控制面板的基本用法

安装 Windows 7 中文操作系统时，安装程序提供了一个标准的系统配置，对屏幕的颜色与分辨率、桌面布局、鼠标、键盘、应用程序和驱动程序的装入等进行设置。这是按照系统硬件配置的情况，为一般用户选择的设置。考虑到各个用户的情况不尽相同，Windows 7 为用户提供了选择余地，允许用户使用控制面板来调整系统的环境参数和各种属性，添加新的硬件和软件。

打开控制面板可以使用以下方法。

方法 1：执行“开始”→“控制面板”命令。

方法 2：打开“资源管理器”窗口，选择左侧导航窗格中选定“计算机”文件夹，在工具栏单击“打开控制面板”按钮，对各项的设置方法参见 1.1.4 节的内容。

2．附件的使用

Windows 7 操作系统中附带的应用程序很多，如写字板、记事本、画图、计算器、网上邻居、磁盘管理等。用户可以使用这些应用程序绘制一些简单图形、输入短小的文字段、整理磁盘空间、播放多媒体信息等。下面介绍几个应用程序的使用方法。

1）记事本

记事本是一个编辑纯文本文件的编辑器。所谓纯文本文件，是指只包括基本的 ASCII 码，而不包含任何使用文字处理产生的格式码的文件。记事本没有格式处理能力，因此不能进行字符和段落的格式排版。虽然记事本功能简单，但其运行速度快，占用空间小，是一个很实用的应用程序。

运行记事本程序的步骤是：依次选择“开始”→“所有程序”→“附件”→“记事本”命令，即可打开“记事本”应用程序。记事本提供了打开文件、保存文件、编辑文件文本、页面设置和打印文档等功能。

2）画图程序

画图程序提供了一整套绘制位图的工具，支持多种颜色格式（黑白灰度、16 色、256 色和真彩色等），它还特别支持 OLE 功能。因此，在画图程序中可以绘制图形、图表等，也可以直接将绘制的对象插入到写字板、Word 文档中。

运行画图程序的步骤是：依次选择“开始”→“所有程序”→“附件”→“画图”命令，即可打开“画图”窗口，如图 1.13 所示。

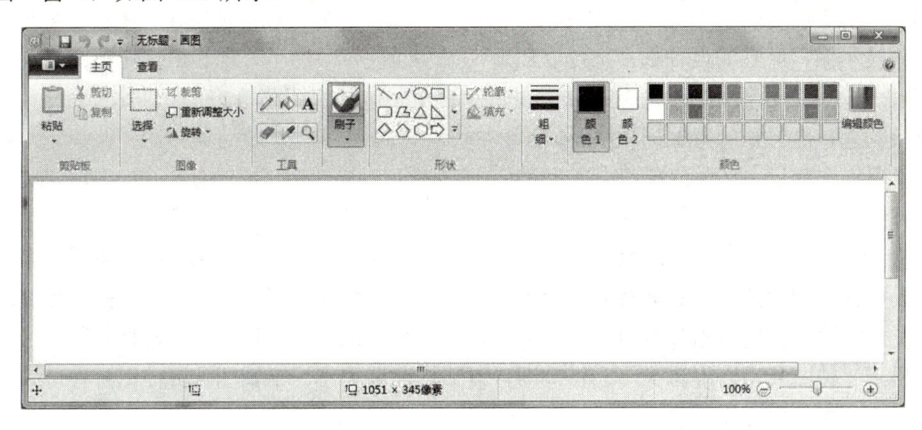

图 1.13　“画图”窗口

（1）画图窗口的结构。启动画图程序时，将看到一个空的窗口；绘图和涂色工具位于窗口顶部的功能区中。画图程序的工作区称为画布，绘制线条、着色都在画布上进行。画布的大小可以调整，将鼠标指针移到画布的右下角，拖动即可改变画布的大小。

（2）绘画。在“主页”选项卡中的“形状”组，选择要画的形状；在“颜色”组中，单击“颜色 1”，然后单击绘画要使用的颜色；单击“颜色 2”，然后单击要用于填充形状的颜色。若要更改填充样式，则在“形状”组中单击“填充”，然后单击某种填充样式。如果用户不希望填充形状，则单击“无填充”。要在画布中插入文字，可单击“工具”组的A图标，用鼠标拖动画出一个选定区域，在这个区域即可输入文字。绘制完图画，应保存文档。

（3）图片的编辑。

① 选定操作：打开一个图片文档后，在“图像”组中选择“选择”→“自由图形选择”命令选择图片中某一局部区域，然后对该局部区域进行编辑。

② 移动操作：选定图片局部区域后，用鼠标拖曳到指定位置。

③ 复制操作：选定图片一个局部区域后，单击鼠标右键，在弹出的快捷菜单中选择“复制”命令，将该区域复制到剪贴板，根据用户需要粘贴到指定位置。

④ 旋转操作：选定图片一个局部区域后，选择“图像”→“旋转”命令，在弹出的“翻转和旋转”对话框中，可以选中“水平旋转”或“垂直旋转”复选框处理操作对象，也可以选中“按一定角度旋转”复选框处理操作对象，能够按 90° 或 180° 旋转操作对象。

3）计算器

Windows 7 提供了多种功能的计算器，其中标准型计算器只可以做一些加、减、乘、除、乘方、开方、结果保存等简单的计算工作。科学计算器可以进行比较复杂的计算，如三角函数、阶乘及指数运算等，它还可以进行不同进制的数据转换。

选择“附件”→“计算器”命令，即可启动计算器应用程序。选择“查看”菜单设置相应类型的计算器，如图 1.14 所示。Windows 计算器与一般计算器的格式和使用方法基本相同，用户可以使用鼠标单击各个按钮输入数值进行计算。

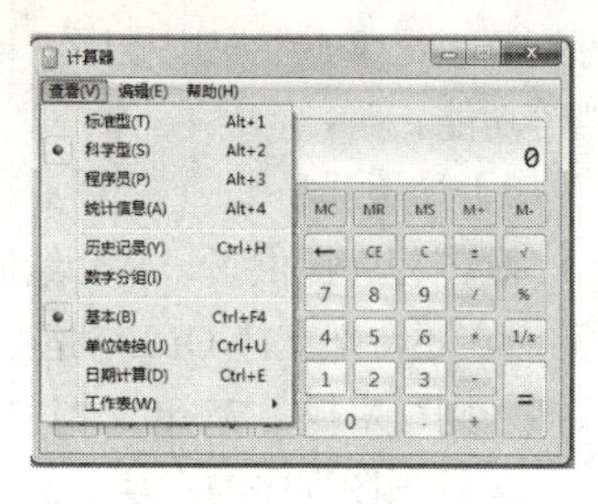

图 1.14　计算器

1.1.4　系统设置与系统维护

1. 系统设置

1）显示器

设置“显示器”属性的途径很多，可以双击“控制面板”中的“外观和个性化”图标，然后单击“个性化”命令，或者直接用鼠标右键单击桌面的空白处，选择快捷菜单的“个性化”命令，设置桌面背景、窗口颜色、声音和屏幕保护程序等。

（1）设置桌面背景。桌面背景（也称为壁纸）可以是个人收集的数字图片，也可以是 Windows 提供的图片、纯色或带有颜色框架的图片。

在“个性化”窗口中，选择“桌面背景”图标，如图 1.15 所示。单击要用于桌面背景的图片或颜色。如果要使用的图片不在桌面背景图片列表中，单击“图片位置”下拉列表中的选项查看其他类别，或单击“浏览”按钮搜索计算机上的图片。单击“图片位置”下拉列表，选择对图片进行裁剪以使其全屏显示、使图片适合屏幕大小、拉伸图片以适合屏幕大小、平铺图片或使图片在屏幕上居中显示，然后单击“保存更改”。

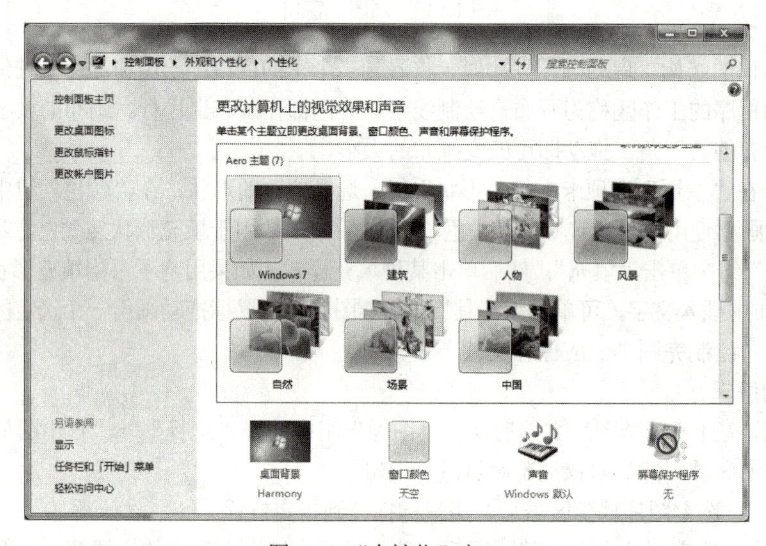

图 1.15　“个性化”窗口

（2）设置屏幕保护程序。在实际使用中，若彩色屏幕的内容一直固定不变，间隔时间较长后可能会造成屏幕的损坏。因此若在一段时间内不使用计算机，可设置屏幕保护程序自动启动，以动态的画面显示屏幕，保护屏幕不受损坏。单击“屏幕保护程序”按钮，可以选择用户喜欢的图像。选中“在恢复时显示登录屏幕”复选框，当系统进入屏幕保护程序后，只有知道密码的用户才能使系统退出屏幕保护程序。

（3）设置分辨率和显示区域。直接用鼠标右键单击桌面的空白处，选择快捷菜单的“屏幕分辨率”命令，可用来设置显示器的分辨率、桌面方向等。

2）键盘与鼠标的设置

（1）键盘属性的设置在“控制面板”中双击“键盘”图标，可以对键盘属性进行设置。

选择“速度”选项卡，在“字符重复”选项中设置“重复延迟”、“重复速度”等，“重复延迟”是指按住某键开始出现重复字符之前的延迟时间，“重复速度”是指按住一个键时该键重复的频率。拖动“光标闪烁频率”滑块可以改变光标或者插入点闪烁的频率。选择“输入法区域设置”选项卡，用户可以设置键盘输入法。

（2）设置鼠标。在控制面板中双击“鼠标”图标，打开“鼠标属性”对话框，可以对鼠标属性进行设置，如图 1.16 所示。其中：

①“鼠标键”选项卡：在“鼠标键配置”选项区域中选中“切换主要和次要的按钮”复选框可以设置“右手习惯”或“左手习惯”，在“双击速度”选项区域中可以拖动滑块调整鼠标的双击速度。

②“指针”选项卡：可以改变鼠标指针的显示形状。选中“启用指针阴影”复选框，鼠标指针将带有阴影，使鼠标指针具有立体感。

③“指针选项”选项卡：可以设置鼠标指针移动速度，以及在对话框中鼠标是否自动移动到默认的按钮上。

3）日期和时间

在控制面板中，双击“日期和时间”图标，打开“日期和时间”对话框，如图 1.17 所示。在“时间和日期”选项卡中，单击“更改日期和时间”按钮，即可设定年、月、日及时间。

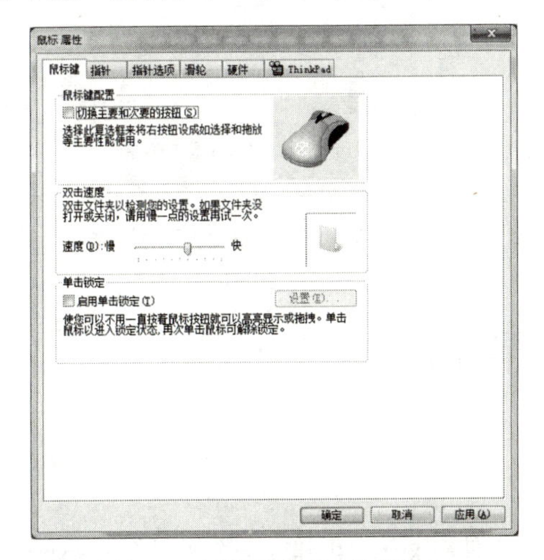

图 1.16　“鼠标属性”对话框

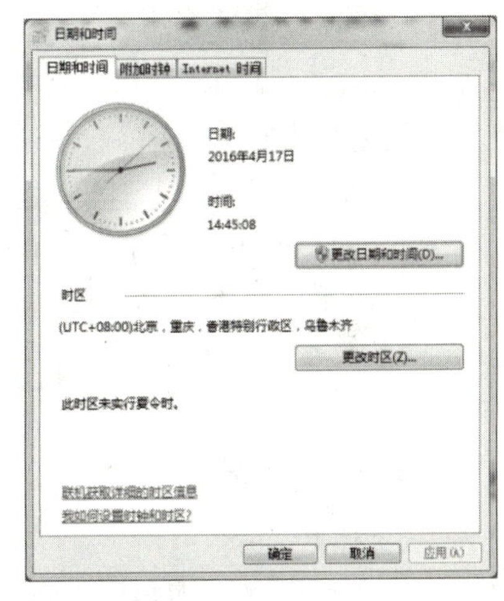

图 1.17　“日期和时间”对话框

2. 系统维护

1）卸载或更改程序

在 Windows 7 操作系统中，当用户需要安装新应用程序或删除旧应用程序时，可以使用“控制面板”中的“程序和功能”窗口。该窗口用于规范安装和删除应用程序的过程，避免执行错误的操作，使系统运行环境处于良好状态。

双击“控制面板”窗口中的“程序和功能”图标，系统弹出“卸载或更改”对话框。选择程序，然后单击“卸载”按钮。除了卸载选项外，某些程序还包含更改或修复程序选项，但许多程序只提供卸载选项。若要更改程序，单击“更改”或“修复”按钮。

2）打印机管理

当计算机系统有一台或多台打印机设备时，打印机管理就是 Windows 7 操作系统的一项重要内容。“设备和打印机”窗口如图 1.18 所示，打开“打印机和传真”窗口的两种常用方法如下。

方法 1：打开“控制面板”窗口，双击其中的“设备和打印机”图标。

方法 2：执行“开始”→“设备和打印机”命令。

打印机的管理主要包括打印机的安装、打印机属性设置、打印任务的暂停或清除。

（1）安装打印机。在使用“打印”命令之前应先安装打印机。

打开“设备和打印机”窗口，单击“添加打印机”图标。在“‘添加打印机’向导”对话框中，设置打印机是“本地打印机”或“网络打印机”，再设置打印机连接的端口，然后选择打印机型号。如果在提示列表中找不到，则必须选择从磁盘中安装。设置完打印机名称和共享属性，整个过程结束。

（2）设置打印机属性。打开“打印机和传真”窗口，鼠标右键单击打印机图标，选择“打印机属性”命令，显示打印机属性对话框如图 1.19 所示。从选项中可以设置打印机的名称，了解打印机的特点，设置打印机连接的端口、打印机方式、打印方向、打印质量和打印机使用权限等。

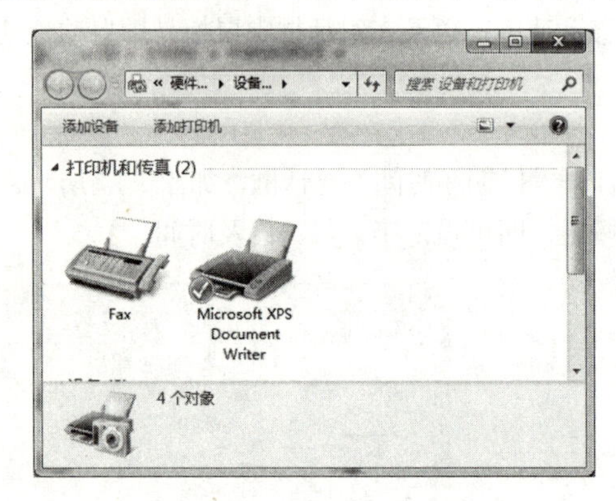

图 1.18 “设备和打印机”窗口

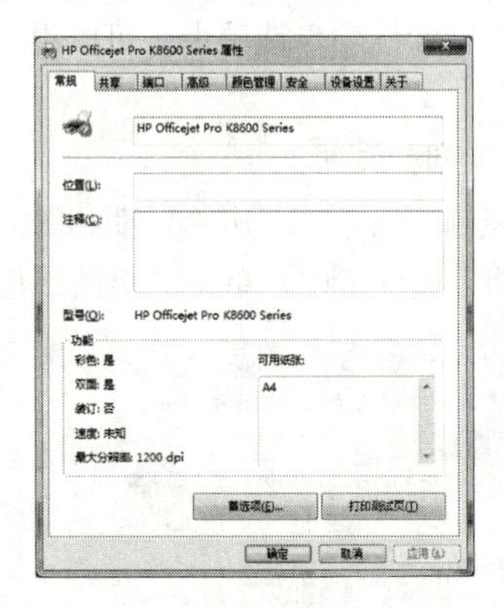

图 1.19 “打印机属性”对话框

1.2 实 训 案 例

1. 新建文件夹和文件

1）建立文件夹

建立 3 个文件夹，在 C 盘根目录新建文件夹 xyz，在文件夹 xyz 中再建立一个子文件夹 spark，在 C 盘根目录下新建文件夹 myfolder。

操作步骤如下：

① 打开资源管理器窗口，在左侧导航窗格中单击 C 盘。

② 选择窗口工具栏的“新建文件夹”命令，或者用鼠标右键单击窗口右窗格空白处，在弹出的快捷菜单中选择“新建”→“文件夹”命令，出现一个新的文件夹图标，如图 1.20 所示。

③ 输入文件夹名称 xyz。

④ 用鼠标在新文件夹外面单击，或按 Enter 键，C 盘根目录的新文件夹 xyz 就建好了。

⑤ 在右窗格双击打开新建好的 C 盘文件夹 xyz，重复步骤②～④在文件夹 xyz 中建立一个子文件夹 spark。在资源管理器左窗格中单击 C 盘，重复步骤②～④在 C 盘根目录下新建文件夹 myfolder。

2）建立文件

在 C 盘文件夹 xyz 中新建一个名为 myfile.docx 的 Word 文档。

操作步骤如下：

① 在资源管理器双击 C 盘中的文件夹 xyz，文件夹 xyz 窗口被打开。

② 用鼠标右键单击窗口空白处，在弹出的快捷菜单中选择“新建”→“Microsoft Word 文档”命令。

③ 窗口中出现一个新的 Word 文档图标，输入名称 myfile。

④ 鼠标在新文档外面单击，或按 Enter 键，新文档 myfile.docx 就建好了。

2. 文件和文件夹的重命名

1）重命名文件夹

把 C 盘的文件夹 xyz 改名为 user。

以使用资源管理器为例，操作步骤如下：

① 在左侧导航窗格中，单击选中 C 盘的 xyz 文件夹。

② 在窗口工具栏选择“组织”→“重命名”命令，或对 C 盘的 xyz 文件夹单击鼠标右键，在弹出的快捷菜单中选择“重命名”命令，或两次单击需重命名的文件夹的名称。

③ 输入新名称 user，然后在图标外面单击鼠标或按 Enter 键。

2）重新命名主文件名

把 C 盘文件夹 user 中的 Word 文档 myfile.docx 改名为 csp.docx。

以使用资源管理器为例，操作步骤如下：

① 在左侧导航窗格中，单击选中 C 盘中的 user 文件夹。

② 在右窗格中选中文档 myfile.docx，然后在窗口工具栏选择“组织”→“重命名”命令，或右键单击文档 myfile.docx，在弹出的快捷菜单中选择“重命名”命令。

③ 输入新名称 csp，然后在图标外面单击鼠标或按 Enter 键，文档的名字即改成 csp.docx。

3）更改文件的扩展名

在 Windows 7 下，一般默认不显示文件的扩展名，要改变文件的扩展名要先显示文件的扩展名。

要显示文件扩展名，操作步骤如下：

① 在资源管理器窗口，选择窗口工具栏“组织”→“文件夹和搜索选项”命令，打开“文件夹选项”对话框，如图 1.21 所示。

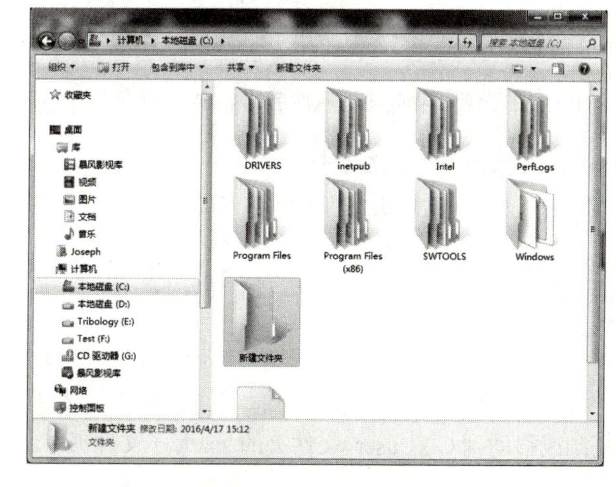

图 1.20　新建文件夹

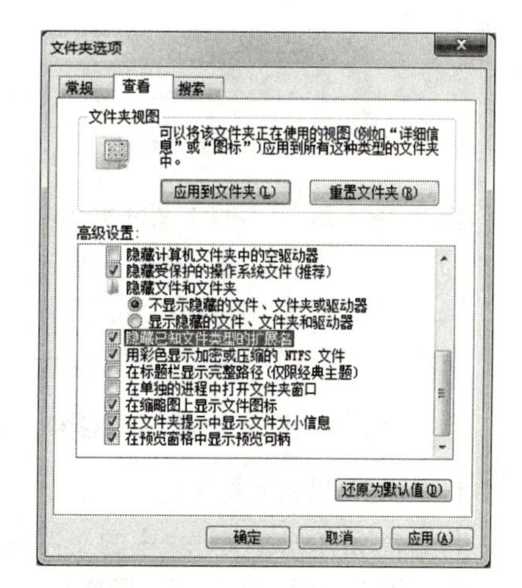

图 1.21　“文件夹选项”对话框

② 选择“查看”选项卡，在“高级设置”列表框中，取消“隐藏已知文件类型的扩展名”复选框。

③ 单击“确定”按钮，完成设置。

这样文件的扩展名就显示出来了。若想改变文件的扩展名，与文件重命名操作类似。

建议更改完后，应恢复原来的设置。因为 Windows 在一般情况下不允许用户看到文件扩展名，若用户更改文件扩展名，就会与以前已经登记在注册表中的扩展名不相同，由此不能再由原来的程序打开文件。因此建议选中“隐藏已知文件类型的扩展名”复选框，做到与 Windows 兼容。

3. 文件和文件夹的属性设置

查询文件夹 user 中子文件夹 spark 的属性，重新设置属性为“只读”、“隐藏”，并把子文件夹 spark 真正隐藏不显示出来。

以使用资源管理器为例，操作步骤如下：

① 打开 C 盘中的文件夹 user，新建一个子文件夹 spark。

② 用鼠标右键单击子文件夹 spark，在弹出的快捷菜单中选择“属性”命令，打开“spark 属性”对话框，如图 1.22 所示。

③ 选中“只读”、“隐藏”属性前面的复选框，显示为☑。

④ 单击“确定”按钮，该文件夹的属性设置完成。

设置了“隐藏”属性后，这个文件夹并没有真正隐藏，只是外观呈现浅灰色，如图 1.23 所示。还需要进一步对具有“隐藏”属性的对象设置为“不显示”，才能真正隐藏。

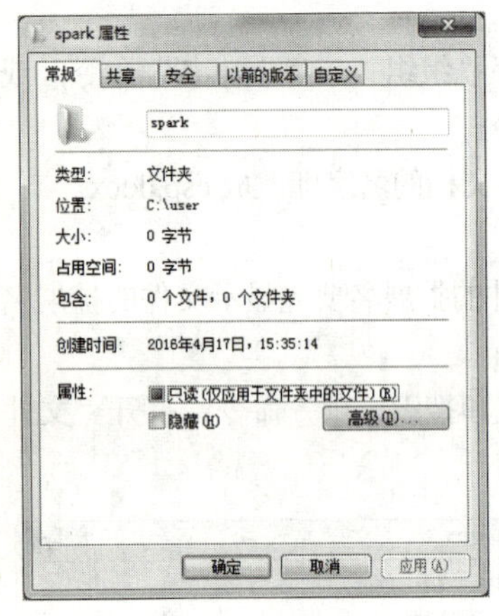

图 1.22　“spark 属性”对话框

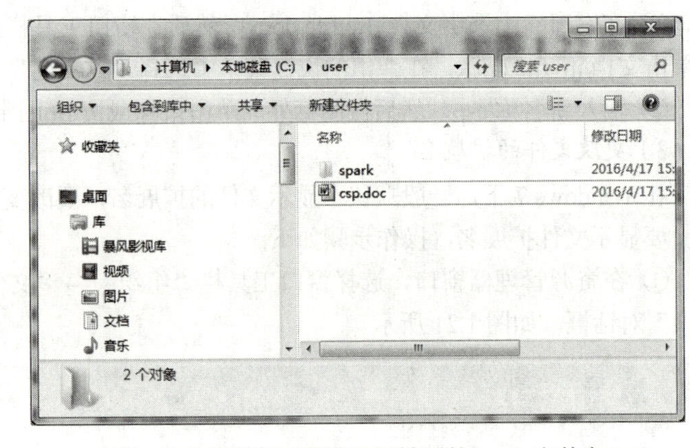

图 1.23　设置了“隐藏”属性后的 spark 文件夹

⑤ 在图 1.21 所示的“文件夹选项”对话框中，选择“查看”选项卡。

⑥ 选中“高级设置”列表框中的“不显示隐藏的文件、文件夹或驱动器”单选按钮。

⑦ 单击“确定”按钮，完成设置。

设置成不显示隐藏后，文件夹 spark 就在当前窗口中真正隐藏起来。

4. 文件和文件夹的复制或移动

1）通过剪贴板进行操作

将 C 盘 myfolder 文件夹中的文件 csp.doc 复制或移动到 C 盘 user 文件夹的 spark 子文件夹中。

以使用资源管理器为例，操作步骤如下。

① 在左侧导航窗格中选中 C 盘的 myfolder 文件夹，然后在右侧窗格中选中文件 csp.doc。

② 在窗口工具栏执行“组织”→“复制”(或“剪贴”)命令，或在右窗格中右键单击选定的对象文件 csp.docx，在弹出的快捷菜单中选择“复制”(或“剪贴”)命令，或按 Ctrl+C(或 Ctrl+X)组合键。

③ 在左侧导航窗格选定 C 盘的 user 文件夹下的 spark 子文件夹。

④ 在窗口工具栏执行“组织”→“粘贴”命令，或右击右侧窗格空白处，在弹出的快捷菜单中选择“粘贴”命令，或按 Ctrl+V 组合键，这时文件 csp.docx 就复制(或移动)到 C 盘 user 文件夹的 spark 子文件夹中。

2)用鼠标左键拖曳进行操作

用鼠标拖曳实现两地之间的复制或移动，必须保证被操作对象的源位置和目标位置在屏幕上同时可见。将 C 盘 spark 文件夹中的文件复制到 C 盘的 myfolder 文件夹中。

以使用资源管理器为例，操作步骤如下：

① 在左侧导航窗格中找到并选中 C 盘的 spark 文件夹，此时右侧窗格中显示出 C 盘 spark 文件夹中的所有文件，按住 Ctrl 键并依次单击一个或多个文件。

② 在左侧导航窗格中移动滚动条，将 C 盘的 myfolder 文件夹显示出来(注意，不要选中这些文件夹，以免改变右侧窗格的显示方式)。

③ 鼠标对准右侧窗格选定的文件，按住鼠标左键将这些文件拖曳到左侧导航窗格的目标文件夹 myfolder 释放鼠标左键，即可完成复制。

3)用鼠标右键拖曳进行操作

以使用资源管理器为例，操作步骤如下：

① 先在左侧导航窗格定位到源位置，并选定被操作的对象。

② 用鼠标右键拖曳选定的对象到目标位置后，将弹出一组选择菜单，如图 1.24 所示。

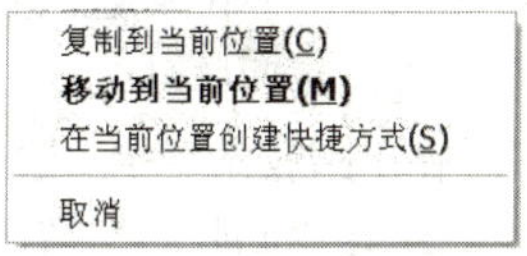

复制到当前位置(C)
移动到当前位置(M)
在当前位置创建快捷方式(S)
取消

图 1.24　选择菜单

③ 选择其中的“复制到当前位置”命令，即可完成复制操作；选择“移动到当前位置”命令，即可完成移动操作。

5. 文件和文件夹的发送

若要把选定的一个或多个对象复制到 U 盘，最快捷的方法是使用“发送”命令。

将 C 盘 user 文件夹中的所有对象复制到 U 盘。

以使用资源管理器为例，操作步骤如下：

① 在左侧导航窗格中选中 C 盘的 user 文件夹，再按 Ctrl+A 组合键选定右窗格中的所有对象。

② 右击选定对象，在弹出的快捷菜单中执行“发送到”→“可移动磁盘(K)”命令，即可将选定的对象复制到 U 盘。

除了可将选定对象发送到 U 盘，还可以发送到 Web 发布向导、我的文档、邮件接收者、桌面快捷方式及移动存储设备等。必须注意的是“发送”操作只能实现复制，不能实现移动。

6. 文件和文件夹的删除

删除 C:\user 文件夹中的子文件夹 spark，操作步骤如下。

① 在资源管理器窗口中双击 C 盘的 user 文件夹，再选定 spark 子文件夹。

② 执行窗口菜单栏的“文件”→“删除”命令，或单击窗口工具栏的“删除”按钮，或按键盘上的 Delete 键，或右键单击选定对象，在弹出的快捷菜单中选择“删除”命令，如图 1.25 所示。

③ 弹出“确认文件夹删除”提示框，单击“是”按钮，即可删除选定对象。

7.“回收站”的使用

双击桌面上的“回收站”图标，打开“回收站”窗口，如图 1.26 所示。“回收站”窗口与一般的文件夹窗口并没有区别，因此“回收站”也是一个广义的文件夹。

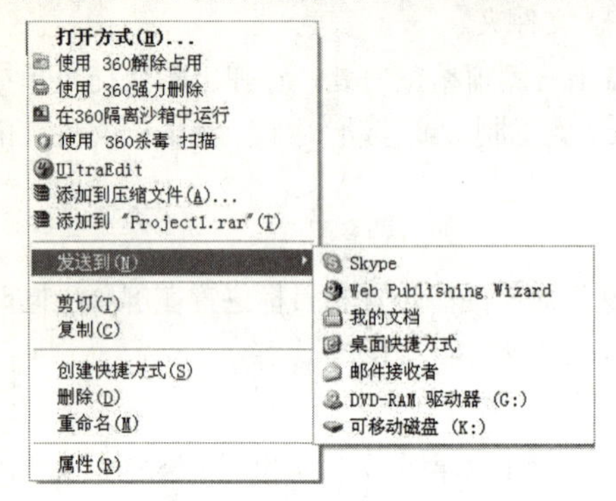

图 1.25　快捷菜单

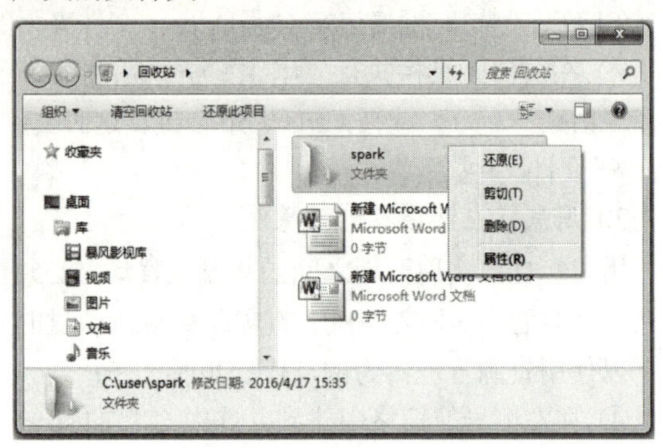

图 1.26　“回收站”窗口

1）项目的还原

还原“回收站”中的文件夹 spark。

在“回收站”窗口中，右击 spark 文件夹，如图 1.26 所示，在弹出的快捷菜中选择“还原”命令，即可将文件夹 spark 还原到删除之前的原始位置 C:\user。

2）清理回收站

在“回收站”中清除文件夹 abc，操作步骤如下：

① 在“回收站”窗口中选定文件夹 abc。

② 在窗口工具栏执行“组织”→“删除”命令，或右击选定的文件夹，在弹出的快捷菜单中选择“删除”命令。

③ 弹出“确认删除”对话框，单击“是”按钮，选定的文件夹 abc 从此被永久删除。

8. 压缩软件的使用

WinRAR 是目前流行的压缩工具，界面友好，使用方便，压缩率和速度方面表现很好，它能备份用户的数据，减少用户的 E-mail 附件的大小。从 Internet 上下载 RAR、ZIP 和其他格式的压缩文件，能创建 RAR 和 ZIP 格式的压缩文件。

1）WinRAR 的安装

双击下载后的安装文件，弹出如图 1.27 所示的（中文）安装界面，单击“安装”按钮，弹出如图 1.28 所示的安装选项对话框，单击“确定”按钮，在随后弹出的对话框中，单击“完成”按钮，如图 1.29 所示，完成软件安装。

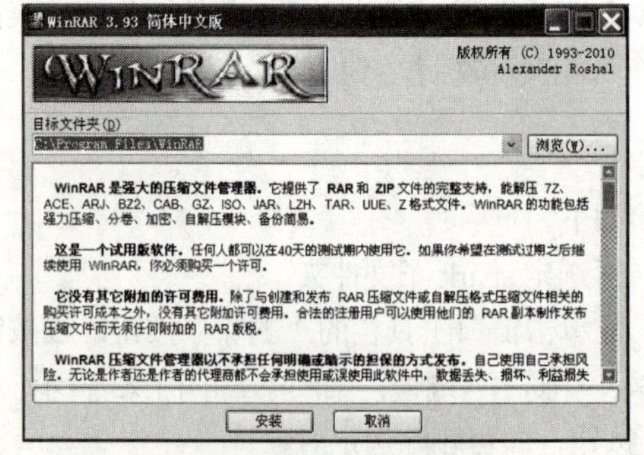

图 1.27　WinRAR 中文安装界面

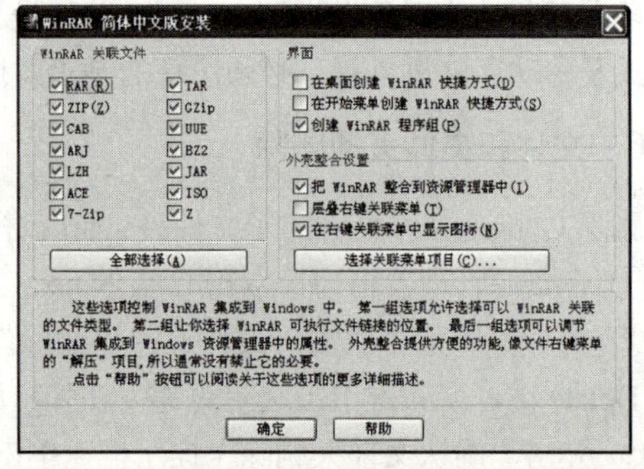

图 1.28　WinRAR 安装选项

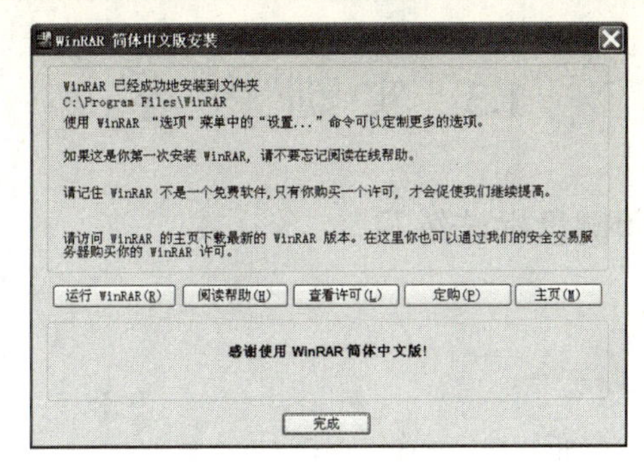

图 1.29 WinRAR 安装选项

2）WinRAR 的使用

（1）压缩文件。选定压缩的文件或文件夹，鼠标右键单击，在弹出的快捷菜单中自动增加了 WinRAR 应用程序相关的命令，如图 1.30 所示。单击“添加到压缩文件”命令，弹出“压缩文件名和参数”对话框，进行参数的设定后，单击“确定”按钮即可生成相应的压缩文件。

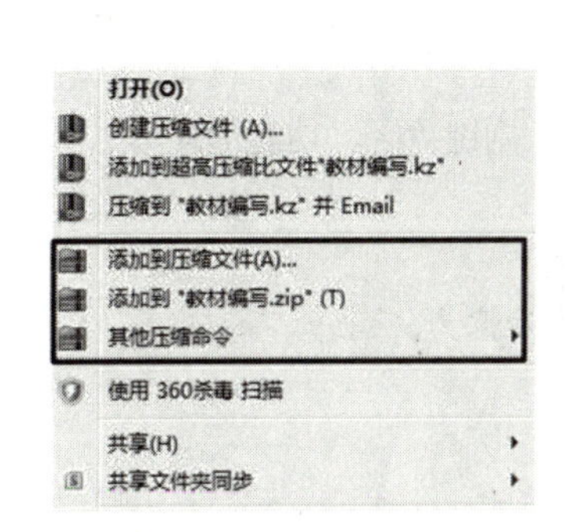

图 1.30 压缩文件右键快捷菜单

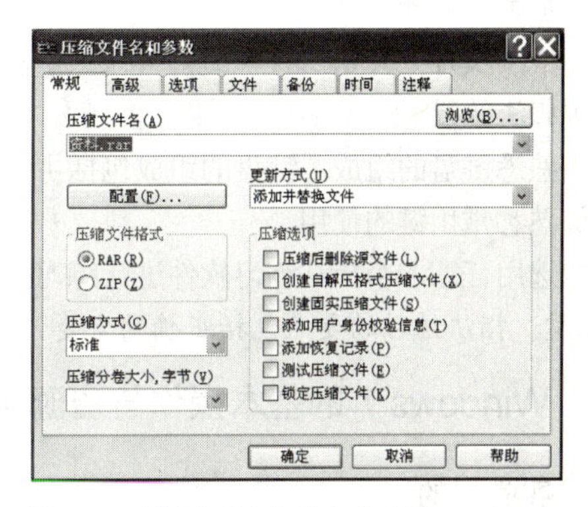

图 1.31 设置压缩文件名和参数

（2）解压缩文件。选定压缩文件，鼠标右键单击，在弹出的快捷菜单中自动添加了有关解压的命令，如图 1.32 所示。选择“解压文件”命令，在弹出的对话框中设置参数（双击压缩文件也可以打开该对话框），如图 1.33 所示，设置参数后单击“确定”按钮进行解压缩。其中：

①“目标路径”指解压缩后的文件存放在磁盘上的位置。

②“更新方式”和“覆盖方式”是在解压缩文件与目标路径中文件有同名时的一些处理选择。

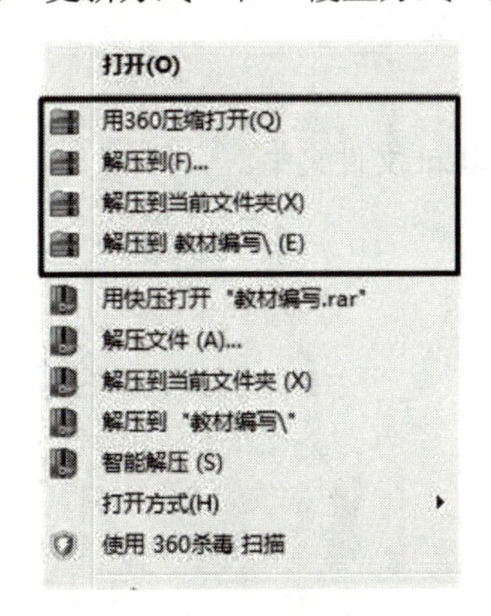

图 1.32 解压文件快捷菜单

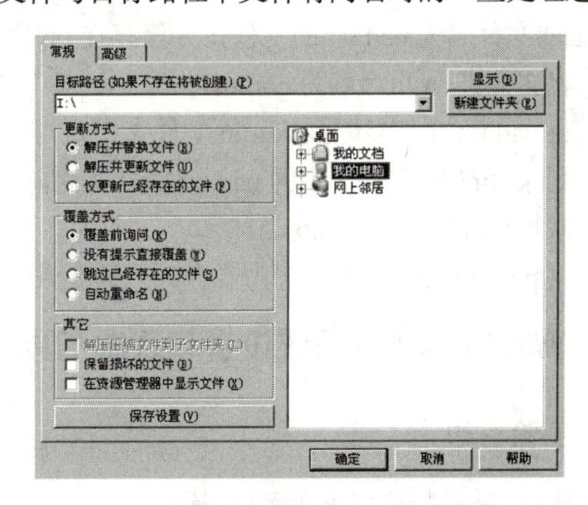

图 1.33 设置解压路径和选项参数

1.3 实训内容

1.3.1 计算机基本操作和键盘指法练习

1. 实验目的

① 掌握启动计算机的方法。

② 了解键盘的组成及键位分布。

③ 掌握打字要领，通过指法练习，逐步进入盲打状态。

2. 实验内容

1）启动计算机

练习启动计算机的两种方法。

① 加电冷启动。

② 依次执行“开始”→“关机”→“重新启动”命令。

2）指法练习

① 熟悉键盘的组成。键盘的组成包括主键盘区、小键盘区、副键盘区、功能键区。

② 熟悉常用键的使用。

③ 选用任意一个指法练习软件进行练习。

注意：指法练习的要点包括正确的坐姿、正确的指法和集中注意力。

1.3.2 Windows 7 的基本操作与资源管理器的使用

1. 实验目的

① 掌握资源管理器的基本操作方法。

② 掌握文件、文件夹和磁盘的操作方法。

2. 实验内容

① 启动资源管理器。

② 在 C 盘根目录下创建文件夹 student，在 student 文件夹内创建子文件夹 aa 和 bb。启动记事本程序，创建文件名为 pad.txt 的文件，并保存在 bb 文件夹中。

③ 将文件夹 aa 重命名为 comm。

④ 将 pad.txt 文件复制到 comm 文件夹中，再将其移动到 student 文件夹中。

⑤ 删除 student 文件夹中的 pad.txt 文件，删除 bb 文件夹。

⑥ 恢复删除的文件 pad.txt。

⑦ 将 pad.txt 文件属性设置为隐含、只读属性。

1.3.3 Windows 7 的系统设置和系统工具

1. 实验目的

① 掌握“控制面板”的启动和退出。

② 学会查看或设置日期/时间、鼠标属性、显示器属性。

③ 掌握卸载和更新程序、系统设置的操作。

④ 掌握部分“系统工具”的使用方法。

2．实验内容

① 显示器的设置。练习改变桌面背景、设置屏幕保护程序和设置分辨率。

② 键盘与鼠标的设置。练习键盘属性的设置和鼠标属性的设置。

③ 日期/时间的设置。练习系统日期/时间的设置方法。

④ 系统工具的使用。练习磁盘查错、磁盘碎片整理的方法。

第 2 章　Word 2010 文字处理

Office 是 Microsoft 公司开发并推出的办公套装软件，熟练掌握 Office 的操作技巧是对计算机用户的基本要求。Word 2010 是 Office 2010 办公套装软件中的组件之一，是集文字处理、图文混排、电子表格处理、电子邮件处理等多种功能的集成化办公软件，是当前深受广大用户欢迎的文字处理软件之一。

2.1　知 识 要 点

2.1.1　Word 2010 基础

1．Word 2010 的启动与退出

1）启动 Word 2010

常见的 Word 2010 启动的方法有如下几种。

方法 1：执行“开始”→“所有程序”→“Microsoft Office”→“Microsoft Word 2010”命令。

方法 2：在桌面上建立 Word 应用程序快捷方式，双击 Word 快捷图标。

方法 3：如果经常使用 Word，系统会自动将 Word 2010 的快捷方式添加到“开始”菜单上方的常用程序列表中，单击即可打开 Word 应用程序。

方法 4：双击与 Word 2010 关联的文件，如.docx 类型文件。

2）退出 Word 2010

Word 2010 的退出方法也很多，常用的有如下几种。

方法 1：单击 Word 2010 窗口右上角的“关闭”按钮。

方法 2：执行“文件”→“退出”命令。

方法 3：双击窗口左上角的控制菜单按钮。

方法 4：在应用程序窗口中按 Alt+F4 组合键。

退出 Word 2010 时，如果编辑的文档没保存，Word 2010 会弹出未保存提示框。单击“保存”或“不保存”按钮都会退出 Word 2010，单击“取消”按钮则不保存，回到编辑状态。如果同时打开了多个文件，Word 2010 会把修改过的文件都询问一遍是否保存。

2．Word 2010 窗口及其组成

Word 2010 窗口主要由标题栏、功能区、快速访问工具栏、工作区、状态栏等组成，如图 2.1 所示。

1）标题栏

标题栏包含有 Word 控制菜单按钮、Word 文档名、最小化、最大化（或还原）和关闭按钮。

2）快速访问工具栏

方便用户快速启用经常使用的命令。默认情况下，快速访问工具栏中包含 3 个按钮，分别是“保存”、“撤销”和“重复”按钮。使用过程中可以根据工作需要单击快速访问工具栏右侧的按钮添加或删除快速访问工具栏中的工具。

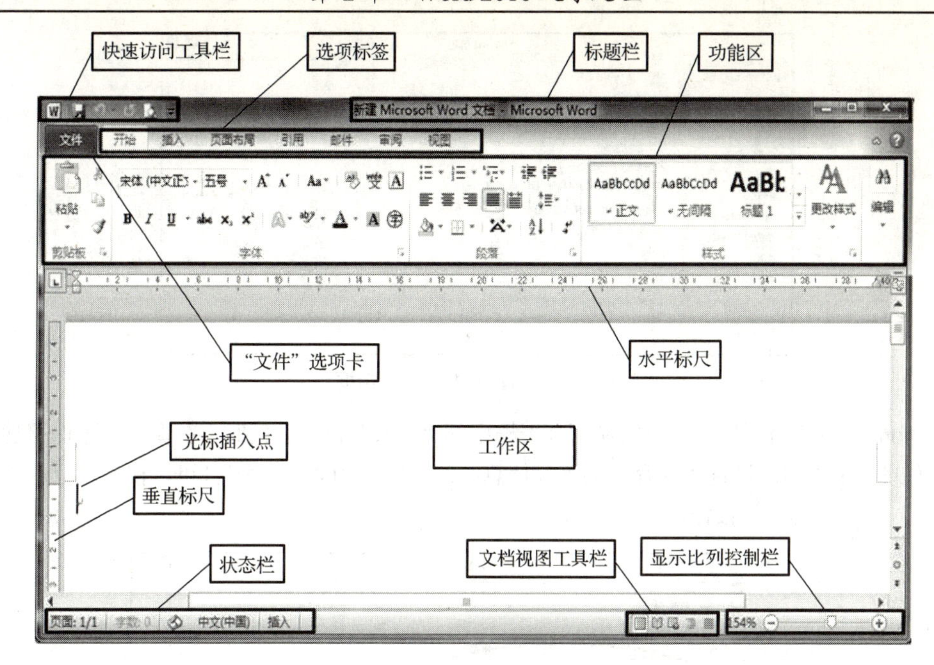

图 2.1　Word 2010 窗口

3）功能区

选项标签由若干选项卡组成，默认包含“文件”、“开始”、“插入”、“页面布局”、“引用”、“邮件”、“审阅”和“视图”8 个选项卡。单击选项卡名称，可以切换到与之相对应的功能区面板。每个功能区根据功能的不同又分为若干个命令组（子选项卡），如“开始”选项卡对应的功能区有“剪贴板”、“字体”、“段落”、“样式”和“编辑”5 个组。这些功能区及其命令组涵盖了 Word 的各种功能。

有些组的右下角有一个称为对话框启动器按钮的小图标，将鼠标指针指向该按钮时，可预览对应的对话框，单击该按钮，可弹出对应的对话框。

单击窗口右上角的“功能区最小化”按钮，可以将功能区临时隐藏。如果要再次显示功能区，则单击“功能区展开按钮”或双击要显示的选项卡，功能区就会重新出现。

4）工作区

工作区是文档进行编辑、排版、格式化的主要工作区域，在此区域中可以输入文字、编辑文本、插入图片，设置格式及效果等，显示当前正在编辑的文档内容。

5）状态栏

状态栏的左侧用于显示当前文档的页数/总页数、字数、输入语言及输入状态等信息。状态栏的右侧的文档视图工具栏用于选择文档的视图方式，显示比例控制栏用于调整文档的显示比例。

3. Word 工作环境的个性设置

用户可以根据自己的操作习惯进行工作环境的个性设置，以便提高文档编辑效率。

在 Word 2010 窗口中执行“文件”→“选项”命令，弹出“Word 选项”对话框，如图 2.2 所示。可以在对话框中进行“常规”、“自定义功能区”、“快速访问工具栏”、“保存”、“校对”等许多个性化的设置。

1）设置自动保存文档时间间隔

在文档编辑排版过程中，要养成随时保存文档的良好工作习惯，以便减少因停电、死机、误操作等原因所导致的未保存文档而造成的损失。系统的自动保存时间间隔是 10 分钟，用户可以根据自己的需求减少自动保存的时间间隔。

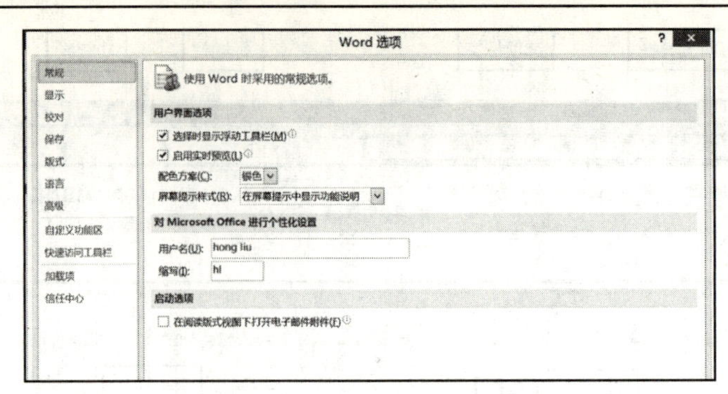

图 2.2　“Word 选项”对话框

在“Word 选项”对话框中，单击左侧列表框中的“保存”命令，此时，右侧列出跟保存功能相关的选项，如图 2.3 所示。设置“保存自动恢复信息时间间隔”为“2 分钟”（可以根据自己的需求设置时间间隔），单击“确定”按钮。

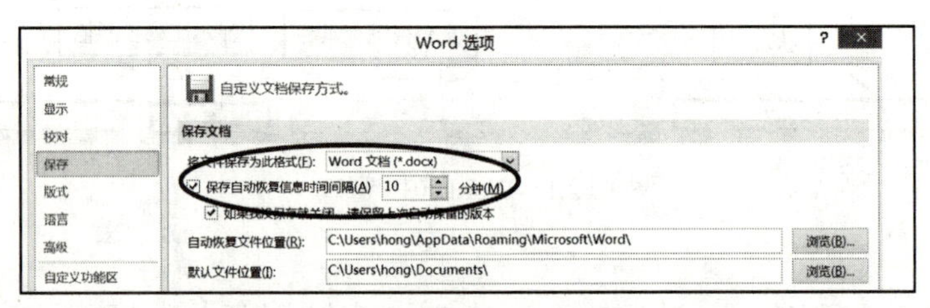

图 2.3　自动保存时间间隔设置

2）撤销自动编号

在进行文档编辑时，有时会录入带编号的文档内容，当录入编号为 1 的内容之后进行换行，系统就会自动在下一行添加编号。但有时这个编号不是确切需要的，而且这个编号有时还会给录入和排版带来很多麻烦，所以在录入之前可以先设置取消自动编号这项功能。

在“Word 选项”对话框中，单击左侧列表中的“校对”命令，在右侧对应选项里选择“自动更正选项”命令，进入“自动更正”对话框，如图 2.4 所示。选择“键入时自动套用格式”选项卡，在其列出的选项中，取消“自动编号列表”复选框即可。

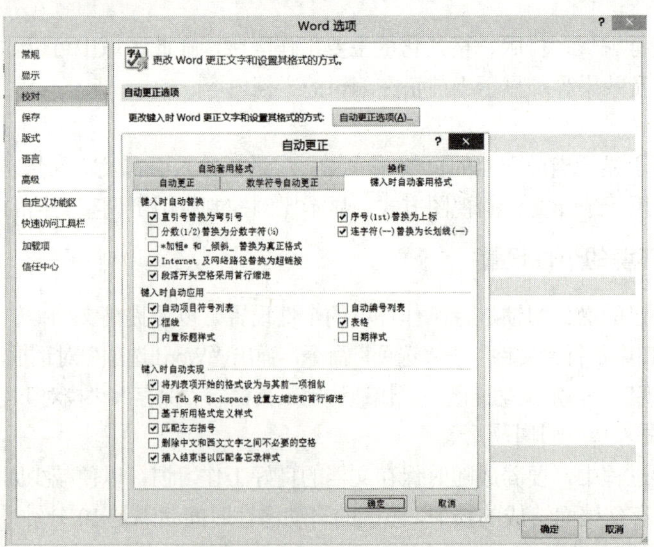

图 2.4　自动编号的设置

2.1.2 文档的建立与编辑

用户可以使用 Word 2010 方便快捷地新建多种类型的文档，如空白文档、基于模板的文档、博客文档及书法字帖等文档。

1. 建立空白文档

当启动 Word 后，它就自动打开一个新的空文档并暂时命名为“文档 1”。除了这种自动创建文档的方法外，如果在编辑文档的过程中还需要另外创建一个或多个新文档时，可以用以下方法之一创建。

方法 1：执行“文件”→“新建”命令。

方法 2：单击“快速访问工具栏”中的“新建”按钮。

方法 3：按 Ctrl+N 组合键。

2. 建立基于模板的文档

使用模板可以快速创建出外观精美、格式专业的文档。Word 2010 为用户提供了多种类型的模板，用户可以根据需要选择“模板样式”。模板的使用能有效减轻工作的负担。

执行“文件”→“新建”命令，在“可用模板”下单击“样本模板”，然后双击要使用的模板即可。

3. 保存文档

1）保存新建的文档或已有的文档

文档输入编辑结束后，此文档的内容还驻留在计算机的内存之中。为了永久保存所建立的文档，可通过 Word 应用程序的保存功能将其以文件的形式存储到外存中。保存文档的常用方法有如下几种。

方法 1：单击“快捷访问工具栏”中的“保存”按钮。

方法 2：执行“文件”→“保存”命令。

方法 3：按 Ctrl+S 组合键。

如果是第一次保存新建的文档，会弹出一个“另存为”对话框，如图 2.5 所示。在对话框的左侧“组织”列表框中可以选择保存文档的位置，在“文件名”文本框中输入文件名，在“保存类型”组合框中选择文档保存的类型，默认的保存类型的扩展名为.docx 的文档。如果为了向下兼容也可以保存成适合低版本 Word 的文档格式，只要在保存时选择保存类型为“Word97～2003 版”即可。

对已有的文档修改后，用上述方法将修改后的文档以原来的文件名保存在原来的文件夹中，此时不再出现“另存为”对话框。

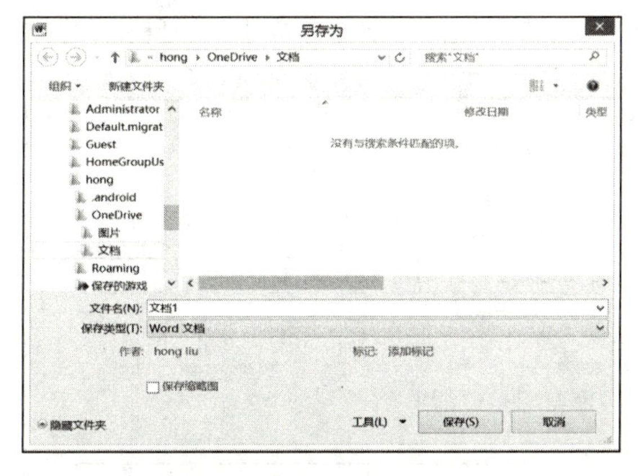

图 2.5 “另存为”对话框

2）用另一个文档名保存文档

如果要把当前编辑的文档以不同的文件名、不同的保存位置或不同的保存类型进行保存，执行“文件”→“另存为”命令，在弹出的“另存为”对话框中设置完成后单击“保存”按钮即可。

4．打开文档

文档以文件的方式存放后，可以重新打开、编辑和打印输出。

在 Word 窗口界面中打开一个文档的方法很多，常用的方法包括如下几种。

方法 1：执行“文件”→“打开”命令。

方法 2：若在“快速访问工具栏”中添加了“打开”按钮，则单击“打开”按钮。

方法 3：按 Ctrl+O 组合键。

使用上述任一方法后都将弹出一个“打开”对话框，在对话框设置文档所在路径、选取文件名，然后单击“打开”按钮即可。单击“打开”按钮右侧的下拉箭头，还可选择不同的打开方式。

5．输入文档内容

在 Word 窗口的工作区有一个黑色闪烁的竖条“|”，称为“插入点”光标，它指示文本当前的编辑位置，可以在插入点处输入需要的文本内容。文本的内容包括汉字、英文字符、标点符号和特殊符号等。

1）文本内容的输入

将光标插入点定位到需要输入文本的位置，切换到自己需要的汉字输入法，即可进行文本内容的输入。输入过程中注意中文和英文字符的切换，可以按 Shift 键或“Ctrl+空格键”组合键完成中文和英文之间的快速切换。

2）常见符号的输入

常见符号包括标点符号和其他符号，输入过程中注意中、英文标点符号不同，其切换的方法主要有如下几种。

方法 1：按“Ctrl+句号”组合键切换。

方法 2：单击输入法指示器 上的符号按钮进行切换。

方法 3：按 Shift 键或 Ctrl+空格组合键，在输入法和英文状态之间切换。

注意：有些符号在中文和英文状态下输的结果都相同（如% * & # @ !等），可以不用切换。

3）特殊符号的输入

有些特殊的符号无法在键盘上完成输入，可以通过插入方式完成输入。

将光标定位到需要插入特殊符号的位置，在“插入”选项卡中的“符号”组，单击“符号”按钮，在弹出的下拉列表中选择“其他符号”选项，弹出“符号”对话框，如图 2.6 所示，从中可以选择需要的符号进行插入。

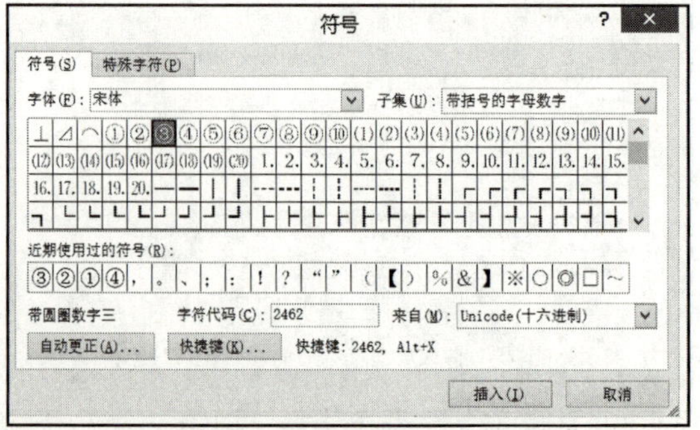

图 2.6 “符号”对话框

如果要插入“✈☺☎✪”这样的一些图标符号，可以在图 2.6 所示的“符号”选项卡里选择“字体”中的“Wingdings”或“Webdings”字体样式，从中选择需要的符号即可。

4）“插入”与“改写”状态的切换

Word 2010 提供了“插入”和“改写”两种输入状态。当前的输入状态显示在状态栏中，默认的编辑状态为“插入”状态。在“插入”状态下输入的文本会以插入方式插入到光标插入点所在位置处，光标插入点后面的文字将顺序后移。在“改写”状态下输入的内容会替换掉光标插入点后面的内容。

按键盘上的 Insert 键或单击状态栏上的“插入（或改写）”按钮进行两种状态的切换。

5）插入点的定位

插入点的定位有很多种方法，可以通过鼠标的单击或通过键盘完成定位，其各种定位的操作方法如表 2.1 所示。

表 2.1　常见键盘命令及定位操作

键盘命令	可执行的操作
↑、↓	向上、向下移动一行
→、←	向右、向左移动一个字符
PageUp、PageDown	上翻、下翻若干行
Home、End	快速移动到当前行开头、行尾
Ctrl+Home、Ctrl+End	快速移动到文档开头、文档末尾
Ctrl+↑、Ctrl+↓	在各段落的段首间移动
Shift+F5	光标移到上次编辑所在的位置

6. 文档的编辑

文档的编辑主要包括文本的选择、查找与替换、删除、复制与移动等操作。在对文本内容进行编辑前需要先选定操作的文本，选定的文本将以蓝色背景显示。

1）文本的选定

根据所选定文本区域的不同情况，主要有以下几种选择方法。

① 小块区域：按住鼠标左键进行拖动选定文本。

② 大块区域：先用鼠标单击起始位置，再将鼠标移动到待选区域的尾部，按住 Shift 键的同时单击鼠标左键。

③ 选定不连续的区域：先选定第一块区域，再按住 Ctrl 键不放，然后拖动鼠标选择其他不相邻的区域，选择完成后释放 Ctrl 键即可。

④ 选定一行：鼠标指针移到某行左边的空白处，鼠标指针变成↗时，单击鼠标左键。

⑤ 选定一段落：鼠标指针移到某段落左边的空白处，鼠标指针变成↗时，双击鼠标左键，或鼠标指针指向该段连续 3 次单击鼠标左键。

⑥ 选定整个文档：执行“开始”→“编辑”→“选择”→“全选”命令，或者将鼠标指针移到编辑区左边的空白处，鼠标指针变成↗时，连续 3 次单击鼠标左键。

若要取消选定的文本，将鼠标指针移到非选定的区域，单击鼠标左键或按方向键“↑”、“↓”、“→”或“←”即可。

2）删除文本

先选定好要删除的文本，按 Delete 键或 BackSpace 键，或按 Ctrl+X 组合键。

3）移动和复制文本

选定要移动的文本内容，在“开始”选项卡中的“剪贴板”组，单击“剪切”按钮（或按 Ctrl+X

组合键），将选定的内容剪切到剪贴板中。将光标插入点定位到目标位置，在“剪贴板”组单击“粘贴”命令（或按 Ctrl+V 组合键），即可把选定的文字移到目标位置。

如果要复制文本，则选定要复制的文本内容，在“开始”选项卡中的“剪贴板”组，单击“复制”按钮（或按 Ctrl+C 组合键），将选定的内容复制到剪贴板中。将光标插入点定位到目标位置，单击“剪贴板”组里的“粘贴”命令（或按 Ctrl+V 组合键），即可把选定的文字复制到目标位置。

可以通过鼠标操作实现文本的移动和复制。将鼠标指针移至选定的文本，拖动鼠标到目标位置释放鼠标，实现文本的移动。如果按住 Ctrl 键的同时拖动鼠标实现文本的复制。

4）撤销和恢复操作

进行文本输入和编辑处理时，Word 2010 系统会记录下进行过的每次操作，用户可以通过“撤销”和“恢复”功能快速地进行纠正错误。撤销可以取消刚刚完成的一步或多步操作，恢复则是取消刚刚完成的一步或多步撤销操作。

在“快速访问工具栏”中，有一个“撤销”按钮和一个“重复”（有时候是“恢复”）按钮。它们代表一组“撤销××”和“重复××”（或“恢复××”）的命令，其中“××”两字是随着不同的操作而改变的。例如，做了一次键入“计算机”的操作后，那组命令就变成了“撤销键入”和“重复键入”。

单击“撤销”按钮，可以取消最近的一次操作，多次单击可以依次取消从后往前的多次操作。若想恢复被撤销的操作，单击“恢复”按钮即可。

5）文本的查找与替换

为了帮助用户在文档中快速查找相关内容信息，Word 2010 提供了全新的搜索方式进行指定内容的查找和替换，可以帮助用户准确、高效地完成任务。

① 导航窗格。Word 2010 提供的“导航窗格”功能，可以快速定位文字在文档中的位置。

在“视图”选项卡中的“显示”组中，选中“导航窗格”复选框，在文档窗口的左侧就会出现相应的导航窗格，并将文档内容的标题显示在窗格中，如图 2.7 所示。在“导航窗格”中只要用鼠标单击相应标题题目就可以进行快捷定位。“导航窗格”还可以选择“开始”选项卡中的“编辑”组，单击“查找”命令打开。

在“导航窗格”中的“搜索”文本框中直接输入所要查找的文本，在文档中查找到的文本便会以黄色突出显示出来。

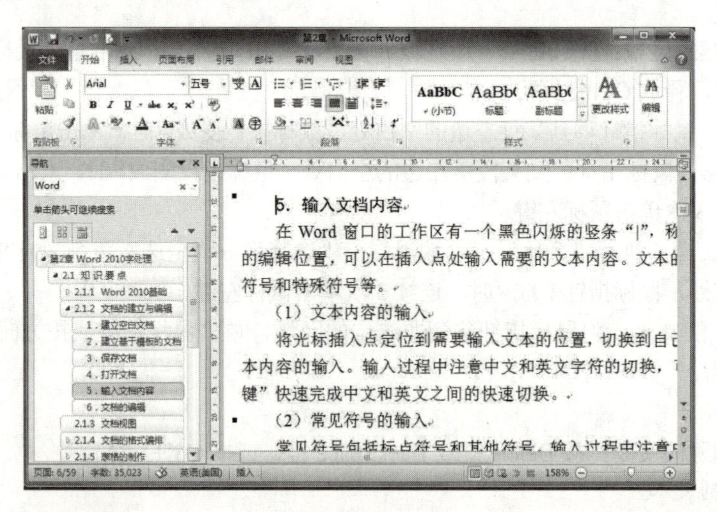

图 2.7 导航窗格

② 高级查找。通过“查找和替换”对话框，不仅能快速查找普通文本，也可以迅速找到特定文本或格式。

在导航窗格中，单击搜索框右侧的下拉列表，在弹出的下拉菜单中选择“高级查找”命令，或在“开始”选项卡中的“编辑”组，单击“查找”右侧的下拉按钮，在弹出的下拉菜单中选择“高级查找”命令，都能打开“查找和替换”对话框，如图 2.8 所示。

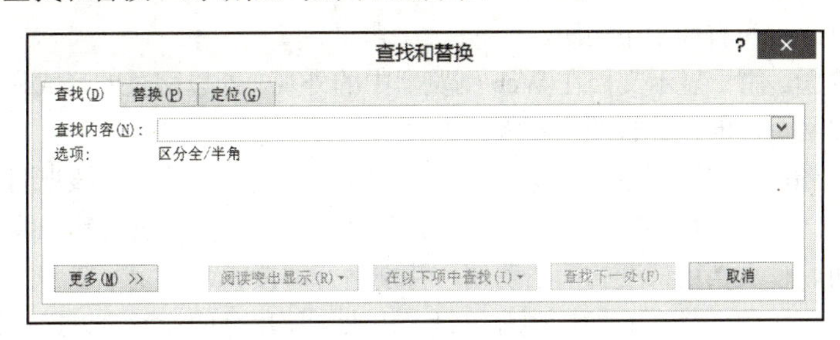

图 2.8 “查找和替换”对话框

在“查找内容”文本框中输入要查找的文本，单击“查找下一处”按钮，就可以从当前位置开始查找，查找到的内容将反相显示。再单击“查找下一处”按钮将继续往下查找，直到文档结束。

除了查找普通文字外，如果需要查找某些特定的格式或符号等，可以单击“更多”按钮，展开对话框，如图 2.9 所示，可以为查找对象设置查找条件。

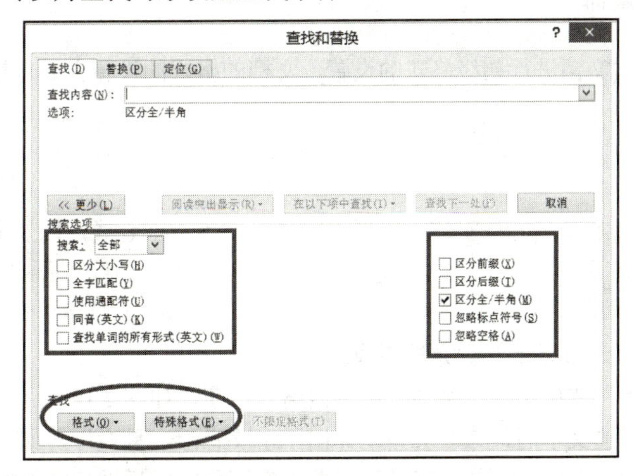

图 2.9 “查找与替换”对话框高级选项

③ 替换。在 Word 2010 中除了可以查找所需的文本，也可以对查找到的文本进行替换。通过替换可以进行批量修改。

选择“查找与替换”对话框的“替换”选项卡，在“查找内容”文本框中输入要查找的文本内容，在“替换为”文本框中输入要替换的文本内容，单击“查找下一处”按钮先进行文本内容的查找，找到后再单击“替换”按钮依次确认替换，也可以选择“全部替换”一次性完成所有匹配内容的快速替换。

2.1.3　文档视图

Word 2010 提供了多种文档显示方式，称为视图。每种视图都是从一个不同的侧面展示一个文档的内容。Word 2010 提供了 5 种视图模式，包括“页面视图”、“Web 版式视图”、“阅读版式视图”、“大纲视图”和“草稿”。同一个文档，用不同的视图方式显示的结果会有不同的效果。

不同的视图显示方式之间可以进行切换，可以通过单击“视图”选项卡中的“文档视图”组中单击不同的视图显示方式进行切换，也可以单击状态栏的右侧的文档视图工具栏中的按钮来快速切换 5 种视图的显示方式。

（1）页面视图。是 Word 2010 默认的视图方式，文档在页面视图中的显示与实际打印出来的效果非常接近。页面视图中包括水平和垂直方向的标尺，可以进行页码、页眉、页脚、图片的环绕排版等设置，也可以设置页面的左右和上下边距。

（2）Web 版式视图。用于显示文档在 Web 浏览器中的外观，即以网页的形式显示。该视图适合于发送电子邮件和创建网页，但在此视图中不能插入页码。

（3）阅读版式视图。是以图书的方式进行显示，方便用户进行阅读。在该视图下，文档内容的显示就像一本翻开的书，并将两页显示在一个版面上。常规工具栏和页眉页脚都会隐藏，只留下部分跟阅读相关的工具按钮，使文档窗口变的简洁明朗，特别适合阅读。

（4）大纲视图。可以将文档所有的标题分级显示出来，层次分明，并可以通过折叠和展开方便查看各种层级文档。大纲视图广泛用于长文档的快速浏览和设置。

（5）草稿。草稿视图可以完整的显示文档的文字格式。但是简化了页面的布局，如页面边距、页眉页脚、分栏和图片等都不会在草稿中显示，是最节省计算机硬件资源的视图方式，比较适合于文字的录入和编辑。

2.1.4　文档的格式编排

文档内容输入结束对文档进行初级格式的设置，文档的格式的设置主要包括字符格式、段落格式的设置。

1. 字符格式的设置

字符格式主要是对文本字符进行字体、字形、字号、颜色、下划线，以及上、下标等特殊效果的设置。

1）设置字体、字符间距

字符的格式设定可以通过以下 3 种方法完成。

方法 1：选择“开始”选项卡在“字体”组单击格式按钮，如图 2.10 所示。

方法 2：选中要格式的文本后，系统会自动弹出一个“悬浮工具栏”，如图 2.11 所示。

方法 3：选择“开始”选项卡，在“字体”组单击右下角的对话框启动器按钮 ，打开“字体”对话框，如图 2.12 所示。

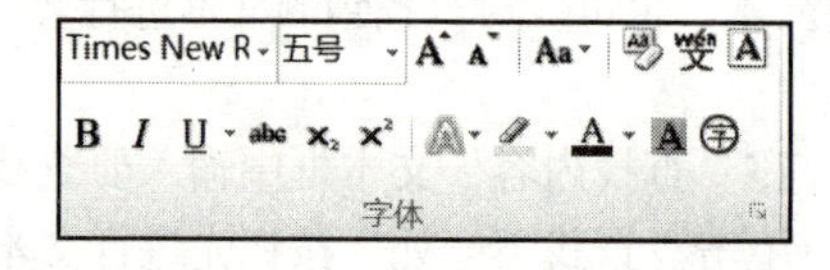

图 2.10　“字体”组工具按钮

图 2.11　悬浮工具栏

在“字体”对话框中包含“字体”和“高级”两个选项卡，其功能如下。

①“字体”选项卡：用来设置字体、字形、字号、字体颜色、下划线线型、下划线颜色、上标、下标、字母大/小写转换、文本突出显示等格式。

②“高级”选项卡：可以进行字符间距、字符缩放、字符位置及文字效果等高级格式设置。

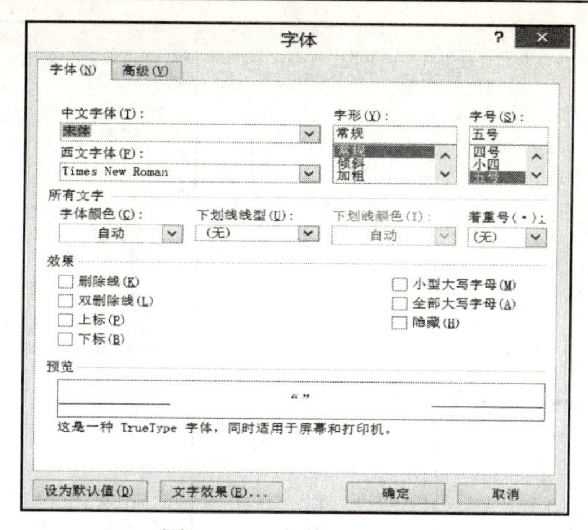

图 2.12 “字体”对话框

2）利用格式刷进行快速格式设置

格式刷是指将已选文本的格式快速复制到另一个对象上，从而避免重复设置相同格式的麻烦。

选中需要复制的格式所属的文本，单击“剪贴板”组中的“格式刷”按钮，或者单击“悬浮工具栏”中的“格式刷”按钮，此时鼠标指针会变成一把小刷子形状，按住鼠标左键拖动选择需要设置格式的文档，释放鼠标左键，所选文本就会完成格式的复制。

如果需要对多个地方的文本设置相同的格式，则双击“格式刷”，此时就可以连续使用“格式刷”。当不再使用“格式刷”时，再单击“格式刷”按钮，或者按 Esc 键，退出格式复制状态。

注意：如果需要设置的字号大于初号字（72 磅），则可以在“字号”文本框中直接输入需要的字号，字号值的范围为 1～1638 磅。

3）快速清除格式

文本设置格式后，如果认为格式不合适需要还原为默认格式，则可以采用 Word 2010 提供的快速清除格式功能来完成。

选中需要清除格式的文本，在“开始”选项卡中里“字体”组，单击“清除格式”按钮即可。

2. 段落格式的设置

段落是 Word 2010 的重要组成部分。所谓段落是指文档中按两次 Enter 键（即段落标记）之间的所有字符，包括段后按的 Enter 键。设置不同的段落格式，可以使文档布局合理、层次分明。段落格式主要是指段落中行距的大小，段落的缩进、换行和分页，对齐方式等。

设置段落格式的方法主要有如下几种。

方法 1：选择“开始”选项卡中的“段落”组内的格式按钮，如图 2.13 所示。

方法 2：在“开始”选项卡中的“段落”组，单击右下角的对话框启动器按钮，弹出“段落”对话框，如图 2.14 所示。

1）设置段落对齐

对齐方式是段落内容在文档的左右边界之间的横向排列方式，Word 2010 提供了 5 种段落对齐方式，包括如下内容。

（1）文本左对齐：使段落与页面左边距对齐。

（2）文本右对齐：使段落与页面右边距对齐。

（3）居中对齐：使段落或文字沿水平方向向中间集中对齐。

（4）两端对齐：使文字左右两端同时对齐，还可以增加字符间距。

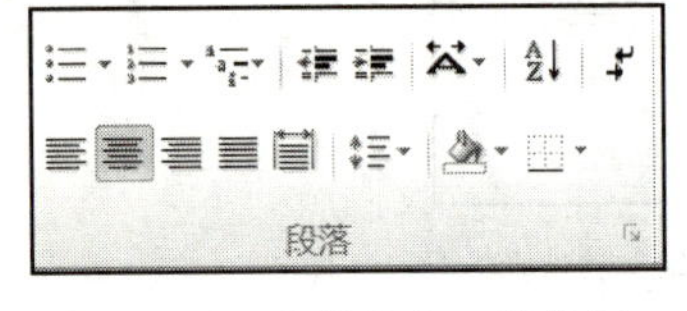

图 2.13 “段落”组工具按钮

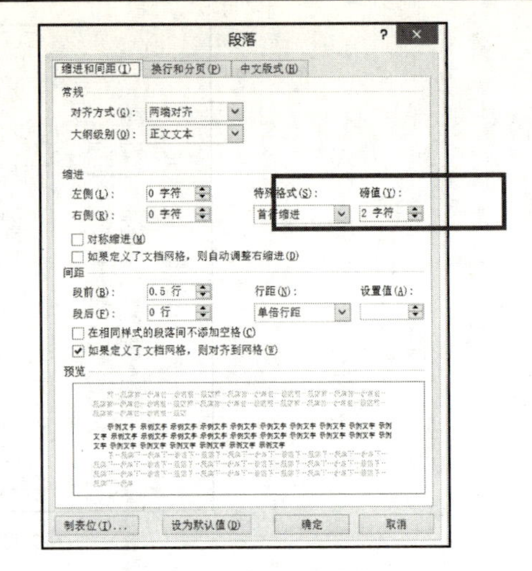

图 2.14 “段落”对话框

（5）分散对齐：使段落左右两端同时对齐，还可以增加字符间距。

选中要对齐的段落，或将插入点移到要设置格式的段落中，在“段落”组单击相应的按钮，或在“段落”对话框的“对齐方式”下拉列表框中选择相应的选项，然后单击“确定”按钮。

2）段落缩进

段落缩进是指段落两边与页边距之间的距离，Word 2010 提供了 4 种缩进方式，包括如下内容。

（1）左缩进：段落左边界距离页面左侧的距离。

（2）右缩进：段落右边界距离页面右侧的距离。

（3）首行缩进：段落首行第一个字符的起始位置距离页面左侧的缩进量。

（4）悬挂缩进：段落中除首行以外的其他行距离页面左侧的缩进量。

① 利用“段落”对话框设置。在“段落”对话框中选择“缩进与间距”选项卡，在“缩进”区域进行设置，如图 2.14 所示。“左侧”和“右侧”选项分别设置左右两侧的缩进，“特殊格式”可以设置首行缩进和悬挂缩进。

② 利用水平标尺进行设置。利用水平标尺可以快速地设置段落缩进，此方法快捷、直观。在 Word 2010 中标尺默认被隐藏，可以在“视图”选项卡中的“显示”组，选中“标尺”复选框，标尺就会显示在文档的上端（水平标尺）和左端（垂直标尺），如图 2.15 所示。

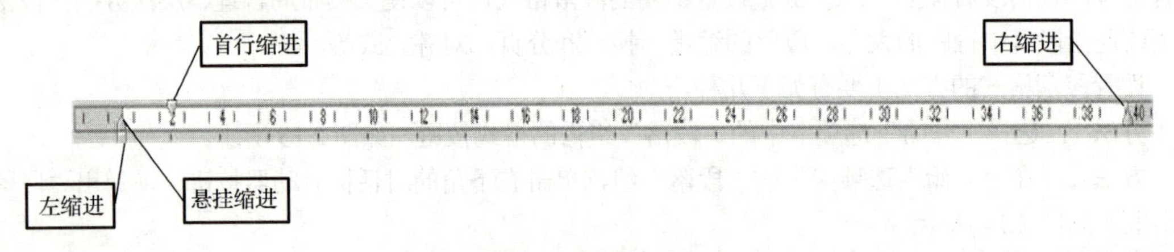

图 2.15　水平标尺

单击并拖动标尺上相应的滑块即可完成设置。不过通过标尺的拖动只能粗略地调整缩进量，如果要精确调整，按住 Alt 键再用鼠标拖动滑块，在标尺上会出现具体的数据，根据具体数据决定拖动缩进的间距。还可以通过在“段落”组中，单击“增加缩进量”按钮和“减少缩进量”按钮快速地改变段落的左缩进处理，或在“页面布局”选项卡中的“段落”组中，单击“左缩进”按钮和“右缩进”按钮进行设置。

3）设置行间距和段间距

段间距是指相邻两个段落之间的距离，行间距是指段落中行与行之间的距离。

选定要设置间距的段落，打开“段落”对话框，在“缩进和间距”选项卡的“间距”选项区域，通过“段前”或“段后”微调框设置段前或段后距离（通常以“行”或“磅”为单位），在“行距”下拉列表选择行间距大小，然后单击“确定”按钮。

也可以在“开始”选项卡中的“段落”组，单击“行与段落间距”按钮，在弹出的下拉列表中选择行间距和段间距的大小。

3．项目符号与编号

项目符号是放在段落前以强调效果的点或其他符号，而编号使用的是一组连续的数字或字母。用户可以在输入文本时自动创建项目符号或编号，也可以快速给现有文本添加项目符号或编号，使文档更具条理性和层次感，易于阅读和理解。

1）添加项目符号和编号

选定需要添加项目符号的段落，在“开始”选项卡中的“段落”组，单击“项目符号”右侧的下拉按钮，从下拉列表中选择需要的项目符号，则选定的段落前会加上选中的项目符号，或者单击鼠标右键，在弹出的快捷菜单中选择“项目符号”命令。

编号的设置方法与项目符号相同，此处不再介绍。

默认情况下，在设置了项目符号或编号的段落中，按下 Enter 键会自动插入下一个项目符号或连续的编号，单击快速访问工具栏上的“撤销”按钮，或连续输入两次 Enter 键，即可取消自动产生的项目符号或连续的编号。

2）添加自定义项目符号

如果要添加新的项目符号或编号，如将某个图片作为项目符号来使用，可按下面的方法操作。

选中需要添加项目符号的段落，在“开始”选项卡中的“段落”组，单击“项目符号”右侧的下拉按钮，从下拉列表中选择“定义新项目符号”命令，弹出“定义新项目符号”对话框，如图 2.16 所示。单击“符号”或“图片”按钮，在弹出的对话框中选择符号和图片作为项目符号，单击“确定”按钮。

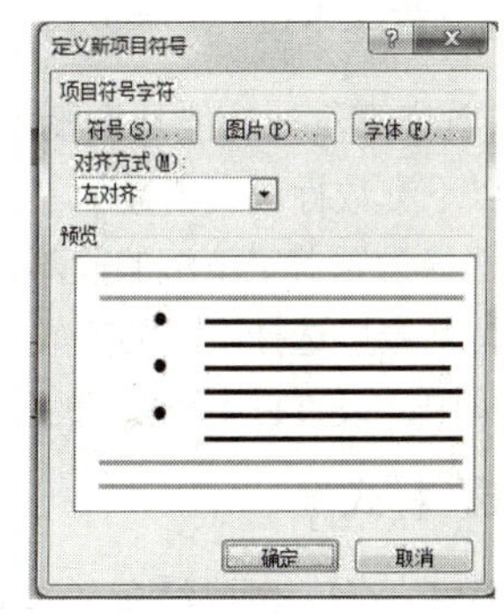

图 2.16　“定义新项目符号”对话框

4．边框和底纹

Word 2010 提供了为文档中的字符、段落或表格添加边框和底纹的功能，用来强调某些重要内容，达到层次分明，美化文档的目的。边框分为设置段落或文字的边框和设置整个文档的页面边框两种。

1）设置段落或文字的边框

选定要添加边框的文字或段落，在“开始”选项卡中的“段落”组，单击“边框”右侧的下拉按钮，在弹出的下拉列表中选择所需要的边框样式，如图 2.17 所示。

如果要设置边框线条的样式、粗细和颜色等格式，可以在图 2.17 的“边框”下拉列表中选择“边框和底纹”选项，在弹出的“边框和底纹”对话框中进行设置，如图 2.18 所示。

2）设置文档的页面边框

在“边框和底纹”对话框中，选择“页面边框”选项卡，从中选择“样式”、“颜色”、“宽度”和“艺术型”等选项进行设置。

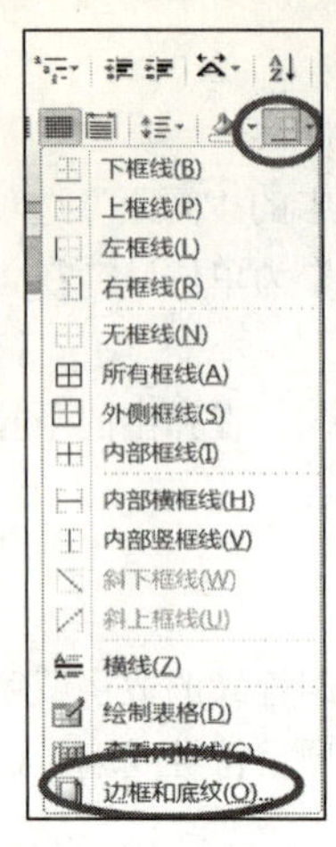

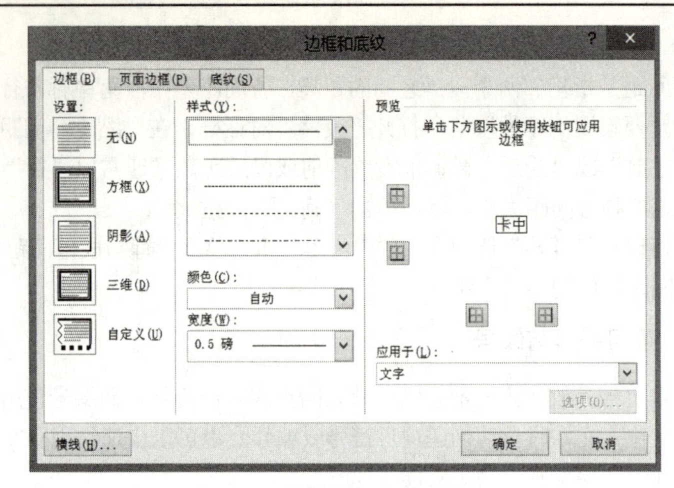

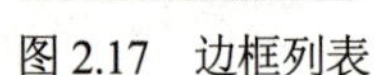
图 2.17　边框列表

图 2.18　“边框和底纹”对话框

3）设置底纹

选定要添加底纹的文字或段落，在“开始”选项卡中的“段落”组，单击“底纹”右侧的下拉按钮，在弹出的颜色下拉列表中选择所需要的颜色。

如果要改变底纹的样式，也可以在弹出的“边框和底纹”对话框中，选择“底纹”选项卡进行设置，在“填充”选项中选择相应的底纹颜色；在“图案”选项中选择相应的底纹样式。

5．首字下沉

“首字下沉”功能是指段落中首字符的特殊格式的设置，可以使首字字号、字体格式单独设置，并可以下沉数行，突出显示。

选择设置首字下沉的段落，在“插入”选项卡中的“文本”组，单击“首字下沉”按钮，在弹出的下拉列表里选择下沉的方式，也可以在下拉列表中选择“首字下沉”选项，在弹出的“首字下沉”对话框中，设置首字下沉的字体、下沉的行数等格式。

6．样式

样式是指一组已经命名的字符和段落格式的组合，它规定了文档中标题、正文等各个文本元素的格式。用户可以将一种样式应用于某个选定的段落或字符中，以便使所选定的段落或字符具有这种样式所定义的格式。

使用样式有诸多便利之处，它可以统一文档的格式，辅助构建文档大纲使内容更有条理，简化格式的编辑和修改操作。当修改某样式后，即可改变文档中带有此样式的文本格式。此外，样式还可以用来生成文档目录。

1）应用样式

Word 2010 提供了几十种标准样式，如“标题 1”、“标题 2”、“标题 3”、“正文”样式。

选定所要设置样式的文字或段落，或将光标定位到需要设置样式的段落中，在“开始”选项卡中的“样式”组，单击样式组右下角的对话框启动器按钮，弹出“样式”任务窗格，如图 2.19 所示，从中选择需要的样式，即可按照指定的样式对选定内容进行格式设置。

应用样式后，在“样式”任务窗格中单击“全部清除”命令，即可取消应用的样式。

2）创建新样式

除了可以使用系统提供的样式，用户也可以根据具体的要求创建新的、适合排版需求的特色样式。

单击“样式”任务窗格左下角的“新样式”按钮，弹出“根据格式设置创建新样式”对话框，如图 2.20 所示。在对话框的“属性”区域设置新的样式名称、样式类型等参数，在“格式”区域设置字体、字号等格式，单击“确定”按钮，即可把新样式添加到样式组中。

3）修改样式

如果某个样式的格式设置不合理，可以根据需求进行修改。样式修改后会将新的样式直接应用到文档中，提高了排版效率。

在“样式”任务窗格中，选择需要修改的样式，单击该样式右侧的下拉按钮，在弹出的下拉菜单中选择“修改”命令，弹出“修改样式”对话框，在对话框中按照需要修改相应的格式即可。

注意：新建的样式只能用于当前文档，如果经常用到某种或某些样式，可以将其保存成模板，后期使用时调用这个模板即可。

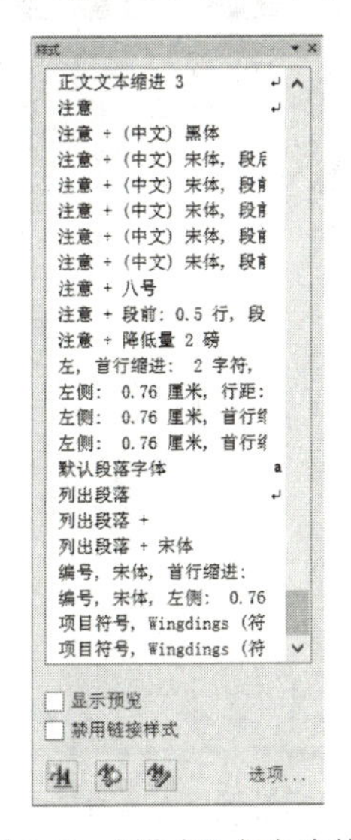

图 2.19 “样式”任务窗格

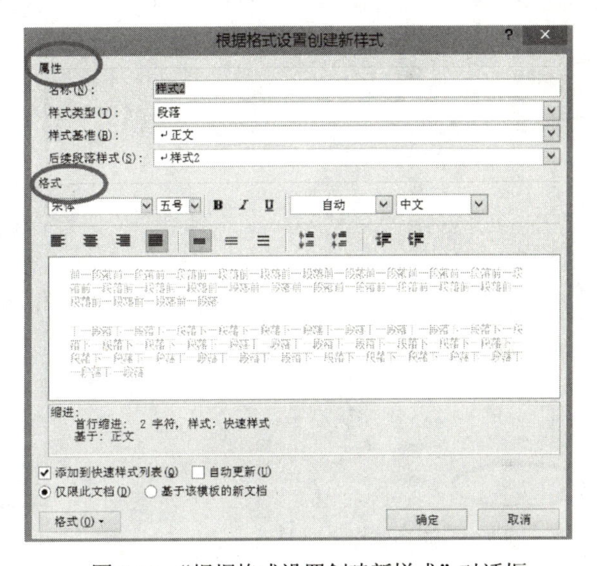

图 2.20 “根据格式设置创建新样式”对话框

7. 页面设计

页面设计是对整个文档的每个页面设置相应的格式，主要包括插入封面、设置主题、页面设置、文档分页与分节、文档分栏、插入页眉和页脚、插入页码、打印预览等的处理。

1）插入封面

封面可以使文档更完整、美观，可以利用系统提供的封面库进行设置。

打开要设置封面的文档，光标定位在文档的任意位置，在“插入”选项卡中的“页”组，单击组中“封面”按钮，在弹出的下拉列表中选择某种封面，所选封面即可插入到文档的首页。然后在首页封面中根据提示输入相关内容完成封面的设计。

2）设置主题

主题设置可以快速改变 Word 2010 文档的整体外观，包括字体、颜色、图形对象效果等。

在“页面布局”选项卡中的“主题”组，单击“主题”按钮，在弹出的下拉列表中选择某种主题。当鼠标指向某种主题时，相应的主题会以预览的结果显示在文档中。

注意：如果在 Word 2010 界面里打开的是 Word 97 或 Word 2003 文档，必须将文档另存为 Word 2010 文档才可以设置主题。

3）页面设置

页面设置主要是对页边距、纸张大小和方向、纸张来源等的设置。

（1）页边距。页边距是指正文与页面边缘之间的距离，用于控制页面中文档内容的宽度和长度，包括上、下、左、右四个方向的页边距。Word 2010 通常在页边距以内打印文本，而页码、页眉和页脚等都打印在页边距上。在同一个文档中的不同节可以设置不同的页边距。

页边距的设置可以通过如下 3 种方法完成。

方法 1：在“页面布局”选项卡中的“页面设置”组，单击“页边距”下方的下拉按钮，弹出如图 2.21 所示的下拉列表；在下拉列表中可以选择相应的预设好的页边距样式；如果要自定义页边距，可以在下拉列表中选择“自定义边距…”选项，弹出“页面设置”对话框，如图 2.22 所示。在对话框中选择“页边距”选项卡，在页边距选区设置相应的上、下、左、右边距。

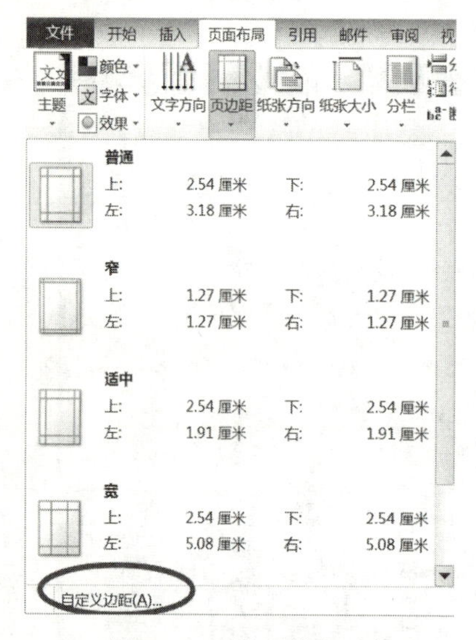

图 2.21　页边距样式列表

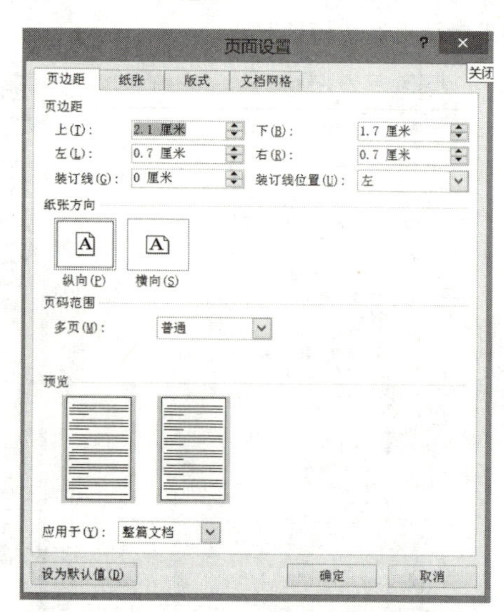

图 2.22　“页面设置”对话框

方法 2：在“页面布局”选项卡中的“页面设置”组，单击右下角的对话框启动器按钮，也可以弹出“页面设置”对话框。

方法 3：在页面视图中，直接拖动窗口的水平标尺的“左边距”和“右边距”设置页左边距和页右边距；拖动垂直标尺上的“上边距”和“下边距”设置页上边距和页下边距。

（2）设置纸张大小和纸张来源。纸张大小直接影响工作区的大小，默认情况下纸张大小为“A4”。可以在“页面布局”选项卡中的“页面设置”组，单击“纸张大小”按钮和“纸张方向”按钮设置，也可以在“页面设置”对话框的“纸张”选项卡中设置纸张的大小及纸张的来源。

4）文档分页与分节

利用 Word 2010 提供的分页和分节功能，可以有效划分文档内容的布局，使文档排版简单高效。

（1）分页。Word 2010 有自动分页功能，当输入的文档内容满一页后会自动换页，并在文档中插入一个自动分页符。除了自动分页外还可以插入人工分页符强制分页。

将光标插入点定位到要分页的位置，在“页面布局”选项卡中的“页面设置”组，单击“分隔符”右侧的下拉按钮，弹出如图 2.23 所示的“分隔符”列表，选择“分页符”命令，即可将指针插入点后的内容布局到一个新的页面中。

默认情况下分页符是隐藏不可见的，可以选择“开始”选项卡中的“段落”组，单击“显示/隐藏编辑标记”按钮，显示或隐藏人工分页符标记。

如果要删除人工分页符，只需将指针插入点定位到分页符位置，按 Delete 键即可。

（2）分节。节和段落一样，是Word文档的一部分，默认方式下是将一个Word文档作为一个节，故对文档的页面设置是应用于整篇文档的。若需要在一页之内或多页之间采用不同的版面布局，就将文档分成多个节，对每个节设置不同的版面布局。例如，不同的页面方向、页边距、页眉和页脚或重新分栏排版等。

单击需要插入分节符的位置，在“页面布局”选项卡中的“页面设置”组，单击“分隔符”右侧的下拉按钮，在弹出的“分隔符”列表的“分节符”选区里选择某一种分节类型，即可在插入点位置插入一个分节符。

分页符类型共有4种，其具体内容如下。

① 下一页：分节符后的文本从新的一页开始。

② 连续：新节与其前面一节同处于当前页中。

③ 偶数页：分节符后面的内容转入下一个偶数页。

④ 奇数页：分节符后面的内容转入下一个奇数页。

分节符的删除与分页符的删除方法相同，此处不再介绍。

5）文档分栏

利用Word 2010提供的分栏功能，可以将文档内容分为多栏排列，使版面更生动、更具可读性。

选择需要分栏的文档内容，在“页面布局”选项卡中的“页面设置”组，单击“分栏”按钮，弹出“分栏”列表，如图2.24所示，从中选择一种分栏格式即可对所选内容进行分栏。

如果在分栏时还要设置分栏的栏宽、栏与栏之间的间距、分割线等格式，在“分栏”列表中选择“更多分栏”选项，弹出“分栏”对话框进行详细设置，如图2.25所示。

注意：如果在分栏时分出不等长的多栏，则可以先将插入点定位到分栏结果的最后，插入一个“连续”的分节符即可。

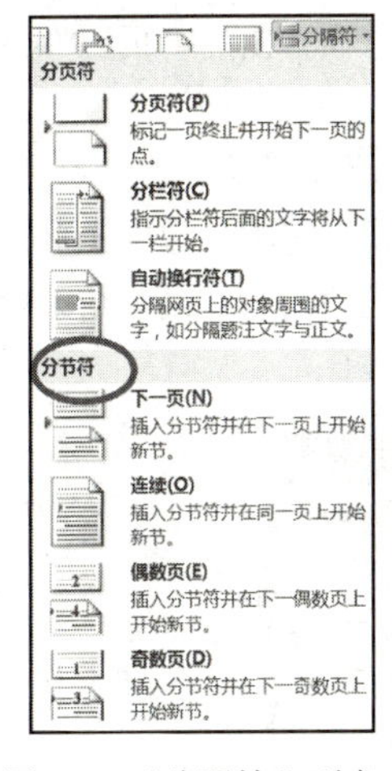

图2.23　“分隔符”列表

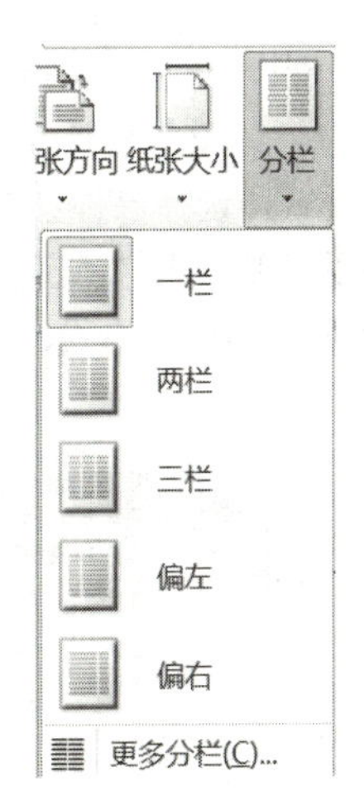

图2.24　“分栏”列表

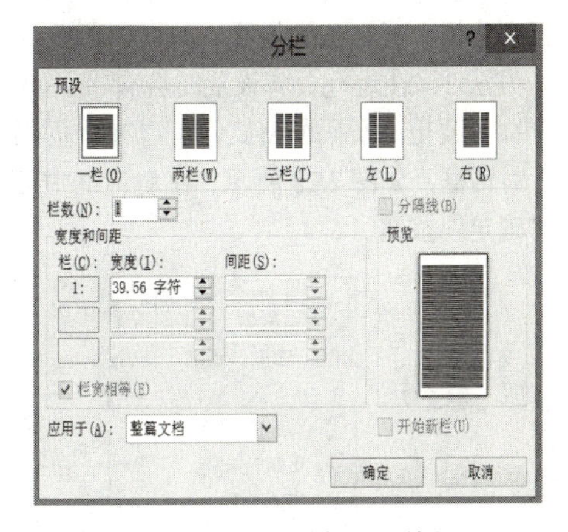

图2.25　“分栏”对话框

6）页眉和页脚

页眉和页脚是指在每一页顶部和底部加入的附加信息，这些信息可以是文字或图形，其内容可以是文件名、标题名、日期、页码和单位名等。

（1）创建页眉和页脚。在“插入”选项卡中的“页眉和页脚”组，单击“页眉”（或“页脚”）下方的下拉按钮，弹出“页眉（页脚）”下拉列表，在其中选择一种“页眉（页脚）”样式，所选样式的页眉（页脚）会直接添加到页面顶端（或底端），并进入“页眉（页脚）”的编辑界面。同时，在功能区会增加并显示“页眉和页脚工具/设计”选项卡，如图 2.26 所示。此时，正文呈灰色显示，不可编辑。

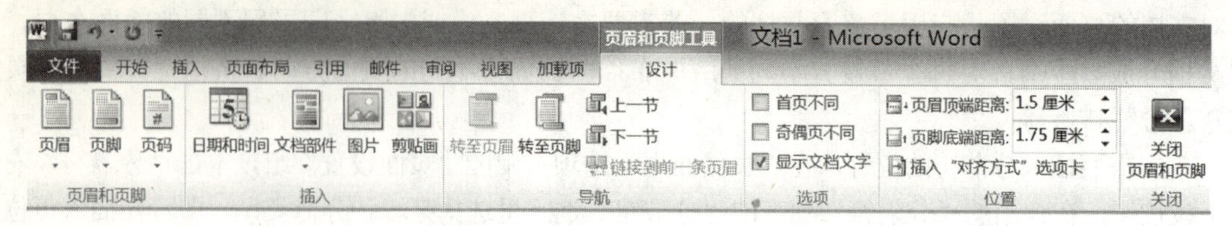

图 2.26 “页眉和页脚工具/设计”选项卡

（2）编辑页眉和页脚。页眉和页脚编辑区用虚线框框起，在此输入区内输入页眉或页脚内容。在页眉编辑状态下单击“转至页脚”按钮，转到页脚编辑区。相反，也可以从页脚编辑区转至页眉编辑区。

利用“页眉和页脚工具/设计”选项卡中的“插入”组，在页眉和页脚编辑区的当前位置插入日期和时间、文档部件、图片、剪贴画等相关信息。

建立的页眉和页脚内容可以利用“开始”选项卡里的相应格式按钮进行格式设置。

如果需要对页眉和页脚设置不同的格式，如“奇偶页不同”、“首页不同”等格式，可以在“页眉和页脚工具/设计”选项卡中的“选项”组，选中相应的复选框按钮完成，也可以在“页面设置”对话框中的“版式”选项卡中完成。

如果要删除页眉或页脚，在“插入”选项卡中的“页眉和页脚”组，单击“页眉（或页脚）”下方的下拉按钮，在弹出的下拉列表中选择“删除页眉（页脚）”选项即可。

7）插入页码

页码对于内容比较多的文档非常有用，可以方便排列和阅读文档内容。插入页码通过以下两种方法完成。

方法 1：在“插入”选项卡中的“页眉和页脚”组，单击“页码”按钮，在弹出的“页码”下拉列表中选择页码插入的位置，如页面顶端或页面底端，如图 2.27 所示。

方法 2：在进行页脚设置时会有带页码的页脚样式，选择该种页脚也可以设置页码。

如果要更改页码的格式，可以在“页码”下拉列表中选择“设置页码格式”选项，弹出“页码格式”对话框，如图 2.28 所示。在对话框中可以设置页码的编号格式、起始页码等内容，设置结束后单击“确定”按钮。

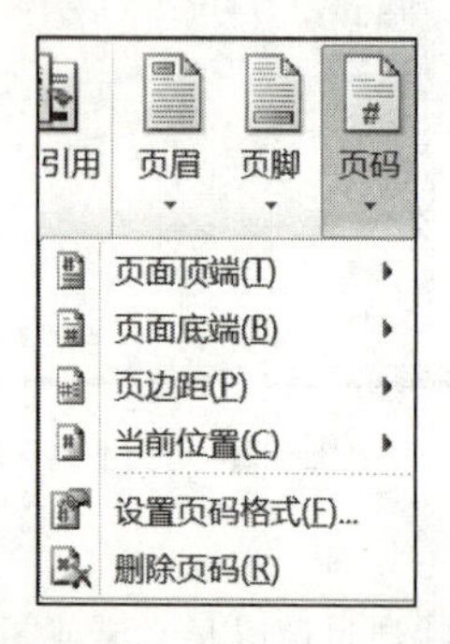

图 2.27 “页码”下拉列表

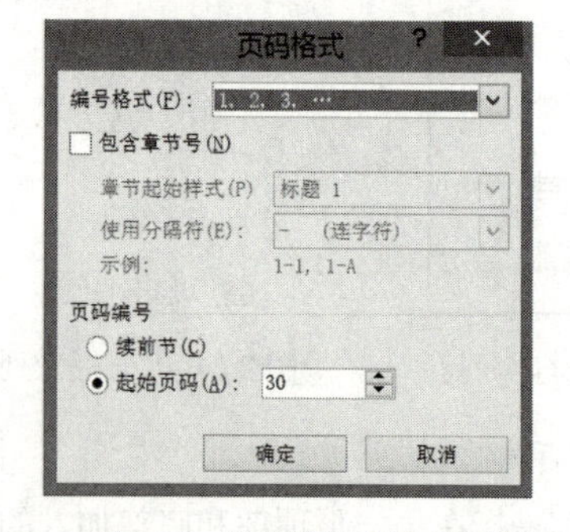

图 2.28 “页码格式”对话框

8）打印预览

设置好文档的版面后通过打印预览查看文档在打印机上输出的样式是否合理，如果不合理，或对布局不满意，则返回编辑状态，继续编辑，直到满足打印需求为止。

执行“文件”→“打印”命令，在打开的窗格右侧显示出文档的预览效果，如图 2.29 所示。如果布局合理、满足要求，可以在预览窗格中对打印参数进行设置，即可打印出文档。

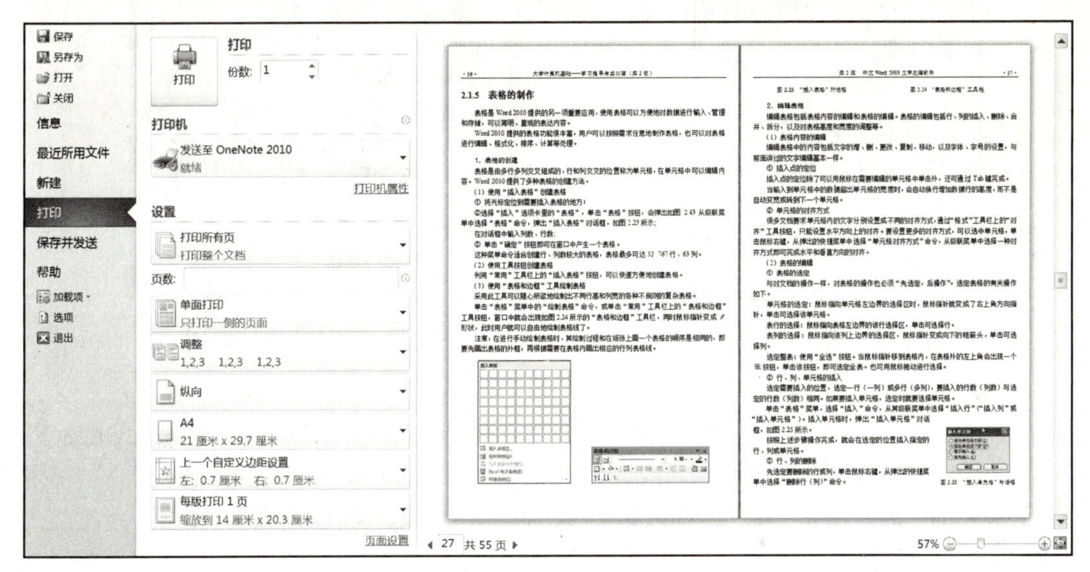

图 2.29　打印预览界面

2.1.5　表格的制作

表格是 Word 2010 提供的另一项重要应用，使用表格方便对数据进行输入、管理和存储，简明、直观的表达内容。Word 2010 提供的表格功能很丰富，用户可以按照需求任意地制作表格，也可以对表格进行编辑、格式化、排序、计算等设置。

1．表格的创建

表格是由多行多列交叉组成的，行和列交叉的位置称为单元格，在单元格中可以编辑内容。Word 2010 提供了多种表格的创建方法，以下是 4 种常用方法。

1）使用鼠标拖动插入表格

① 将光标插入点定位到需要插入表格的位置，在“插入”选项卡中的“表格”组，单击“表格”按钮，弹出“插入表格”任务窗格，如图 2.30 所示。

② 在任务窗格中有一个 8 行×10 列的虚拟表格，鼠标指针在虚拟表格上滑过会产生一个相应行列的虚拟表格，如果这个虚拟表格的行列数适合需求，单击鼠标左键完成表格的快速插入。

注意：这种方式创建的表格最多只能达到 8 行×10 列。

2）使用“插入表格”对话框创建表格

① 将鼠标指针插入点定位到需要插入表格的位置，在“插入”选项卡中的“表格”组，单击“表格”按钮，在弹出的“插入表格”任务窗格中选择“插入表格”选项，弹出“插入表格”对话框，如图 2.31 所示。

② 在对话框中的“表格尺寸”选项区域设置表格的列数和行数；在“自动调整”操作选项区域设置表格的列宽。设置好参数后，单击“确定”按钮即可。

在“插入表格”对话框中的“自动调整”操作选项区域，在“固定列宽”后面的微调框中输入需要的列宽，作为表格每列的列宽值。如果不设置“固定列宽”，系统则以一行为总宽度，再根据指定的列数自动设置每列的列宽。

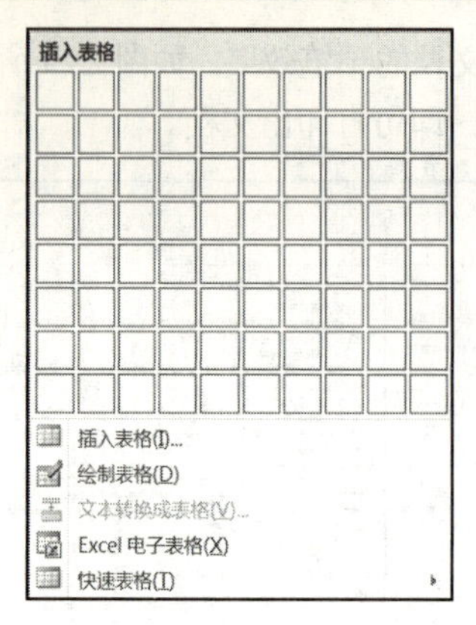

图 2.30 “插入表格”任务窗格

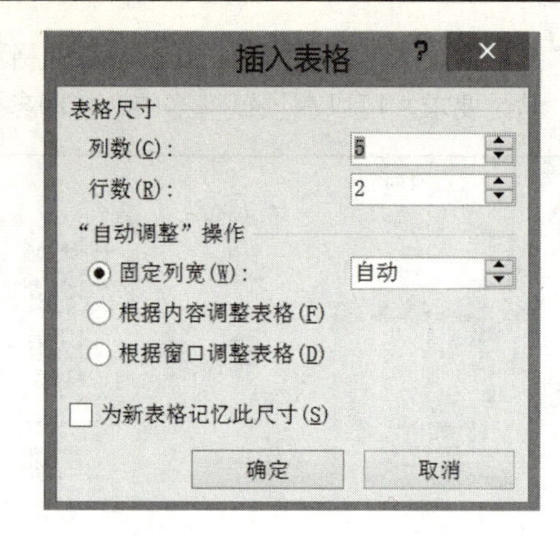

图 2.31 “插入表格”对话框

3）手动绘制表格

有的表格除横、竖线外还包含了斜线，Word 提供了绘制这种不规则表格的功能。具体操作步骤如下。

① 将光标插入点定位到需要插入表格的位置，在“插入”选项卡中的“表格”组，单击 “表格”按钮，在弹出的“插入表格”任务窗格中选择“绘制表格”选项，此时鼠标指针变成笔状，表明鼠标处在“手动制表”状态。

② 将铅笔形状的鼠标指针移到要绘制表格的位置，按住鼠标左键拖动鼠标绘制表格的外框虚线，释放鼠标，得到实线的表格外框。在表格绘制期间，功能区会自动添加“表格工具”选项卡，里面包含“设计”和“布局”两组。

③ 拖动鼠标笔形指针，在表格中绘制水平线或垂直线，也可以将鼠标指针移到单元格的一角向其对角画斜线；也可以在“表格工具/设计”选项卡中的“绘制表框”组，单击“擦除”按钮，使鼠标变为橡皮形，把橡皮形指针移到要擦除线条的一端，拖动鼠标到另一端，释放鼠标即可擦除选定的线段。

④ 绘制完成后，在“表格工具/设计”选项卡中的“绘制表框”组，单击“绘制表格”按钮或按下 Esc 键，可以使鼠标指针退出笔形状态，即退出绘制表格状态。

利用“表格工具/设计”选项卡设置表格线的样式、宽度、颜色等内容，还可以设置表格整体的样式。在“表格工具/布局”选项卡设置表格行列的插入、删除，单元格的格式等。

4）使用内置样式

为了快速、方便地进行表格编辑，Word 2010 中提供了一些简单的内置样式，选择某种样式后可以快速创建一个具有一定格式的表格。在“插入”选项卡中的“表格”组，单击“表格”按钮，在弹出的下拉列表中选择“快速表格”选项，在弹出的“样式”任务窗格中选择某种样式后即可快速创建一个表格。

2. 编辑表格

表格的编辑操作主要包括调整行高和列宽、插入和删除行、列和单元格、单元格的合并与拆分等。

1）表格的选定

对表格操作前，需要先选择操作对象，用鼠标选定单元格、行或列。

① 单元格的选定：鼠标指向单元格左边界的选择区时，鼠标指针变成右上角方向指针，单击可以选择该单元格。

② 表行的选择：鼠标指向表格左边界的选择区时，鼠标指针变成右上方的箭头，单击鼠标左键即可选择该行；向上或向下拖动鼠标可以选择连续多行。

③ 表列的选择：鼠标指向该列上边界的选择区时，鼠标指针变成向下的粗箭头⬇，单击鼠标左键即可选择该列；向左或向右拖动鼠标可以选择连续多列。

④ 整个表格的选择：当鼠标指针移到表格内，在表格的左上角会出现一个⊞ 按钮，单击该按钮，即可选定全表；或在“表格工具/布局”选项卡中的“表”组，单击“选择”按钮，从弹出的下拉列表中选择“选择表格”命令完成整个表格的选定。

2）调整行高和列宽

行高列宽的调整方法比较多，可以粗略调整也可以精确调整，还可以平均分布行高或列宽。

① 精确调整。

方法 1：将光标插入点定位到需要调整的单元格，在“表格工具/布局”选项卡中的“单元格大小”组，单击“行高”或“列宽”的微调按钮，调整光标所在的行高或列宽。

方法 2：选定要调整的行或列，单击鼠标右键，从弹出的快捷菜单中选择“表格属性”命令，弹出“表格属性”对话框，设置需要的行高或列宽值。

方法 3：在“表格工具/布局”选项卡中的“表”组，单击“属性”按钮，也会弹出“表格属性”对话框完成行高和列宽的设置。

② 粗略调整。鼠标移到要调整行高的行线上，鼠标指针变成上下箭头样式，按住鼠标左键，表格中将出现一条虚线，拖动虚线到达合适位置并释放鼠标左键即可调整行高到合适的位置。

列宽的调整与行高的调整相似，此处不再介绍。

③ 平均分布行高或列宽。当表格中多行（或多列）要求同样的行高（或列宽）时，可以采用 Word 2010 提供的“平均分布各行（各列）”的命令完成。

选定要平均分布的多行（多列），在“表格工具/布局”选项卡中的“单元格大小”组，单击“分布行（分布列）”按钮，或单击鼠标右键，在弹出的快捷菜单中选择“平均分布各行（平均分布各列）”命令，则选定的行或列的高度或宽度将自动进行平均分布。

3）行、列、单元格的插入与删除

① 插入行、列。选定单元格或行和列（选定与将要插入的行或列同等数量的行或列），在“表格工具/布局”选项卡中的“行和列”组，单击“在上方插入”或“在下方插入”按钮，可在当前行（或选定的行）的上面或下面插入与选定行个数同等数量的行。若单击“在左侧插入”或“在右侧插入”按钮，在当前列（或选定的列）的左侧或右侧插入与选定列个数同等数量的列。

单击表格最右边的边框外，按 Enter 键，在当前行的下面插入一行，或指针插入点定位在最后一行最右一列单元格中，按 Tab 键追加一行。

② 插入单元格。在“表格工具/布局”选项卡中的“行和列”组，单击组右下角的对话框启动器按钮 ，弹出“插入单元格”对话框，如图 2.32 所示，选中单元格的插入方式的单选按钮完成单元格的插入。

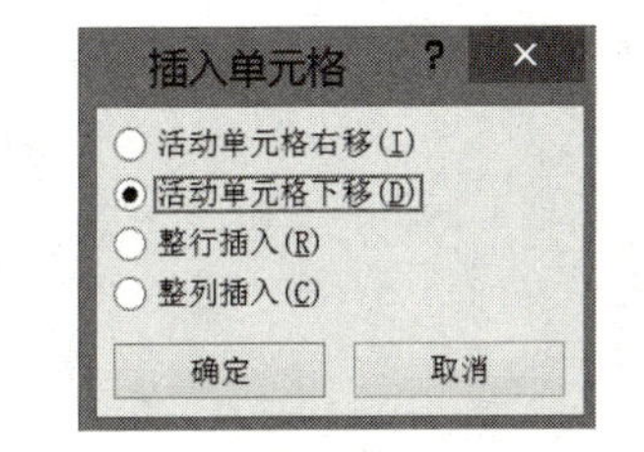

图 2.32 “插入单元格”对话框

③ 行、列、单元格的删除。选定要删除的行、列或单元格，在“表格工具/布局”选项卡中的“行和列”组，单击“删除”按钮，在弹出的下拉列表中选择删除行、删除列、删除单元格或删除表格等操作，或单击鼠标右键，从弹出的快捷菜单中选择“删除行（列、单元格）”命令。

4）单元格的合并、拆分

① 合并单元格。单元格的合并是将多个相邻的单元格合并成一个单元格。选定所有要合并的单

元格，在“表格工具/布局”选项卡中的“合并”组中，单击“合并单元格”按钮，或单击鼠标右键，在弹出的快捷菜单中选择“合并单元格”命令即可完成合并单元格。

② 拆分单元格。拆分单元格是将一个单元格分成多个单元格。选定一个要拆分的单元格，在“表格工具/布局”选项卡中的“合并”组，单击“拆分单元格”命令，弹出“拆分单元格”对话框，在对话框中分别设置要拆分的行数和列数，或单击鼠标右键，在弹出的快捷菜单中选择“拆分单元格”命令进行设置。

5）重置标题行

当一张表格超过一页时，通常希望在每一页的续表中也包含表格标题行。选定表格标题行，在“表格工具/布局”选项卡中的“数据”组，单击“重复标题行”按钮，即可在每一页的表格上加上标题行。

3. 表格格式的设置

格式化表格主要包括设置单元格中文本对齐方式，设置表格的边框和底纹，表格在页面中的位置、表格自动套用格式等。

1）设置单元格中文本对齐方式

选定单元格，单击鼠标右键，在弹出的快捷菜单中选择“单元格对齐方式”命令，从级联菜单中选择一种对齐方式即可完成水平或垂直方向的对齐，或在“表格工具/布局”选项卡中“对齐方式”组，单击相应的某种对齐按钮。

2）设置表格的边框和底纹

在“表格工具/设计”选项卡中的“表格样式”组，单击边框和底纹按钮可以设置表格的边框线的样式、颜色、宽度、底纹颜色、单元格中文本的对齐方式等，或者单击“边框”右侧的下拉按钮，在弹出的下拉列表中选择“边框和底纹”选项，弹出如图 2.18 所示的“边框和底纹”对话框，在此进行设置。

3）表格在页面中的位置

设置表格在页面中的对齐方式和是否文字环绕表格的操作步骤如下。

(1) 单击表格中任意单元格，在“表格工具/布局”选项卡中的“表”组中，单击“属性”按钮，弹出“表格属性”对话框，或单击鼠标右键，在弹出的快捷菜单中选择“表格属性”命令，也可以弹出“表格属性”对话框，如图 2.33 所示。

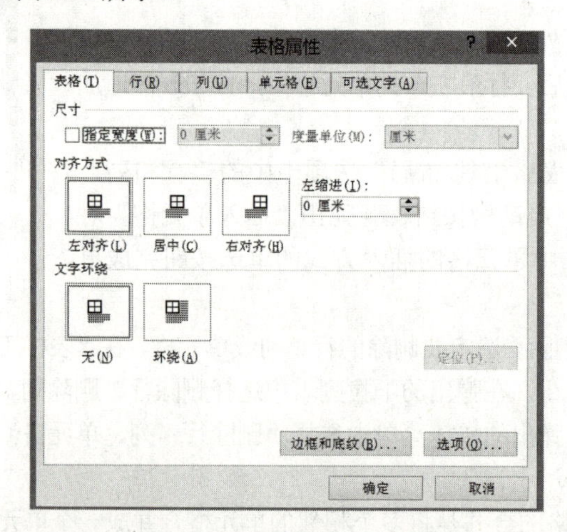

图 2.33 “表格属性”对话框

（2）在“表格属性”对话框中，选择“表格”、“行”、“列”、“单元格”等选项卡，可以设置表格的相关属性。其中：

①“表格”选项卡：设置表格的尺寸、对齐方式、文字环绕方式，还可以单击“边框和底纹”按钮，在弹出的“边框和底纹”对话框中设置表格的边框和底纹。

②“行”和“列”选项卡：设置行高或者列宽，是否允许跨页断行等设置。

③“单元格”选项卡：可以设置单元格的宽度、垂直对齐方式等。

4）*表格自动套用格式*

“表格自动套用格式”可以加快表格的格式设置，Word 2010 提供了近百种表格样式。单击表格中的任一单元格，在“表格工具/设计”选项卡中的“表格样式”组，单击任何一种样式，文档中的表格就会呈现相应的样式，单击鼠标左键确认选择，该样式的格式就会应用到所选的表格中，也可以通过单击“表格样式”组中的“其他”按钮，在弹出的表格样式列表框中选取其他样式。

4．表格计算

Word 2010 的表格具有一定的简单计算功能，可以对表格中的数据进行计算和统计。

1）*单元格及单元格区域*

（1）单元格。一个标准的表格是由若干行和若干列交叉组成的一个二维表格。单元格是组成表格的基本单位。每个单元格通过一个地址标识，即由行号和列标来标识，列标在前，行号在后。表中的单元格列标用 A，B，C，…，Z，AA，AB，…表示，共 63 列；行号依次用 1，2，3，…表示，共 32767 行。

（2）单元格区域。单元格区域是由多个连续的单元格组成的，由该区域的左上角单元格地址和右下角单元格地址中间加一冒号组成。例如，A1:B4 和 C2:D7 等。

2）*表格计算*

Word 2010 的计算功能是通过公式来实现的，Word 2010 提供了许多常用的数学函数供选用。下面以表 2.2 为例，介绍表格的计算方法。

表 2.2　学生成绩表

姓名	学号	班级	性别	高数	英语	计算机	总分
王小朋	1200001	会计 1 班	男	78	89	72	239
李大维	1200013	会计 1 班	女	80	83	90	253
张桦	1200100	信管 1 班	女	72	67	84	223
林强	1200321	信管 1 班	男	86	92	70	248

（1）选定要插入公式的单元格，如单元格 H2，在“表格工具/布局”选项卡中的“数据”组，单击“公式”按钮，弹出“公式”对话框，如图 2.34 所示。

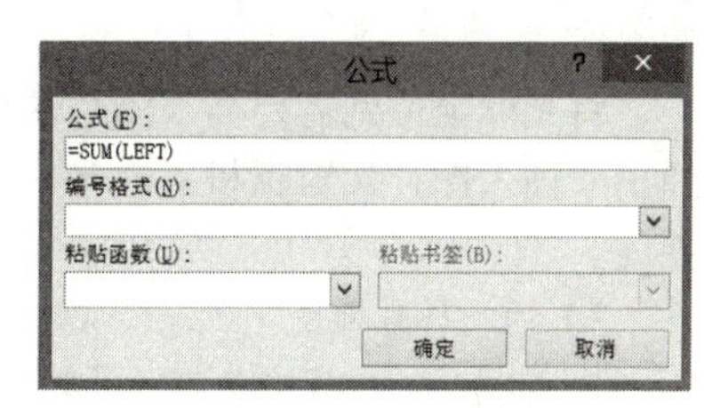

图 2.34　“公式”对话框

（2）在“公式”文本框中会显示一个默认的公式，如“=SUM(LEFT)”，表明要计算左边各列数据的总和。如果该公式不符合要求，可以重新输入需要的公式或者在“粘贴函数”下拉列表中选择需要的公式，再填上计算的区域地址即可。

（3）在“编号格式”下拉列表中选择数值显示的格式（也可以不设置）。

（4）单击“确定”按钮，当前单元格将显示计算结果。同样的操作方法可以求得各行的学生总分。

在输入公式时应该注意以下问题。

① 在公式中可以采用的运算符号有：+、–、*、/、^、%。

② 在公式的前面一定以等号开始，否则公式无效。

③ 输入公式时应注意在英文半角状态下输入，字母不区分大小写。

④ 输入公式时，应输入单元格的地址，而不能输入单元格中的具体数值。

⑤ 参加计算的应该为数值型数据。

⑥ 区域地址的表示方式有多种，LEFT 表示公式单元格左侧的数值型数据，ABOVE 表示添加公式单元格上面的数值型数据，RIGHT 表示公式单元格右侧的数值型数据。

3）表格中计算数据的更新

当表格中的数据发生变化时，应该对相关的公式计算结果进行更新，否则会引起数据间的不一致。但是 Word 2010 表格公式必须通过手动更新方法完成。

更新计算结果的步骤如下。

（1）单击需要更新的公式数据，该数据会以灰色底纹显示。

（2）鼠标指针指向该数据，单击鼠标右键，在弹出的快捷菜单中选择“更新域”命令，该单元格中的数据将被重新计算。

如果在弹出的快捷菜单中选择“切换域代码”命令，则可以在数据和公式域之间进行切换。

2.1.6　图文混排

图文混排是 Word 的特色功能之一，能够在文档中插入对象，使一篇文章达到图文并茂的结果。对象是 Word 文档中除文字和表格以外的内容，如图片、公式、艺术字、自选图形、文本框等。

1．插入图片

Word 2010 中可以使用的图片有：剪辑库中的图片、Windows 提供的大量图片文件、SmartArt 图形等。

1）插入剪贴画

Word 2010 提供了一个剪辑库，它包含了大量的剪贴画、图片、声音和图像。

将光标定位到插入点，在“插入”选项卡中的“插图”组，单击“剪贴画”按钮，弹出“剪贴画”对话框。在该对话框的“搜索文字”文本框中输入剪贴画的主题名称或关键字，单击“搜索”按钮，系统会将与关键字相符的图片显示在下方的图片列表框中，从中选择需要的图片，单击即可完成插入。

2）插入图片文件

在 Word 2010 中，还可以直接插入已经编辑好的图片文件，如从网上、数码相机或扫描仪中获得的图片。

将光标定位到需要插入图片的位置，在“插入”选项卡中的“插图”组，单击“图片”按钮，弹出“插入图片”对话框。在该对话框里选择要插入到文档的图片文件，单击“插入”按钮即可完成。

3）插入屏幕截图

在 Word 2010 中新增加了屏幕截图功能，可以快速完成屏幕截取、插入的操作。屏幕截图有两种方式，一是截取整个窗口界面，二是截取窗口中部分区域。

① 截取窗口界面。将光标定位到需要插入图片的位置，在“插入”选项卡中的“插图”组，单击“屏幕截图”按钮，在弹出的下拉列表的“可视视图”栏中，列出当前打开的所有应用程序的窗口界面的缩略图，单击某个要插入的窗口缩略图即可。

② 部分区域截图。将光标定位到需要插入图片的位置，在“插入”选项卡中的“插图”组，单击“屏幕截图”按钮，在弹出的下拉列表的“可视视图”栏中选择“屏幕剪辑”选项，此时，当前文档窗口将会自动缩小，整个屏幕将朦胧显示。按住鼠标左键并拖动选择要截图的区域，被选择的区域将高亮显示，释放鼠标左键，则截取的屏幕图像自动插入到文档中。

2. 设置图片格式

设置图片格式主要包括缩放、移动、复制、裁剪、文字环绕等。

编辑对象前需要选择对象，鼠标指针指向该对象，单击鼠标左键即可选定对象，选中的对象周围会出现 8 个尺寸柄；同时，在功能区出现“图片工具/格式”选项卡。利用该选项卡设置图片的环绕方式、大小、位置和边框等。

图片的复制、移动、删除操作同文本相应操作方法相同，此处不再介绍。

1）调整图片的大小

(1) 精确调整。

方法 1：在“图片工具/格式”选项卡中的“大小”组，设置“高度”和“宽度”微调值。

方法 2：单击“大小”组右下角的对话框启动器按钮，弹出“布局”对话框，在对话框的“大小”选项卡中设置图片高度和宽度。

方法 3：单击鼠标右键，从弹出的快捷菜单中选择“大小和位置”命令，在弹出的“布局”对话框中进行图片高度和宽度的设置。

(2) 粗略调整。选中图片，将鼠标指针指向图片某个尺寸柄位置，鼠标变为双向箭头，拖动鼠标改变图片大小，此方法比较快捷。

(3) 裁剪图片。改变图片的大小并不能改变图片的内容，仅仅是按比例放大或缩小。

如果要剪裁图片中某一部分的内容，选中图片，在“图片工具/格式”选项卡中的“大小”组，单击“裁剪”按钮，在当前图片上出现 8 个裁剪柄，用鼠标拖动选择需要的裁剪位置完成裁剪即可，或单击“裁剪”按钮下方的下拉按钮，在弹出的下拉列表中选择相应的裁剪方式。

2）图片的环绕排版

通常，图片插入文档后像字符一样嵌入文本中，看作是文本的一部分，可以和文本在同行进行编辑。当改变图片为非嵌入型，可以设置其在文档中与文字的环绕排版方式，其设置有如下几种方式。

(1) 利用快捷菜单设置。选中图片，单击鼠标右键，在弹出的快捷菜单中选择“自动换行”命令，在级联菜单中选择相应的环绕方式。

(2) 利用“图片工具/格式”选项卡设置。选中图片，在“图片工具/格式”选项卡中的“排列”组，单击“自动换行”按钮，在弹出的环绕方式列表中选择环绕方式。

(3) 利用“布局/文字环绕”选项卡设置。

选中图片，在“图片工具/格式”选项卡中的“排列”组，单击“自动换行”按钮，在弹出的环绕方式列表中选择“其他布局选项”选项，弹出“布局”对话框，如图 2.35 所示。选择“文字环绕”选项卡，在列出的环绕方式选项区域选择其中一种即可。

3）设置图片其他格式

利用“图片工具/格式”选项卡，设置图片的填充颜色、外框线条格式、图片样式、图片的阴影设置等。

(1) 调整图片属性。在“图片工具/格式”选项卡中的“调整”组，设置图片的亮度、对比度、饱和度及填充颜色、艺术效果等，还可以压缩图片的大小，更改图片内容，也可以单击“调整”组的“重设图片”按钮将图片设置好的格式去掉。

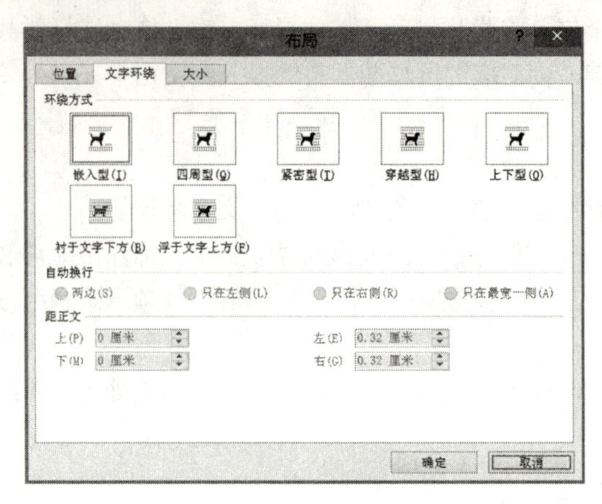

图 2.35 “布局”对话框

（2）设置图片样式。图片样式是 Word 2010 提供的图片内置样式，可以快速改变图片的外观效果。单击“图片样式”组中的样式列表进行选择。

（3）自定义图片格式。单击“图片样式”组中的按钮，用户可以自行设置图片样式。其中：

① “图片边框”按钮：设置图片的边框、边框的颜色、线型等样式。

②“图片效果”按钮：设置图片的视觉效果，如阴影、发光、映像、三维效果等。

③“图片版式”按钮：将选中的图片轻松地换装成 SmartArt 格式。

④ 单击“图片样式”组右下角的对话框启动器按钮 ，弹出“设置图片格式”对话框，如图 2.36 所示，在对话框中可以详细设置图片的各种格式。

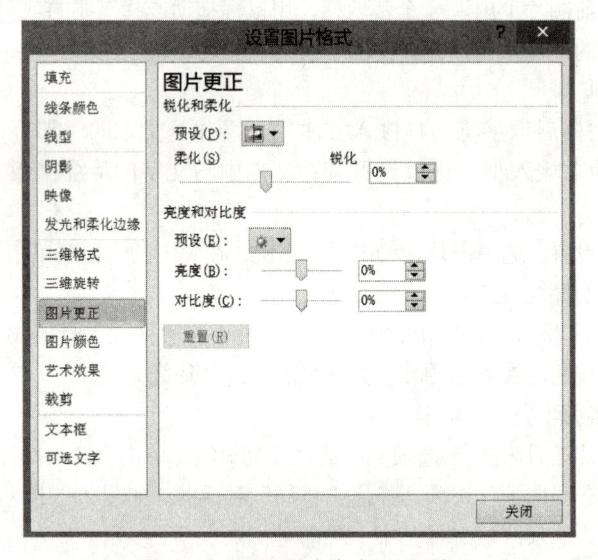

图 2.36 “设置图片格式”对话框

3. 插入形状

Word 2010 提供了一套绘制图形的工具，利用它可以在文档中绘制各种样式的形状，并可以对这些形状进行组合、编辑等。只有在页面视图方式下才可以在 Word 文档中插入形状。

任何一个复杂的图形都是由一些简单的几何图形组合而成，所以创建图形时先绘制基本图形单元，然后再组合出复杂的图形。

1）插入自选形状

在“插入”选项卡中的“插图”组，单击“形状”按钮，在弹出的形状列表中选择所需要的形状类型及该类中所需要的形状。此时，鼠标指针变成十字状，在插入点按住鼠标左键拖动鼠标进行绘制，当绘制到所需大小时释放鼠标即可。

如果拖动鼠标的同时按住Shift键可以绘制圆形和正方形。

2）编辑自选形状

对绘制好的自选形状可以进行编辑，包括添加文字、设置形状格式等处理。

（1）在形状中添加文字。选定自选形状，单击鼠标右键，在弹出的快捷菜单中选择“添加文字”命令，此时插入点移到形状内部进入编辑状态，即可输入所需的文字，并可以对文字进行格式设置。

（2）设置自选形状格式。插入自选形状后，功能区自动添加“绘图工具/格式”选项卡，通过选项卡中相应的命令组，可以对选中的自选形状设置大小、样式等格式。其中：

①“形状样式”组：可以设置形状的内置样式，设置形状的外框颜色、填充效果等内容；也可以单击“形状样式”组右下角的对话框启动器按钮，在弹出的“设置形状格式”对话框中进行详细的格式设置。

②“文本”组：设置文本的对齐方式，文本的显示方向。

③“排列”组：设置形状与文字之间的环绕排版方式，与文字的叠放次序及形状的旋转处理等格式。

④“大小”组：设置形状的大小，也可以单击“大小”组右下角的对话框启动器按钮，在弹出的“设置形状格式”对话框中进行详细的格式设置。

3）调整图形的叠放次序

当两个或多个图形重叠在一起时，最近绘制的图形覆盖其他的图形。可以调整各图形之间的叠放关系。

选定要确定叠放关系的图形，单击鼠标右键，在弹出的快捷菜单中选择“置于顶层”（或“置于底层”）右侧的下拉按钮，在弹出的下级菜单中选择所需的一个执行。

4）组合图形

利用图形的组合功能可以将许多简单的图形组合成一个整体的图形，以便图形的移动和旋转等设置。

（1）使用“组合”命令。按住Shift键，用鼠标单击选中要组合的图形，在“绘图工具/格式”选项卡中的“排列”组，单击“组合”按钮，将所选的图形组合成一个整体，或鼠标右键单击其中的一个对象，在弹出的快捷菜单中依次执行“组合”→“组合”命令。

如果要解除组合，则用鼠标右键单击该图形组合，在弹出的快捷菜单中依次执行“组合”→“取消组合”命令即可。

注意：默认情况下，Word 2010中插入的自选图形、艺术字和文本框都是嵌入型以外的环绕方式，可以直接进行拖动、设置叠放次序及组合。如果要组合的对象包含图片，需要先将图片设置为非嵌入型才能设置叠放次序及与其他对象的组合。

（2）使用绘图画布。向文档插入图形时，可以将图形放置在绘图画布中，将绘图的各个部分组合起来。如果计划在插图中包含多个形状，最佳做法是插入一个绘图画布。

将光标插入点定位在要插入绘图画布的位置，在“插入”选项卡中的“插图”组中，单击“形状”按钮，在弹出的下拉列表中选择“新建绘图画布”命令，即可在当前位置插入绘图画布。同时在功能区出现“绘图工具/格式”选项卡，用户可以对绘图画布进行格式设置，如设置边框、背景等。

插入绘图画布后，可以将形状绘制在绘图画布上。如果用户要删除整个绘图或部分绘图，选定绘图画布或要删除的图形，然后按 Delete 键即可。

4．插入“艺术字”

Word 2010 提供了一个为文字建立特殊效果的功能，即“艺术字”功能。

在“插入”选项卡中的“文本”组，单击“艺术字”按钮，在弹出的艺术字列表中选择所需的样式并单击该艺术字样式，即可在文档的插入点插带有艺术字样式的文本框。将鼠标指针定位到文本框中输入文本、修改艺术字的内容。

另外，选中文字后再执行以上操作，可以快速将选中文本转换成艺术字。

通过“绘制工具/格式”选项卡中的“艺术字样式”命令，也可以设置艺术字的填充、文本效果等格式。

5．插入文本框

文本框是一种可以移动、可以调整大小、可以添加文字和图片的图形容器。通过文本框可以把文字放置在页面的任意位置，也可以与其他形状进行组合、环绕排版，使文档编辑更加灵活方便。

1）插入文本框

① 插入具有某种样式的文本框。在“插入”选项卡中的“文本”组，单击“文本框”按钮，在弹出的文本框样式列表中选择所需的样式并单击该文本框样式，即可在文档中插入一文本框。将光标定位到文本框中编辑文本框中的内容。

② 插入简单的文本框。在“插入”选项卡中的“文本”组，单击“文本框”按钮，在弹出的文本框样式列表中选择“绘制文本框”选项，此时鼠标指针变成十字形，按住鼠标左键并拖动到所需的大小，释放左键即可完成插入。

2）编辑文本框

文本框具有图形的属性，所以对文本框的操作类似于图形的格式设置，即利用“绘图工具/格式”选项卡中的各组功能设置文本框格式和文本框内文字的格式，具体操作参考前面图形的编辑处理。

6．插入数学公式

Word 2010 提供了非常强大的公式编辑工具，可以很方便地编辑数学公式、物理公式、化学公式等。即可以采用系统提供的公式样式快速创建公式，也可以自己编辑公式内容，公式中所用到的公式符号可以通过符号模板选择。

将插入点定位在要插入公式的位置，在“插入”选项卡中的“符号”组，单击“公式”按钮，在弹出的下拉列表中选择所需要的公式类型，或选择“插入新公式”选项，文档的当前位置出现公式编辑区的标记 在此处键入公式。 ，在此标记内即可修改或输入公式。同时在功能区自动增加了“公式工具/设计”选项卡，如图 2.37 所示。通过此选项卡上的各组命令编辑公式的结构。其中：

①“工具”组：包含一些内置的常用数学公式，可以直接使用。例如，二次公式、二项式定理、勾股定理等。

②“符号”组：包含常用的基础数学符号，单击“符号”组右侧的 按钮，可将数学的基础符号全部显示出来。

③ “结构”组：包含 11 种数学公式的结构模板，单击每个结构模板名称，就会弹出该结构类型的所有模板，从中选择所需的结构模板进行普通公式的编辑。

编辑结束后，单击公式之外的任意区域就可以结束公式的编辑。

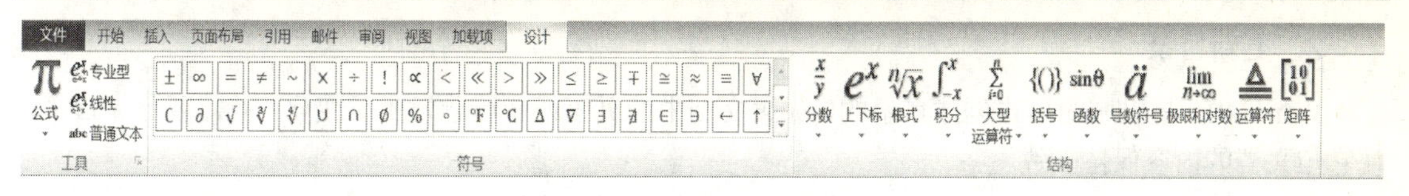

图 2.37 “公式工具/设计”选项卡

2.1.7　目录的创建与编辑

目录是长文档不可缺少的部分，使用目录可以帮助用户明确文档的内容及组织结构，并可以通过目录快速完成文档内容的定位和查找。Word 2010 提供了自动生成目录的功能，使目录的制作变得非常简便，而且在文档发生了改变以后，还可以利用更新目录的功能来适应文档的变化。

1．插入目录

Word 2010 一般是利用内部标题样式来创建目录的。因此，在创建目录之前，应确保文档中的标题应用了内置的标题样式。如果文档的结构性能比较好，创建合格的目录就会快速简便。

具体操作步骤如下。

① 把光标定位到要建立目录的位置，在“引用”选项卡中的“目录”组，单击“目录”按钮，弹出目录内置样式列表，如图 2.38 所示，可以选择手动目录或自动目录样式，也可以选择“插入目录”选项，弹出“目录”对话框，如图 2.39 所示。

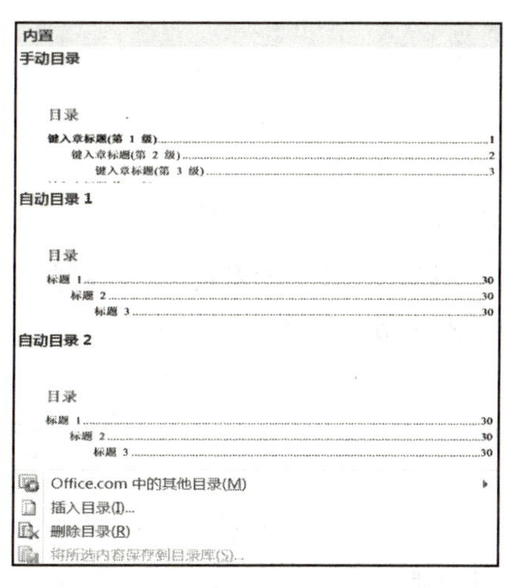

图 2.38　目录内置样式列表

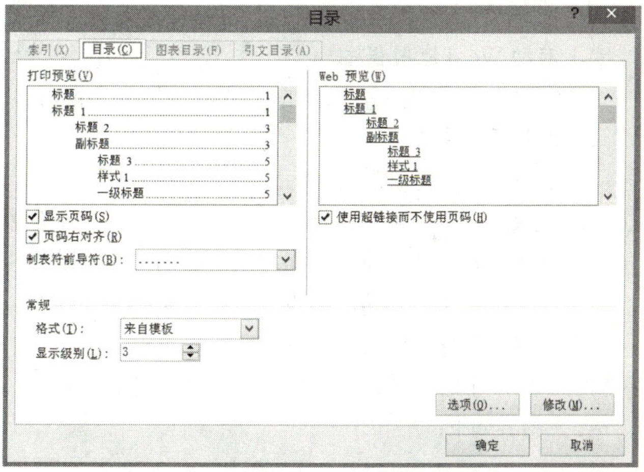

图 2.39 “目录”对话框

② 在“目录”对话框中，选择“目录”选项卡，在“打印预览”选项区域列出目录的预览样式，选中或取消“显示页码”复选框可以设置页码是否显示，选中或取消“页码右对齐”复选框，设置页码的对齐方式等。

③ 要改变目录的显示效果，可以单击“修改”按钮，弹出“样式”对话框。在“样式”对话框中，目录 1 管理一级目录，目录 2 管理二级目录，依次类推。选择要改变效果的目录级别，单击“修改”按钮分别进行设置。设置完毕后单击“确定”按钮返回“样式”对话框。

④ 单击“确定”按钮，返回“目录”对话框，单击“确定”按钮，目录即插入到指定位置。

提示：目录创建好后，可以快速查阅文档内容，按住 Ctrl 键并单击目录条目或页码，可以直接跳转到所对应的标题位置。

2. 更新目录

Word 2010 是以域的形式创建目录的，如果文档中的页码或者标题发生了变化，就需要更新目录，使它与文档的内容保持一致。

在目录上单击鼠标右键，在弹出的快捷菜单中选择“更新域”即可，也可以在“引用”选项卡中的“目录”组，单击“更新目录”按钮，选择“只更新页码”或“更新整个目录”选项完成目录的更新。

如果想改变目录的显示格式，可以重新执行创建目录的操作，此时会弹出一个对话框，询问是否要替换所选目录，选择“是”按钮即可替换。

3. 删除目录

如果要删除目录，可以将光标插入点定位到目录区域，在“引用”选项卡中的“目录”组，单击“目录”按钮，从弹出的内置目录任务列表中选择“删除目录”选项。

2.2 实训案例

本案例依据一篇具体文章的创建及版式设计，介绍 Word 2010 详细的操作步骤，以便更好地掌握 Word 2010 的应用。

2.2.1 创建文档及编辑

1. 创建文档

1）启动 Word 应用程序

参照 2.1.2 所介绍的方法，打开 Word 应用程序窗口。

2）录入范文文本

录入过程中应注意以下几点。

① 在录入过程中可以边录入边保存，可以按照前面 2.1.2 中“保存文档”部分的操作进行保存。

② 在当前输入法和英文之间完成快速切换，可以按 Shift 键或按 Ctrl+空格组合键完成。

③ 英文、数字用半角，标点符号用中文符号。

④ 在录入带序号的文稿内容前，要先设置 Word 选项，撤销自动编号，以免排版混乱。设置方法参考前面 2.1.4 中的“项目符号与编号”撤销自动编号。

范文内容如下：

CNNIC 中国互联网络发展状况统计报告

1. 中国互联网络信息中心简介

中国互联网络信息中心（CNNIC，China Internet Network Information Center）成立于 1997 年 6 月，是经国务院主管部门批准的非营利性的管理和服务机构，行使国家互联网络信息中心的职责。

2. 中国互联网络发展状况统计报告

新华社北京 2016 年 1 月 22 日中国互联网络信息中心发布的最新报告显示，中国大陆网民数量达到 6.88 亿，占总人口 50.3%，较 2014 年底提升了 2.4 个百分点，居民上网人数超过总人口半数。

报告显示，网民的上网设备正在向手机端集中，手机成为拉动网民规模增长的主要因素。截至 2015 年 12 月，中国手机网民规模达 6.20 亿，占网民总数的 90.1%；有 1.27 亿人只使用手机上网，占整体互联网络网民的 18.5%。报告指出，WiFi 无线网络已成为网民接入互联网络的首选方式，使用人数比例达 91.8%。

2．保存及退出操作

将文档保存为“中国互联网应用情况统计”，并存放在自己的 U 盘的“文档”文件夹中。保存后关闭文档，退出 Word 2010 应用程序。

操作步骤如下：

① 单击“快速启动栏”中的“保存”按钮，弹出“另存为”对话框（第一次保存时出现）。

② 在该对话框的上方文本编辑区内输入保存文件的位置，或通过左侧的组织列表选择目标路径（假如 U 盘对应的盘符为 F:），如果目标文件夹不存在，可以在该对话框的工具栏，单击“新建文件夹”按钮，则在列表中会出现一个新的文件夹，名称为“新建文件夹”，将该文件夹的名称改为“文档”。

③ 双击“文档”，进入“文档”文件夹。

④ 在“文件名”文本框中输入“中国互联网应用情况统计”，在“保存类型”下拉列表中选择“Word 文档”（一般默认的类型就是“Word 文档”），单击“保存”按钮。

文档进行保存后在窗口的标题栏里就会显示出当前的文档名称，后面编辑过程中如果需要保存，在“快速启动栏”中单击“保存”按钮可以随时保存文档，或按 Ctrl+S 组合键完成保存。

⑤ 文档编辑好后，单击窗口右上角的“关闭”按钮，退出 Word 2010。

3．打开文档

打开新建的文档“中国互联网应用情况统计”。

执行“文件”→“打开”命令，弹出“打开”对话框。在“打开”对话框的左侧列表框中找到文件的保存位置，如“F:\文档”文件夹。在其右侧的文件名列表中选中“中国互联网应用情况统计”文件，单击“打开”按钮，即可将所选文档打开，进入到文档编辑状态。

4．编辑文档

将范文中的第 3 段，即“报告显示，网民的上网设备正在向手机端集中……”，复制到范文的最后；将最后一名的“报告指出，WiFi 无线网络已成为网民接入互联网络的首选方式，使用人数比例达 91.8%。”移动到本段第一句的后面；将范文中最后一段文本内容为“互联网络”的替换成“Internet Network”。

1）复制文本

① 将鼠标指针移动到正文“报告显示，网民的上网设备正在向手机端集中……”段落的段左空白处，鼠标指针变成⇗，双击鼠标左键，即可选中整个段落。

② 选定文本后，将鼠标移动到所选区域，单击鼠标右键，在弹出的快捷菜单中选择“复制”命令，或按 Ctrl+C 组合键完成复制。

③ 按 Ctrl+End 组合键将插入点定位到范文的末尾，单击鼠标右键，在弹出的快捷菜单中选择“粘贴”命令，即可完成复制，或者按 Ctrl+V 组合键完成粘贴。

2）移动文本

① 用鼠标左键拖动选中最后一句中的“报告指出，WiFi 无线网络已成为网民接入互联网络的首选方式，使用人数比例达 91.8%。”。

② 通过鼠标左键拖动的方式直接将移动的内容拖到目标位置。

3）查找和替换

① 将光标插入点定位在最后一段首字符前。

② 在“开始”选项卡中“编辑”组，单击“替换”命令，弹出“查找和替换”对话框。

③ 选择“替换”选项卡，在“查找内容”文本框中输入“互联网络”。

④ 在“替换为”文本框中输入“Internet Network”。

⑤ 单击“查找下一处”按钮，查找到需要替换的内容。

⑥ 单击“替换”按钮即可完成该处的替换。

重复上面的最后两步完成所有文本的替换操作。

经过上述编辑处理后，文档内容的变化如图 2.40 底纹部分所示。

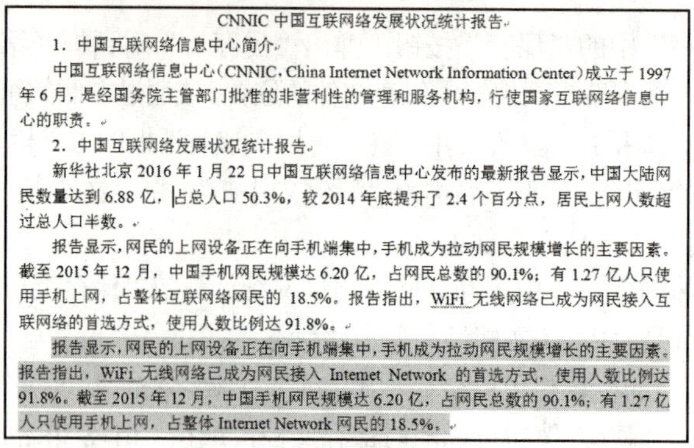

CNNIC 中国互联网络发展状况统计报告

1．中国互联网络信息中心简介

中国互联网络信息中心（CNNIC，China Internet Network Information Center）成立于 1997 年 6 月，是经国务院主管部门批准的非营利性的管理和服务机构，行使国家互联网络信息中心的职责。

2．中国互联网络发展状况统计报告

新华社北京 2016 年 1 月 22 日中国互联网络信息中心发布的最新报告显示，中国大陆网民数量达到 6.88 亿，占总人口 50.3%，较 2014 年底提升了 2.4 个百分点，居民上网人数超过总人口半数。

报告显示，网民的上网设备正在向手机端集中，手机成为拉动网民规模增长的主要因素。截至 2015 年 12 月，中国手机网民规模达 6.20 亿，占网民总数的 90.1%；有 1.27 亿人只使用手机上网，占整体互联网络网民的 18.5%。报告指出，WiFi 无线网络已成为网民接入互联网络的首选方式，使用人数比例达 91.8%。

报告显示，网民的上网设备正在向手机端集中，手机成为拉动网民规模增长的主要因素。报告指出，WiFi 无线网络已成为网民接入 Internet Network 的首选方式，使用人数比例达 91.8%。截至 2015 年 12 月，中国手机网民规模达 6.20 亿，占网民总数的 90.1%；有 1.27 亿人只使用手机上网，占整体 Internet Network 网民的 18.5%。

图 2.40　文档编辑后的结果

2.2.2　文档的初级排版

1．格式设置

1）设置正文格式

将文档正文设置为宋体、小四号，其中的字母和数字设置成 Times New Roman 格式；设置段落间距为段前、段后各 2 行，行距设为 1.5 倍，各段首行缩进 2 个字符。

操作步骤如下：

① 选定整篇文档文本。

② 在“开始”选项卡中的“字体”组，从“字体”列表里选择“宋体”，“字号”列表里选择“小四”号，设置文字字符的字型。再从“字体”列表里选择“Times New Roman”格式，设置数字和字母的格式。

③ 在“段落”组中，单击“行和段落间距”按钮，在弹出的下拉列表中选择行距 1.5。

④ 在“段落”组中，单击组右下角的对话框启动器按钮 ，弹出“段落”对话框，在对话框“间距”选项区域中设置段前和段后各为 2 行。

⑤ 在“段落”对话框的“缩进”选项区域中，选择“特殊格式”中的“首行缩进”选项，在其后的“磅值”文本框中输入 2，即可设置首行缩进 2 个字符。

⑥ 设置好后，单击“确定”按钮退出。

2）设置标题格式

将标题“CNNIC 中国互联网络发展状况统计报告”设置为“标题 1”格式，两个小标题设置为“标题 3”的格式。

操作步骤如下：

① 选定标题“CNNIC 中国互联网络发展状况统计报告”。

② 在“开始”选项卡中的“样式”组，单击右下角的对话框启动器按钮 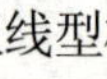 ，弹出“样式”列表。

③ 从“样式”列表中选择“标题 1”样式。

再按照同样的方法将两个小标题设置为“标题 3”的格式。

3）设置边框和底纹

将文档的最后一段文字设置底纹，图案样式为 50%的蓝色底纹，并加双线型橙色的边框，边框的粗细设置为 1.5 磅。

操作步骤如下：

① 选中最后一段落。

② 在“开始”选项卡中的“段落”组，单击“边框”按钮右侧的下拉按钮，弹出边框下拉列表，选择“边框和底纹”命令，弹出“边框和底纹”对话框，在“底纹”选项卡里的“填充”选项区域选择“蓝色”，在图案“样式”选项区域中选择“50%”的底纹样式。

③ 选择“边框”选项卡，在“设置”选项区域中选择“方框”，在线型“样式”列表中选择“双线型”边框，在“颜色”列表中选择边框颜色为“橙色”，在“宽度”列表中选择 1.5 磅。

④ 设置好后单击“确定”按钮。

2. 简单编排

选定范文中的第 2 段，即“新华社北京 2016 年 1 月 22 日中国互联网络信息中心发布的最新报告显示，……”，设置该段左、右缩进 3 个字符，并分成等宽的两栏。

1）设置段落左、右缩进

① 选定文档中第 2 段落。

② 在“开始”选项卡中的“段落”组，单击“段落”组右下角的对话框启动器按钮 ，弹出“段落”对话框，在“段落”对话框中选择“缩进和间距”选项卡，在“缩进”选项区域中设置其左、右缩进分别为 3 个字符。

2）设置分栏

① 将光标插入点定位到段落中，连续单击鼠标左键 3 次，选中该段落。

② 在“页面布局”选项卡中的“页面设置”组，单击“分栏”按钮，在“分栏”下拉列表中选择两栏，即可将所选段落分为等宽的两栏。

如果分栏过程中分成不等长的两栏，则可以将光标定位到分栏区的最后，在“页面设置”组，单击“分隔符”按钮，在弹出的分隔符列表里选择“连续”分节符调整成等长的两栏。

文档经过初级排版之后，其结果如图 2.41 所示。

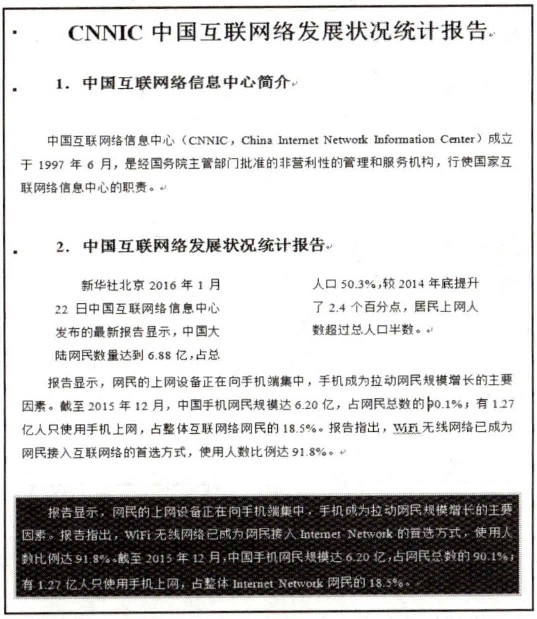

CNNIC 中国互联网络发展状况统计报告

1. 中国互联网络信息中心简介

中国互联网络信息中心（CNNIC，China Internet Network Information Center）成立于 1997 年 6 月，是经国务院主管部门批准的非营利性的管理和服务机构，行使国家互联网络信息中心的职责。

2. 中国互联网络发展状况统计报告

新华社北京 2016 年 1 月 22 日中国互联网络信息中心发布的最新报告显示，中国大陆网民数量达到 6.88 亿，占总人口 50.3%，较 2014 年底提升了 2.4 个百分点，居民上网人数超过总人口半数。

报告显示，网民的上网设备正在向手机端集中，手机成为拉动网民规模增长的主要因素。截至 2015 年 12 月，中国手机网民规模达 6.20 亿，占网民总数的 90.1%；有 1.27 亿人只使用手机上网，占整体互联网络网民的 18.5%。报告指出，WiFi 无线网络已成为网民接入互联网络的首选方式，使用人数比例达 91.8%。

报告显示，网民的上网设备正在向手机端集中，手机成为拉动网民规模增长的主要因素。报告指出，WiFi 无线网络已成为网民接入 Internet Network 的首选方式，使用人数比例达 91.8%。截至 2015 年 12 月，中国手机网民规模达 6.20 亿，占网民总数的 90.1%；有 1.27 亿人只使用手机上网，占整体 Internet Network 网民的 18.5%。

图 2.41　初级排版结果

2.2.3　插入表格与编辑

1．插入表格

在范文的第 3 段落之后，插入如图 2.42 所示内容的表格。表格中的所有数据设置字体为“华文新魏”，字号为“小五”，对齐方式为“水平、垂直居中”，数字采用“Times New Roman”格式。

以下为 2012—2015 年我国网民总数统计表：

表 2.3　网民总数统计表

统计项目 / 时间	网民总数(万人)	环比变动(%)	同比变动(%)
2015 年 12 月	68,800.00	3.0	6.0
2015 年 06 月	66,800.00	2.93	5.7
2014 年 12 月	64,900.00	2.69	5.02
2014 年 06 月	63,200.00	2.27	6.94
2013 年 12 月	61,800.00	4.57	9.57
2013 年 06 月	59,100.00	4.79	9.85
2012 年 12 月	56,400.00	4.83	9.94
2012 年 06 月	53,800.00	4.87	10.93

图 2.42　插入表格内容

1）插入 9 行×4 列的表格

① 将光标插入点定位到范文第 3 段落的段尾，按 Enter 键插入一空白行。

② 输入文字“以下为 2012—2015 年我国网民总数统计表：”，五号宋体；在下一行输入表格标题“表 2.3 网民总数统计表”，小五号字，宋体，段后 0.5 行，按 Enter 键插入一空白行。

③ 此时插入的空白行是带有格式的，即前面设置的段前、段后、行距这些格式，而新插入的表格是不需要这些格式，所以在插入表格之前，先将插入点的位置改成正文。选定空白行，在“开始”选项卡中的“样式”组，选择样式库里“正文”选项，即可取消当前所选空白行的所有格式。

④ 在“插入”选项卡中的“表格”组，单击“表格”按钮，弹出表格任务窗格。

⑤ 选择“插入表格”命令，弹出“插入表格”对话框。

⑥ 在对话框中输入需要的列数 4，行数 9，单击“确定”按钮。

2）编辑斜线表头单元格

① 输入单元格内容。将光标定位到 A1 单元格，输入“统计项目”，按 Enter 键换行，再输入“时间”，此时单元格的内容分两行显示。将光标插入点定位到“统计项目”前，键入多个空格，将“统计项目”右移到该单元格右侧，结果如图 2.43 所示。

② 绘制斜线表头。方法 1：在“插入”选项卡中的“表格”组，单击“绘制表格”按钮，此时，鼠标指针变成✎，按住鼠标左键从 A1 单元格的左上角拖曳到右下角，在 A1 单元格中绘制一条斜线，结果如图 2.44 所示。

统计项目 时间	

图 2.43　表头单元格的设置

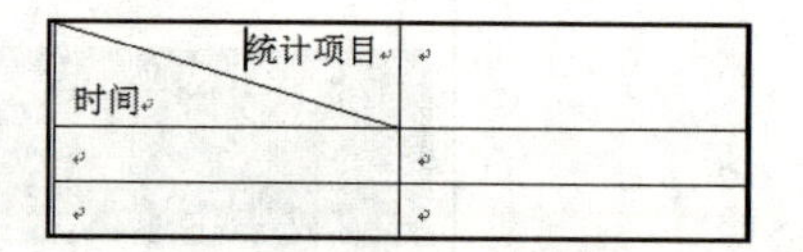

统计项目 时间	

图 2.44　表头单元格的设置

方法 2：选定 A1 单元格，在“开始”选项卡中的“段落”组，单击“框线”按钮，在弹出的边框下拉列表中选择“斜下框线”选项，即可在单元格中添加斜线。

方法 3：选定 A1 单元格，单击鼠标右键，从弹出的快捷菜单中选择“边框和底纹”命令，弹出“边框和底纹”对话框，如图 2.45 所示。在“边框和底纹”对话框中选择要画的斜线的线型和颜色后，单击对话框右侧的 按钮，再单击“确定”按钮，即可在选定的单元格中画出一条斜线。

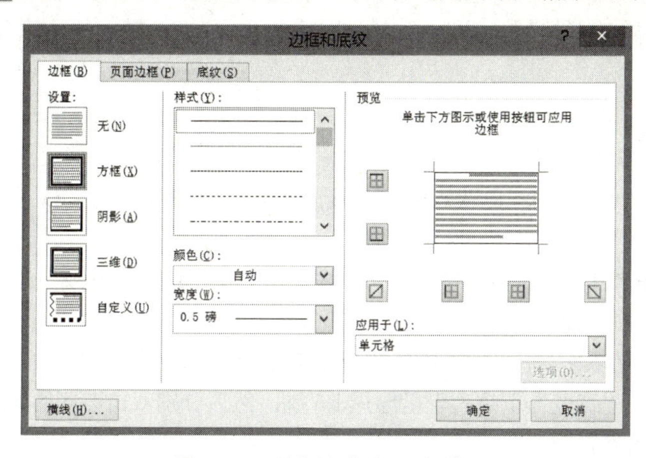

图 2.45　“边框和底纹”对话框

3）输入其他单元格内容

按照样表输入表格中其他单元格内容，并手动调整行高和列宽，以适应表格内容的需要。行高和列宽的调整方法请参考 2.1.5 节的表格的制作部分。

4）设置表格内容格式

① 字体、字号设置。单击表格左上角的“全选”按钮，在“开始”选项卡中的“字体”组，选择“华文新魏”字体，在“字号”中选择“小五”字号；再选择“字体”中“Times New Roman”格式设置表格中的数字，格式相同部分单击“格式刷”按钮快速完成。

② 对齐设置。选定表格，单击鼠标右键，在弹出的快捷菜单中选择“单元格对齐方式”命令，从其级联菜单中选择“中部居中”命令，此时整个表格中的文字全部按照水平和垂直方向居中。

2. 表格的数据统计

在表格中增加一行，统计网民总数、环比变动、同比变动的平均值。

1）增加行

鼠标指针指向最后一行，鼠标指针变成右上方箭头，单击鼠标左键选中该行，选定的行以反向颜色显示，然后单击鼠标右键，在弹出的快捷菜单中选择“插入”选项，从级联菜单中选择“在下方插入”选项，即可在当前行的下方插入新的一行（如果选择两行，则会同时插入两行），或将光标插入点定位到最后一行行尾的右侧，按 Enter 键也可以快速插入一行。

2）编辑公式

在新增行的第 1 个单元格里输入“统计”，在“网民总数”列的最后统计总合计，在“环比变动”和“同比变动”列的最后统计增长的平均情况。

操作步骤如下：

① 选定 B10（即第 10 行第 2 列交叉）单元格，在“表格工具/布局”选项卡中的“数据”组，单击“公式”命令，弹出“公式”对话框。

② 在弹出的“公式”对话框中的“公式”文本框内会自动出现公式“=SUM(ABOVE)”，此公式即为计算上述要求的网民总数合计公式；在“编号列表”的下拉列表里选择数据计算的格式，当前选择“0.00”格式，即小数点后保留两位的格式。

③ 单击“确定”按钮，即可完成“网民总数”的合计计算，计算结果显示在 B10 单元格中。

④ 用同样的操作方法依次计算出 C10、D10 单元格的值。只是在“公式”对话框中要修改公式内容，在“粘贴函数”下拉列表里选择 AVERAGE(求平均)，最后的计算公式为“=AVERAGE(ABOVE)”。

3．设置表格格式

设置表格外边框为 1.5 磅的红色双线型，内部表格线为 1 磅粗的蓝色线。

操作步骤如下：

① 选定表格，在“开始”选项卡中的“段落”组，单击“边框和底纹”按钮，弹出如图 2.45 所示的“边框和底纹”对话框。

② 单击“设置”选项区域中的“自定义”图标，在“样式”列表里选择双线型，在“颜色”下拉列表里选择红色，在“宽度”下拉列表里选择 1.5 磅；然后分别双击右侧的 4 个按钮（），即可完成表格外边框的设置。

③ 在“样式”列表里选择单线型，在“颜色”下拉列表里选择蓝色，在“宽度”下拉列表里选择 1.0 磅；然后分别双击右侧的 2 个按钮（），即可完成表格内边框的设置。

④ 单击“确定”按钮，关闭对话框。

表格设置完成后的结果如图 2.46 所示。

统计项目 / 时间	网民总数(万人)	环比变动(%)	同比变动(%)
2015 年 12 月	68,800.00	3.0	6.0
2015 年 06 月	66,800.00	2.93	5.7
2014 年 12 月	64,900.00	2.69	5.02
2014 年 06 月	63,200.00	2.27	6.94
2013 年 12 月	61,800.00	4.57	9.57
2013 年 06 月	59,100.00	4.79	9.85
2012 年 12 月	56,400.00	4.83	9.94
2012 年 06 月	53,800.00	4.87	10.93
统计	494800.00	3.74	7.99

图 2.46　表格设置后的结果

2.2.4　实现图文混排

1．插入剪贴画

在文档中插入一个科技类剪贴画，衬于分栏一段文字的下方，并设置成“冲蚀”样式。

操作步骤如下。

① 将插入点定位在文档第 2 段，在“插入”选项卡中的“插图”组，单击“剪贴画”按钮，在弹出的“剪贴画”任务窗格中的“搜索文字”下方的文本框中输入“科技”两字，单击右侧的“搜索”按

钮，搜索到的剪辑画图片显示在下拉列表里。从列表中选择一幅合适的图片，单击该图片即可将剪贴画插入。

② 选定插入的剪贴画，单击鼠标右键，在弹出的快捷菜单中选择“自动换行”命令，在级联菜单中选择“衬于文字下方”选项。

③ 通过鼠标左键拖曳将该图片拖曳到分栏一段的中间位置并调整好大小。

④ 在“图片工具/格式”选项卡的“调整”组，单击“颜色”按钮，在“重新着色”列表中选择“冲蚀”样式。

选中的图片就会以冲蚀的效果衬于文字下方，效果如图 2.47 所示。

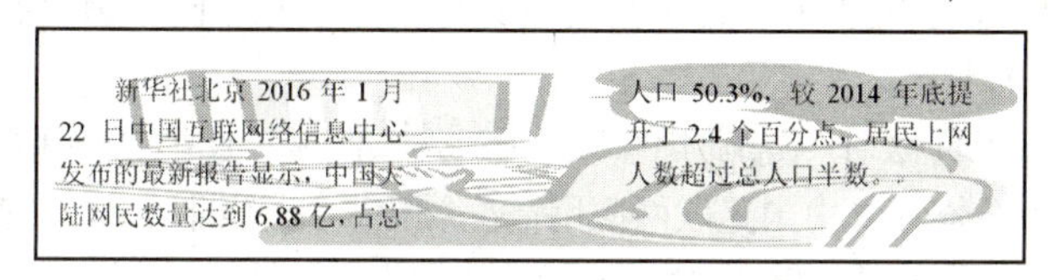

新华社北京 2016 年 1 月 22 日中国互联网络信息中心发布的最新报告显示，中国大陆网民数量达到 6.88 亿，占总人口 50.3%，较 2014 年底提升了 2.4 个百分点，居民上网人数超过总人口半数。

图 2.47　插入图片后的效果

2．插入公式

在正文的第 1 段之后插入一个数学公式，公式内容如图 2.48 所示。

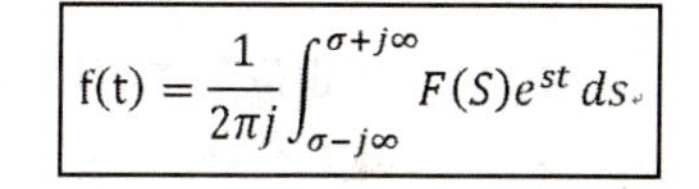

$$f(t)=\frac{1}{2\pi j}\int_{\sigma-j\infty}^{\sigma+j\infty}F(S)e^{st}\,ds$$

图 2.48　公式内容

操作步骤如下。

① 将光标定位到第 1 段后面，按 Enter 键插入新的一行，并将当前空白行改为正文格式。

② 在“插入”选项卡中的“符号”组，单击“公式”按钮，弹出公式任务列表。

③ 在公式任务列表中选择“插入公式”命令，即可在光标当前位置出现一个公式编辑区 在此处键入公式。，同时，在功能区出现“公式工具”选项卡。

④ 将光标定位到公式编辑区中，在键盘上输入公式普通字符，遇到分式，则选择“公式工具/设计”选项卡中的“结构”组，单击“分数”按钮，在弹出的分数下拉列表里选择“竖式”选项，会在公式编辑区出现分式模板，再定位到相应编辑点输入分数的分子和分母内容。

⑤ 将光标定位到整个公式后面，单击“结构”组中的“积分”按钮，在弹出的积分下拉列表里选择相应的积分模板，进行编辑。

⑥ 遇到上下标的编辑，选择“上下标”按钮完成。

按照上述步骤输入即可完成一个完整的数学公式。

如果公式需要修改，将光标定位到公式内部相应位置直接修改即可。

2.2.5　页面版式设置

1．设置页面边距和纸张大小

设置文档的上下页边距为 2cm，左右页边距为 1cm，纸张大小为 A4 纸。

操作步骤如下。

① 将光标定位到文档内。

② 在“页面布局”选项卡中的“页面设置”组，单击组右下角的对话框启动器按钮，弹出“页面设置”对话框。

③ 在对话框中选择“页边距”选项卡，在页边距选区设置上、下的边距为 2cm，设置左、右边距为 1cm。

④ 在对话框中选择“纸张”选项卡，在纸张大小的下拉列表里选择“A4”选项，单击“确定”按钮，退出对话框。

2．设置页眉和页脚

设置文档的奇偶页显示不同的页眉，奇数页显示当前文档名称，偶数页显示“Word 版式设置”；页脚部分插入页码；页眉、页脚部分的内容设置四号字、加粗并居中。

操作步骤如下。

① 在“插入”选项卡中的“页眉和页脚”组，单击“页眉”按钮，在“内置”页眉列表中选择“编辑页眉”命令，编辑点将定位到页顶端，文档正文内容变为浅色不可编辑状态，同时，在功能区出现“页眉和页脚工具”选项卡。

② 在“页眉和页脚工具/设计”选项卡的“选项”选项区域，选中“奇偶页不同”复选框。

③ 在奇数页页眉部分输入“中国互联网应用情况统计”，设置四号字、加粗并居中。

④ 将光标定位到偶数页页眉，输入“Word 版式设置”，并设置四号字、加粗并居中，完成偶数页的页眉设置。

⑤ 在“页眉和页脚工具/设计”选项卡的“导航”选项区域，单击“转至页脚”按钮，将编辑点定位到页脚部分。

⑥ 将光标定位到奇数页“页脚”编辑区，在“页眉和页脚工具/设计”选项卡中的“页眉和页脚”选项区域，单击“页码”按钮，从页码列表里选择“页码底端居中”样式，插入页码，设置页码四号字、加粗，完成奇数页的页码设置。

⑦ 将光标定位到偶数页的“页脚”编辑区，参照奇数页的页码设置完成偶数页码的设置。

2.3 实 训 内 容

2.3.1 制作个人简历

1．实验目的

① 了解个人求职简历的组成。

② 掌握艺术字、文本框、图片的应用。

③ 掌握表格的制作方法。

④ 掌握格式设置及版面设计。

2．实验内容

制作一份个人简历，名称为“学号+姓名+个人简历”（如：201501001 李平个人简历），存放到 U 盘的“文档”文件夹中。

1）设计制作简历封面

封面中包括封面标题、个人简单信息、学校 Logo 图标，结果参考如图 2.49 所示的个人简历样图。

提示：封面背景图片可以自行选择、设计，封面标题格式、个人信息内容格式自行确定。

2）设计制作个人简历表

个人简历表中包含个人详细信息，简历表的样式参考如图 2.49 所示的个人简历样图。

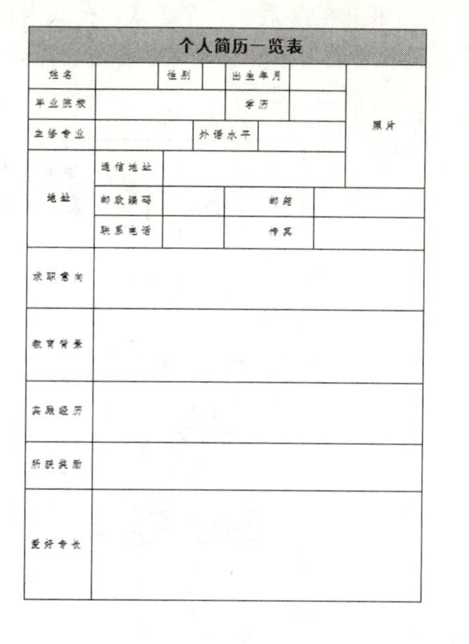

个人简历一览表						
姓名		性别		出生年月		照片
毕业院校				学历		
主修专业		外语水平				
地址	通信地址					
	邮政编码		邮箱			
	联系电话		传真			
求职意向						
教育背景						
实践经历						
所获奖励						
爱好专长						

图 2.49　个人简历样图

① 表格中的第 1 行标题单元格设置成“小二”号字、“微软雅黑”字体，并填充“茶色”底纹，水平、垂直居中。

② 表格中标题文字设置为小四号字，仿宋，字符间距为 1.5 磅，水平、垂直居中。

③ 在“照片”单元格中插入一幅照片。

④ 表格的外框用双线型的框线，颜色设为蓝色。

⑤ 表格制作好后再添加个人详细信息，添加的个人信息设置为楷体、五号字，水平、垂直居中。

提示：个人详细信息内容自行确定，可以通过格式刷快速设置表格内容格式。

2.3.2　制作校园简报

1. 实验目的

① 掌握电子板报的设计样式。

② 掌握文本框、艺术字、图片等的建立方式。

③ 掌握组合排版的方法。

2. 实验内容

制作一份电子板报，文档名称为“校园简报”，存放到 U 盘的“文档”文件夹中。电子板报应该含有报名、刊号、出版单位或出版人、出版日期、版面等报纸类刊物所包含的要素，电子板报样式如图 2.50 所示。

① 刊号、主办单位用正文编辑方式，出版日期用文本框编辑。

② 图中其他文字用文本框编辑，“大气污染，使气候变暖”采用艺术字。

③ 插入一幅图片与文字进行排版，如图 2.50 所示。

④ 各文本框的边框无线条。

⑤ 在电子板报的最后加一个公式，公式内容如图 2.50 所示。

提示：简报中的内容和格式可以自行选择编排，但要包含样图中各元素（即文本框、图片、艺术字等）。

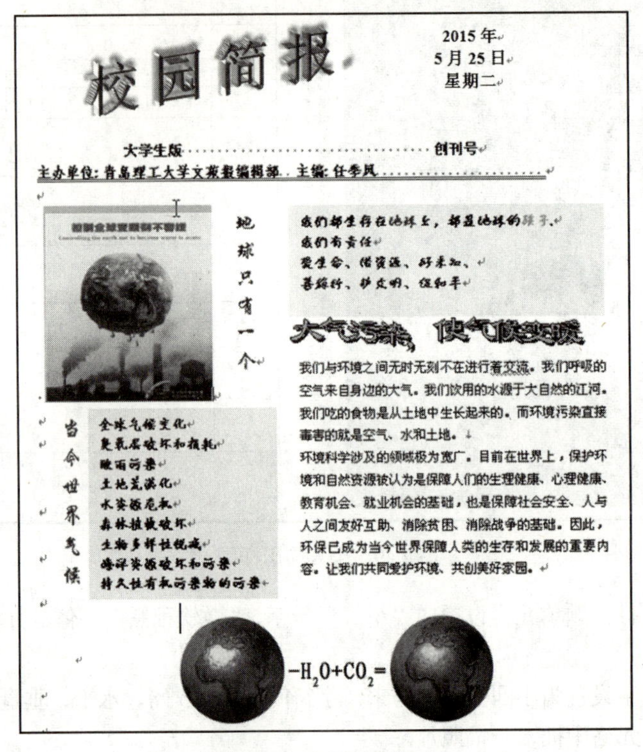

图 2.50　电子板报样式

2.3.3　制作数学试卷

1．实验目的

① 掌握公式的插入与编辑处理。

② 掌握形状的插入与组合方法。

③ 掌握分栏排版的方法。

④ 掌握页面设置的方法。

2．实验内容

① 编辑如图 2.51 所示的试卷，试卷文档的名称为“数学试卷”，并存放到 U 盘的“文档”文件夹中。

② 文档中的“数学试卷”标题设置为黑体、二号、居中格式。

③ 表格内标题设置为小四字号、加粗，各列平均分布列宽。

④ 试卷中的公式采用公式编辑器进行编辑。

⑤ 试卷中的图形采用插入形状的方式完成，并将各形状及各个点的标识字母组合成一个图形。

⑥ 将试卷内容分成两栏，并加上红色半透明的水印背景“严禁复制”。

⑦ 将页面纸张设置为宽 21cm，高 29.7cm，设置页面上、下边距为 2.1cm，左、右边距为 1.8cm。

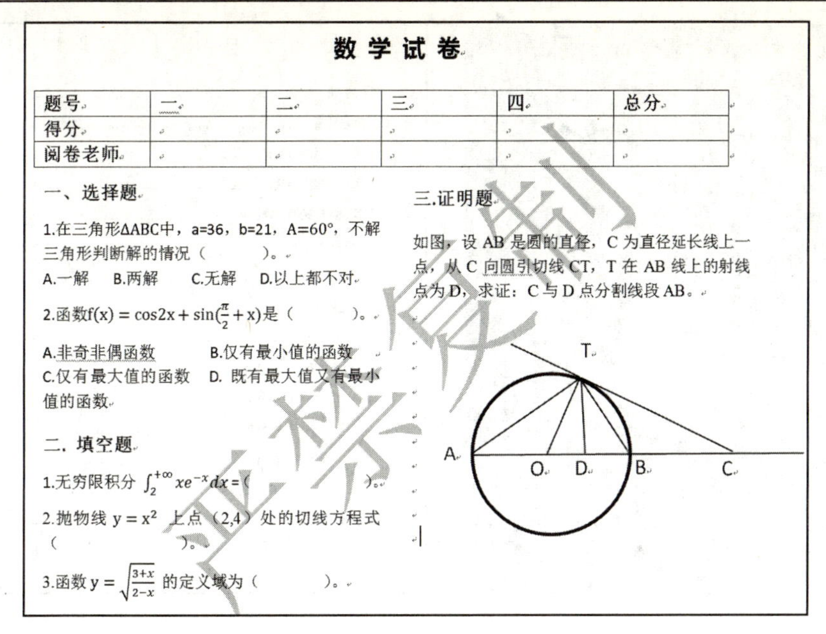

数学试卷

题号	一	二	三	四	总分
得分					
阅卷老师					

一、选择题

1.在三角形ΔABC中，a=36，b=21，A=60°，不解三角形判断解的情况（　　　）。

A.一解　B.两解　C.无解　D.以上都不对

2.函数$f(x) = \cos 2x + \sin(\frac{\pi}{2} + x)$是（　　　）。

A.非奇非偶函数　B.仅有最小值的函数　C.仅有最大值的函数　D. 既有最大值又有最小值的函数

二. 填空题

1.无穷限积分 $\int_2^{+\infty} xe^{-x}dx =$（　　　）。

2.抛物线 $y = x^2$ 上点（2,4）处的切线方程式（　　　）。

3.函数 $y = \sqrt{\frac{3+x}{2-x}}$ 的定义域为（　　　）。

三.证明题

如图，设 AB 是圆的直径，C 为直径延长线上一点，从 C 向圆引切线 CT，T 在 AB 线上的射线点为 D，求证：C 与 D 点分割线段 AB。

图 2.51　试卷结果截图

2.3.4　毕业论文目录制作及排版

1．实验目的

① 掌握目录的创建方法。

② 掌握页眉、页脚排版格式的设置。

③ 掌握不同页码格式的设置。

2．实验内容

文档内容来源：访问“http://kczx.qut.edu.cn”网站， 选择“大学计算机基础”课程，进入课程网站，在“资源下载”路径下选择“样文”文件夹，从中选择一篇作为目录创建的原文文件。

注意：样文也可以自行选择，如果样文中带有格式，则将全文改成“正文”样式。

① 将下载好的文档打开，另存为“毕业论文目录制作与排版”，并存放到 U 盘的“文档”文件夹中。

② 插入毕业论文封面，封面内容如图 2.52 所示，封面上添加具体的个人信息（封面格式可以自行设计）。

③ 将正文设置为小四号字、宋体，字母和数字设置为“Times New Roman”格式。

④ 将各章标题设置为“标题 1”样式，各章小节标题设置为“标题 2”格式。

⑤ 在封面页后面创建一个目录，实现各章节信息的快速浏览。目录标题设置为二号、宋体，目录内容设置为四号、宋体。

⑥ 在文档正文的奇偶页设置不同的页眉。奇数页的内容设置为“青岛理工大学（班级+学号+姓名）”，偶数页的内容设置为“Word 2010 排版”；页眉的字号设置为 5 号，楷体，居中。

⑦ 设置正文所在页的页码。正文页码采用阿拉伯数字，页码从 1 开始。设置页码在页脚处，页码设置为小四号字、“Times New Roman”字体，居中显示。

注意：封面和目录页不设置页码。

⑧ 设置正文文档的左右页边距为 1.8cm、上下页边距为 2.1cm，纸张大小为 A4。

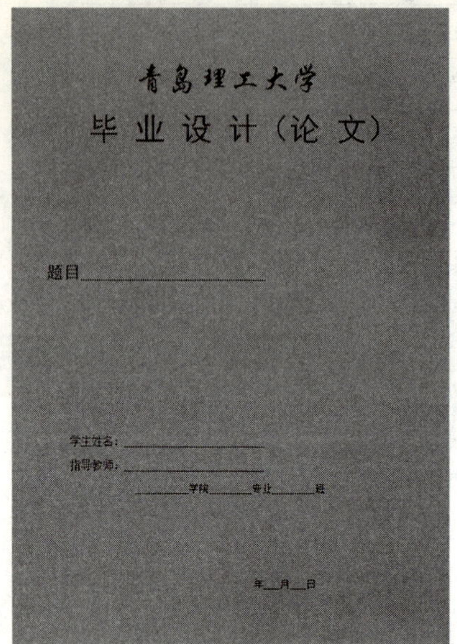

目录

Word 2010 样版

第 2 章 课题的理论与关键技术

餐饮管理平台的设计与实现是基于 C/S（客户端/服务器）结构实现的。系统的后台数据库采用的是 SQLite 数据库，页面的设计采用的是 Win Form 窗体技术。整个系统的设计与实现是采用面向对象语言的 C#三层架构模式来完成的。在本系统的实现过程中主要用到的关键技术有三层架构。

2.1 C/S 模式

C/S（Client/Server）模式，也就是客户端 / 服务器模式，是一种良好的软件系统体系结构，是网络的最佳应用模式之一，它可以充分的利用客户端与服务器端的硬件环境，更合理的进行任务分配，从而降低了系统的通讯开销。

与 B/S 模式相比，C/S 模式应用服务器运行数据负荷较轻，数据的存储管理功能较为透明。但是，C/S 架构的维护成本高而且投资大。

2.2 C#语言

C#语言是用于创建要运行在.NET CLR 上的应用程序语言之一，它从 C 和 C++语言演化而来，是 Microsoft 专门为使用.NET 平台而创建的。使用 C#开发应用程序比使用 C++简单，因为其语法比较简单。但是 C#是一种强大的语言，C++可以完成的任务用 C#也可以完成。C#只是用于.NET 开发的一种语言，但是.NET 平台下最好的一种语言。C#的优点是，它是唯一为.NET Framework 设计的语言，是在移植到其他操作系统上的.NET 版本中使用的主要语言。

2.3 三层架构

三层架构通俗讲就是整个业务划分为：表现层（UI）、业务逻辑层（BLL）、数据访问层（DAL）。也就是分层设计，分层次的目的即为了“高内聚，低耦合”的思想。

2

青岛理工大学（机械 201206001 王一）

第 3 章　需求分析

3.1 可行性分析

3.1.1 社会可行性分析

随着科学技术的不断发展，网络已经逐步普及到人们的生活中，随之改变的便是人们的生活节奏越来越快，“高效率、高质量”已成为了一种生活追求。因此，餐饮管理系统这个软件已成为各大餐饮企业发展的必备工具。

3.1.2 技术可行性分析

本系统主要是基于 C/S 模式，采用 C#和 SQLite 开发，Windows 2007 操作系统，界面设计主要采用 Win Form 完成，结合 Microsoft Visual Studio 2010 可视化集成开发环境开发而成。整个系统中主要是采用三层架构的模式，将数据访问层（DAL）、业务逻辑层（BLL）、表示层（UI）连接起来，最后结合数据库进行整个系统的操作。

3.1.3 操作可行性分析

本系统对硬件平台、操作系统的要求不是很高，目前市场上的一些计算机都能运行本系统，而且，本系统的安装、调试、运行对原计算机系统的设置与布局将不会产生任何影响，同时，本系统的界面精简、功能完整、参照用户指导就可以对本系统进行操作。

3.1.4 经济可行性分析

本系统主要是采用联机方式，直接利用餐馆的电脑、网络设备等进行操作，不需要其他额外的设备与配置，同时，对于饭店员工的要求只要能对电脑进行一些简单的操作即可，只要参照用户手册便可对本系统进行操作。使用本系统，不仅成本低，投资少，而且，也会提高工作效率、增加企业收益。总之，在餐饮行业投入使用本系统后带来的效益也是很可观的，因此，从经济上来说本系统的研究与应用都是可行的。

图 2.52　目录设置后的结果样式

整个文档目录设置后的结果，如图 2.52 所示。

提示：目录页和正文要属于不同的页，需要将整个文档内容以正文为界分成两小页，然后再分别设置格式。具体操作方法请参考 2.1.4 页面设置部分进行设置。

第 3 章　Excel 2010 电子表格

Excel 2010 是 Office 2010 办公套装软件中的主要组件之一，是一款功能强大、方便灵活、使用快捷的电子表格制作软件。用于对表格的数据进行组织、计算、分析和统计，可以通过多种形式的图表来形象地表现数据，也可以对数据表进行排序、筛选和分类汇总等数据（库）操作，是实施办公自动化的理想工具之一。

3.1　知 识 要 点

3.1.1　Excel 2010 基础

1. Excel 2010 的启动与退出

Excel 2010 启动与退出方法类似于 Word 2010，请参照第 2 章的相关方法。

2. 工作窗口

Excel 2010 的工作窗口如图 3.1 所示。与 Word 2010 的工作窗口许多的组成部分相同，且功能和用法相似，这里主要介绍 Excel 2010 工作窗口中特有的工作表编辑区。

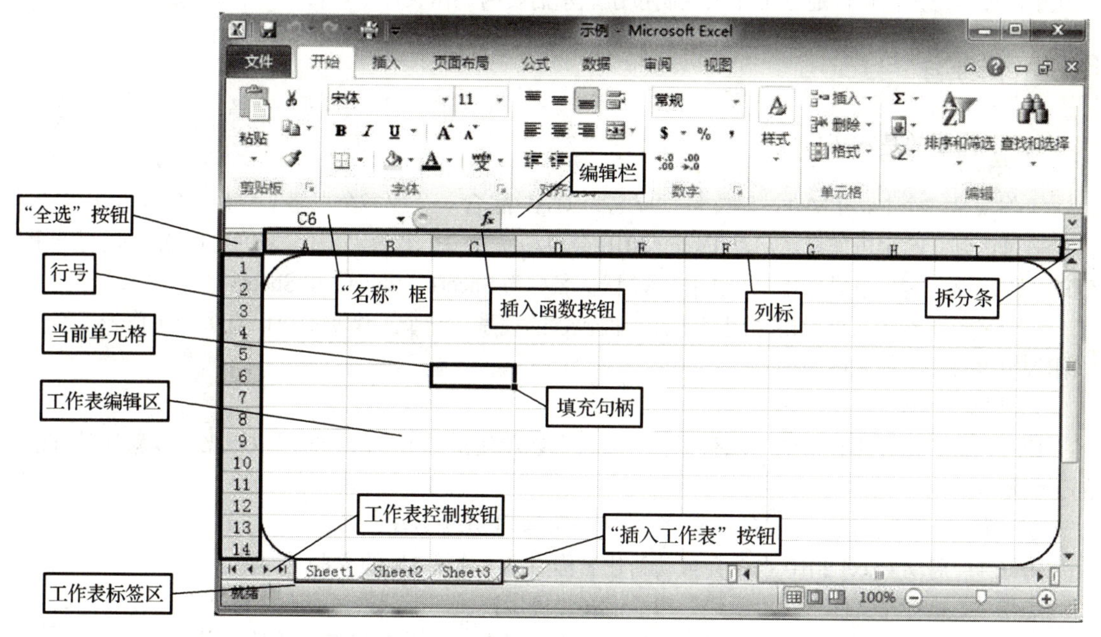

图 3.1　Excel 2010 窗口

1）"名称"框

用于显示当前选定单元格的地址和名称，在"名称"框输入单元格名称或地址可以快速转到目标单元中。

2）编辑栏

用于显示或编辑所选单元格中的内容，将光标定位在编辑栏中可以从键盘输入文本、数字或公式。

3）“全选”按钮

用于选中工作表中所有单元格，在任意位置单击可以取消全选。

4）行号

是用阿拉伯数字从上到下表示单元格的行坐标，共有 1048576 行。

5）列标

是用大写字母从左到右表示单元格的列坐标，共有 16384 列。

6）单元格

单元格是指行和列交叉的小方格，是 Excel 中存放数据的最小单位。

单元格地址（或单元格名称）由所在列标及行号标识。例如，图 3.1 中的 C6，是指第 6 行第 3 列（C 列）的单元格。单元格右下角的黑色小方块被称为填充句柄，当鼠标指向填充句柄时，指针由空心十字变成黑色实心十字形。

当前单元格周围出现黑框，并且对应的行号和列号突出显示，如图 3.1 中的 C6 单元格。

7）工作表标签区

工作表是一个由行和列交叉排列的二维表格，也称为电子表格，用于组织和分析数据。工作表标签区用于不同工作表之间的显示、切换。一个标签代表一个工作表，并且每个工作表名都显示在标签上。单击某个工作表标签可以切换到对应的工作表，该工作表即为当前的工作表。

8）工作表控制按钮

用于显示在“工作表标签区”需要的工作表标签。当工作簿包含的工作表个数太多，工作表标签无法全部显示出来，可以通过工作表控制按钮显示需要的工作表标签。

3.1.2 基本操作

1. 工作簿的基本操作

工作簿是一个 Excel 文件，其文件扩展名为.xlsx，包含一个或多个表格（称为工作表）。一个工作簿最多可达到 255 个工作表。启动 Excel 2010 会自动新建一个名为“工作簿 1”的工作簿，每一个新建的工作簿默认情况下只包含三个工作表，默认名称为 Sheet1、Sheet2 和 Sheet3。

工作簿、工作表及单元格之间是包含与被包含的关系，一个工作簿中可以有多个工作表，而一张工作表中含有多个单元格。

1）创建工作簿

Excel 2010 新建工作簿的方法有多种，不仅可以新建空白工作簿，也可以根据模板新建带有格式的工作簿。

① 新建空白工作簿。常见的新建空白工作簿有如下几种方法。

方法 1：启动 Excel 2010 系统会自动新建名称为“工作簿 1”的空白工作簿。

方法 2：执行“文件”→“新建”命令，在“可用模板”下双击“空白工作簿”。

方法 3：在 Excel 2010 编辑环境下，按 Ctrl+N 组合键可以快速新建工作簿文件。

② 使用模板新建工作簿。模板是包含有特定内容的并进行了适当格式化的特殊文件（扩展名为.xltx）。利用模板创建工作簿不必从空白页面开始，使用模板是节省时间和创建格式统一文档的绝佳方式。

执行“文件”→“新建”命令，在“可用模板”下单击“样本模板”，然后双击要使用的模板即可。

工作簿的保存、打开和关闭等操作，请参照第 2 章相关方法，此处不再介绍。

2）设置工作簿的打开密码

打开要设置密码的工作簿，执行“文件”→“另存为”命令。在弹出的“另存为”对话框中单击“工具”下拉列表的“常规选项”，在弹出的“常规选项”对话框中的“打开权限密码”文本框中输入密码，单击“确定”按钮后再一次输入密码。单击“确定”按钮，退到“另存为”对话框，再单击保存“按钮”即可。

打开设置了密码的工作簿时，将弹出“密码”对话框，只有正确输入密码才能打开工作簿。

2. 工作表的基本操作

1）选择单个或多个工作表

操作工作表前需要选定工作表，可以选取一个或多个工作表。

① 选取单个工作表：单击工作表标签即可选择该工作表。

② 选取连续多个工作表：首先单击所选区域的第一张工作表标签，然后按住 Shift 键，单击所选区域的最后一张工作表标签。

③ 选取不连续多个工作表：首先单击第一张工作表标签，然后按住 Ctrl 键，单击准备选取的工作表标签。

④ 选取所有工作表：鼠标右键单击某个工作表标签，在弹出的快捷菜单中选择“选定全部工作表”命令。

2）插入和删除工作表

① 插入新的工作表。选定一个或多个工作表标签，单击鼠标右键，在弹出的快捷菜单中选择“插入”命令，即可在选定工作表的左侧插入与所选定数量相同的新工作表，或者单击如图 3.1 所示的“插入工作表”按钮，可在最后一张工作表的后面插入一张新的工作表。

② 删除工作表。选定一个或多个要删除的工作表，在“开始”选项卡中的“编辑”组，单击“删除”按钮，或者鼠标右键单击选定的工作表标签，在弹出的快捷菜单中选择“删除”命令。

3）设置工作表标签

① 更改工作表的名称。双击要重命名的工作表标签（此时该标签以高亮显示），进入可编辑状态，输入新的标签名即可，或者鼠标右键单击要重命名的工作表标签，在弹出的快捷菜单中选择“重命名”命令，在标签上输入新的标签名，即可完成工作表的重命名。

② 设置工作表标签颜色。用鼠标右键单击选定的工作表的标签，在弹出的快捷菜单中选择“工作表标签颜色”命令，然后从随后显示的颜色列表中单击选择一种颜色。

4）工作表的移动或复制

移动或复制工作表的操作既可以在一个工作簿进行，也可以在不同工作簿中进行。可以使用鼠标拖动和使用“对话框”的方式进行操作。

① 在一个工作簿中移动或复制工作表。方法 1：首先选定要移动的工作表，将鼠标指向选定的工作表标签，然后按住鼠标左键沿标签向左或右拖动工作表标签，在标签区域会出现黑色的小箭头，当黑色的小箭头指向要移动到的目标位置时，释放鼠标左键即可完成移动。复制工作表的方法与移动工作表的方法类似，只是在拖动工作表标签的同时按住 Ctrl 键即可。

方法 2：鼠标右键单击要移动的工作表标签，在弹出的快捷菜单中选择“移动或复制”命令，弹出“移动或复制工作表”对话框，如图 3.2 所示。在“下列选定工作表之前”列表框中选择工作表的目标位置，单击“确定”按钮，实现选定工作表的移动。若选中“建立副本”复选框，则实现工作表的复制操作。

② 在不同工作簿中移动或复制工作表。在不同工作簿移动或复制工作表与在同一工作簿内的操作相似，在移动或复制前打开要进行操作的两个工作簿（源工作簿和目标工作簿）。

方法 1：在“视图”选项卡中的“窗口”组，单击“全部重排”按钮，在弹出的“重排窗口”对话框中选择“垂直并排”命令，如图 3.3 所示。拖动工作表标签在不同的工作簿之间实现移动或复制操作。

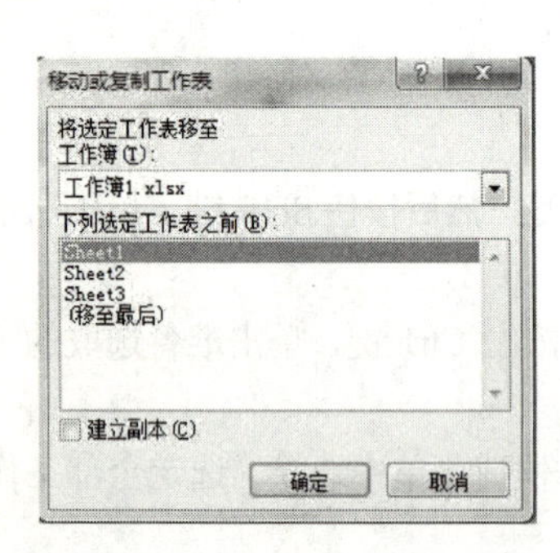

图 3.2 “移动或复制工作表”对话框

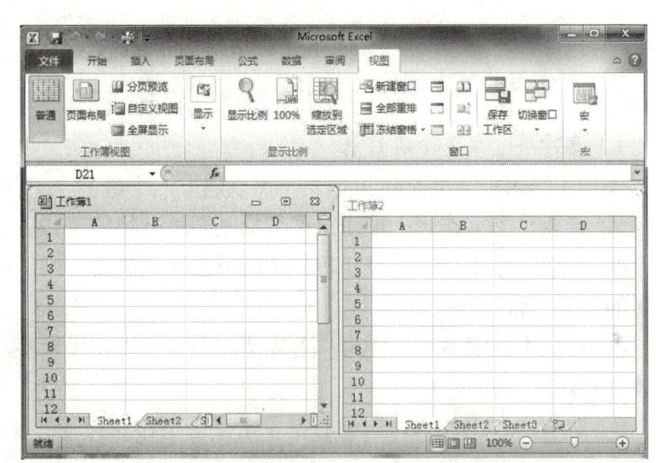

图 3.3 “垂直并排”窗口

方法 2：在源工作簿选择要移动或复制的工作表标签，打开如图 3.2 所示的“移动或复制工作表”对话框，在“工作簿”下拉列表中选择目标工作簿，在“下列选定工作表之前”列表框中选择工作表在目标工作簿的位置，根据需求是否选中“建立副本”复选框，最后单击“确定”按钮。

5）隐藏与显示工作表

用鼠标右键单击选定的工作表的标签，在弹出的快捷菜单中选择“隐藏”命令，实现选定工作表的隐藏。

如果要取消隐藏，在上述菜单中选择“取消隐藏”命令，在弹出的“取消隐藏”对话框中选择相应的工作表即可。

3. 行、列与单元格的基本操作

1）单元格、单元格区域、行和列的选择

在执行操作之前，需要先选择相应的单元格或单元格区域。

① 单个单元格：用鼠标左键单击单元格，单元格会被黑色框包围。

② 连续单元格区域：在需要选取的开始单元格上按住鼠标左键拖动，拖动到目标单元格时释放鼠标左键。

③ 较大的单元格区域：选定开始单元格，再按住 Shift 键，然后用鼠标单击单元格区域的最后一个单元格。

④ 不连续的单元格：按住 Ctrl 键的同时，再用鼠标单击想要选择的单元格。

⑤ 选择所有单元格：单击如图 3.1 所示的“全选按钮”。

⑥ 整行或整列：在行标题或列标题上单击就可以选取一行或一列。

⑦ 连续行或列：在行标题或列标题上通过拖动鼠标，到目标行标题或列标题释放鼠标。

⑧ 不连续行或列：先选取所要选取的第一行或第一列，然后按下 Ctrl 键的同时用鼠标左键单击要选择的行标题或列标题。

2）合并单元格

合并单元格就是将两个或多个连续的单元格合并为一个单元格，以显示内容比较多的数据。

① 使用“合并并居中”按钮。选定要合并的单元格区域，然后在“开始”选项卡中的“对齐方式”组，单击“合并并居中”按钮，即可将选定的单元格合并成一个单元格，同时单元格内的内容居中显示。

② 使用对话框。选定单元格区域后，单击鼠标右键，在弹出的快捷菜单中选择“设置单元格格式”命令，在随之弹出的“设置单元格格式”对话框中选择“对齐”选项卡，在“文本控制”选项区域中选中“合并单元格”复选框，如图 3.4 所示，然后单击“确定”按钮。

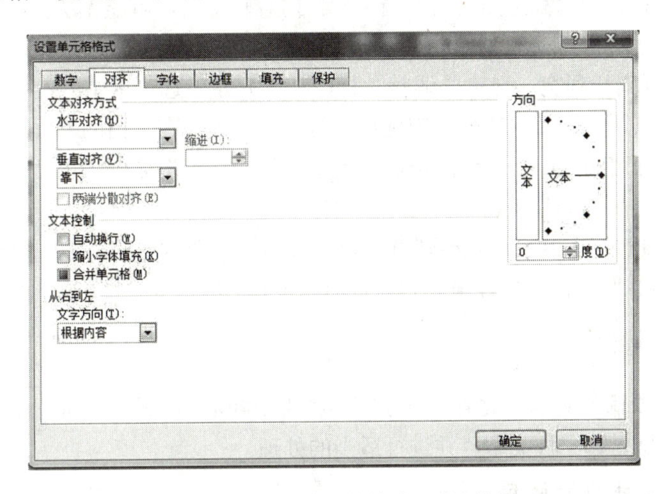

图 3.4 “设置单元格格式”对话框

如果要取消单元格合并，选定要取消合并的单元格，在“开始”选项卡中的“对齐方式”组，单击“合并并居中”按钮，也可以单击“合并并居中”按钮右侧的下拉按钮，在弹出的列表中选择“取消单元格合并”命令完成取消合并单元格操作。

3）行、列与单元格的插入与删除

① 插入操作。选定行、列和单元格后，鼠标右键单击，在弹出的快捷菜单中选择“插入”命令，或在“开始”选项卡中的“单元格”组，单击“插入”按钮下方的下拉按钮，在弹出的列表中选择相应的选项。

如果选定的是行或列，则在选定行之前（或选定列的左侧）插入 1 行（列）或多行（列），插入的行数或列数即是所选定的行数或列数。

如果插入的是单元格，则会弹出如图 3.5 所示的“插入”对话框，不仅可以插入单元格还可以插入行和列。

② 删除操作。选定行、列和单元格后，鼠标右键单击，在弹出的快捷菜单中选择“删除”命令，或在“开始”选项卡中的“单元格”组，单击“删除”按钮下方的下拉按钮，在弹出的列表中选择相应的选项。

如果删除的是单元格，则会弹出如图 3.6 所示的“删除”对话框，不仅可以删除单元格还可以删除行和列。

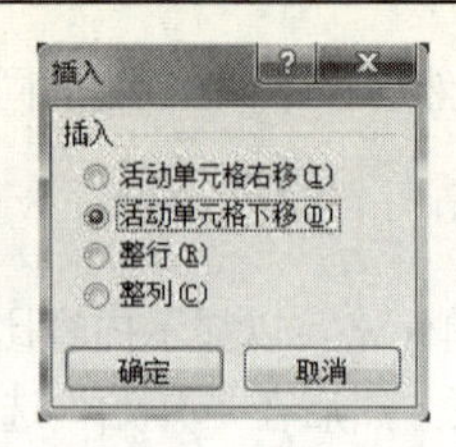

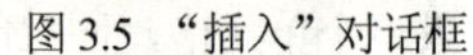
图 3.5 “插入”对话框

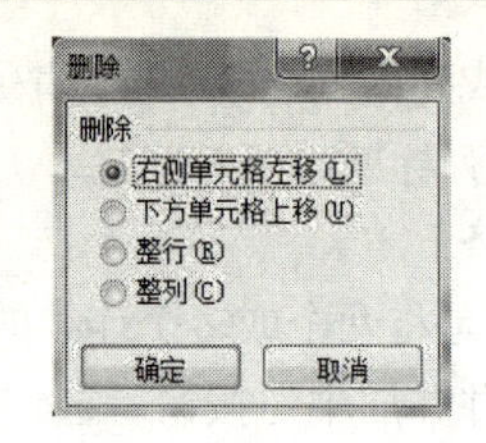

图 3.6 “删除”对话框

注意：此时，单元格的内容和单元格将一起从工作表中消失，其位置由周围的单元格补充。而按 Delete 键，仅删除单元格的内容，空白单元格、行和列仍保存在工作表中。

4）调整行高和列高

默认情况下，行高和列宽都是固定的，当单元格内容较多时，可能无法将内容全部显示出来，这时需要设置单元格的行高和列宽。

① 设置精确的行高和列宽。选定要调整的行，在“开始”选项卡中的“单元格”组，单击“格式”按钮下方的下拉按钮，在弹出的列表中选择“行高”命令，在弹出的“行高”对话框中输入精确值，或鼠标右键单击选定的行，在弹出的快捷菜单中选择“行高”命令。

列宽的调整类似行高的调整过程，此处不再介绍。

② 通过鼠标拖动的方式设置行高和列宽。将鼠标指针移至行号的下边线和列标右边线处，当鼠标指针变为✛或✛形状时，拖动鼠标指针到达合适的位置后释放鼠标即可。

3.1.3 输入和编辑数据

在单元格中，可以输入文本、数值、日期等各种类型的数据，也可以是公式和函数。Excel 2010 能自动区分输入的数据是哪一种类型，并进行适当的处理。

1. 直接输入各种类型的数据

1）输入文本型数据

输入文本型数据时应注意以下几点。

① 一般文字如字母、汉字等直接输入即可。

② 如果把数字、公式等作为文本输入（如学号、身份证号、电话号码、=3+5、2/3 等），应先输入西文的单引号“'”，再输入相应的字符。例如，输入“'201623001”、“'2/3”、“'=3+5”。

在默认状态下，所有文本型数据在单元格中左对齐。

2）输入数值型数据

输入数值型数据时应注意以下几点。

① 输入分数时，为了与日期型数据加以区分，应在分数前输入 0（零）和一个空格，如分数 3/8 应输入“0 3/8”。

② 如果输入以数字 0 开头的数字串，Excel 将自动省略 0。如果要保持输入内容不变，可以先输入西文的单引号“'”，再输入数字或字符。例如，输入“'012345”，则在单元格中显示“012345”。

③ 若在单元格中容纳不下较长数字时，则用科学计数法显示该数据。

在默认状态下，所有数值型数据在单元格中右对齐。

3）输入日期和时间型数据

输入日期和时间型数据时应注意以下几点。

① 在年、月、日之间用“/”或“-”隔开。例如，在单元格中输入“2016/10/11”，按 Enter 键后自动显示为“2016-10-11”。

② 如果只输入月和日，Excel 2010 取计算机内部时钟的年份作为默认值。

③ 时间分隔符一般使用冒号“:”。在输入时间时，由于系统默认的是按 24 小时制输入，如果要按 12 小时制输入，需要在输入的时间后面先加一个空格，然后输入“a”或“p”(用来表示上午或下午)。例如，在单元格中输入“7:30 p”，按 Enter 键后会自动显示为“7:30 PM”。

④ 若要输入当天的日期，按“Ctrl+;”组合键。输入当前的时间，按“Ctrl+Shift+:”组合键。

⑤ 如果在同一单元格输入日期和时间，应在其中间用空格分开。

在默认状态下，日期和时间型数据在单元格中右对齐。

2. 数据的快速填充

自动填充功能是 Excel 的一项特殊功能，利用该功能可以将一些有规律的数据或公式快速地填充到需要的单元格中，从而提高工作效率。在单元格中填充数据主要分为两种情况，一是填充相同数据，二是填充序列数据。

数据填充可以使用填充句柄或“系列”命令完成。

1）使用填充句柄填充

当前单元格右下角的黑色小方块被称为填充句柄，如图 3.1 所示。首先在当前单元格中输入系列中的第一个数据，然后将鼠标移到该单元格的填充句柄上，当鼠标指针变成黑色实心十字形时，按住鼠标左键拖动到最末单元格的位置后释放鼠标，所经过的单元格就被自动填充上了数据。填充结束后，在最后一个单元格的右下角出现一个“自动填充选项”按钮，单击该按钮，可选择填充方式，如图 3.7 所示。

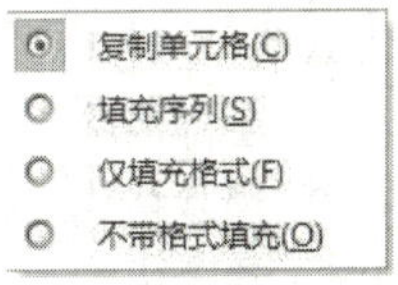

复制单元格(C)
填充序列(S)
仅填充格式(F)
不带格式填充(O)

图 3.7　自动填充选项

使用拖动填充句柄方式自动填充数据时应注意以下几点。

① 初值为数值型或文本型数据时，拖动填充句柄填充的是相同的数据。如果是数值型数据，拖动填充句柄的同时按住 Ctrl 键，可自动填充增 1 的数字序列。

② 初值为文字型和数值型数据的混合体时，填充时文字不变，数字递增（减）。例如，初值为“1 月”，则填充值为“2 月”、“3 月”等。

③ 初值为 Excel 预设序列的数据，则按预设序列填充。

④ 初值为日期时间型数据时，拖动填充句柄填充的是自动增 1 的序列。拖动填充句柄的同时按住 Ctrl 键，填充的是相同的数据。

⑤ 如果要填充任意等差或等比数列，首先在相邻的两个单元格中输入数列中的前两个数据（这两个单元格的差额将确定该序列的增长步长），然后选定这两个单元格，拖动填充句柄到目标位置即可填充等差数列，也可以鼠标右键拖动填充句柄到目标位置，释放鼠标可在弹出的快捷菜单中选择填充方式。

2）使用“系列”命令填充

在“开始”选项卡中的“编辑”组，单击“填充”按钮右侧的下拉按钮，在弹出的列表中选择“系列”选项，在随后弹出的“系列”对话框中设置相应参数后即可完成相应系列的输入。

3. 复制和移动数据

① 利用鼠标复制和移动数据。选定要移动的单元格或单元格区域，将鼠标指针移至选中单元格的边框上，当指针变为双十字箭头形状时，按住鼠标左键移至目标单元格释放即可。如果在拖动鼠标的同时按住 Ctrl 键，则完成的是单元格复制。

② 利用剪贴板复制和移动数据。复制、剪贴和粘贴数据的方法与 Word 的方法相同，请参考 Word 的操作方法，此处不再介绍。

在执行复制或剪贴操作后，选中的单元格周围出现闪烁的虚线，按 Enter 键可取消。

4．修改数据

（1）在单元格中修改。

① 修改单元格全部数据：选定要修改数据的单元格，直接输入正确数据，按 Enter 键即可。应用此方法修改数据时，会自动删除当前单元格中全部内容，保留重新输入的内容。

② 修改单元格部分数据：双击需要修改数据的单元格，使单元格处于编辑状态，将光标定位到合适的位置进行修改，最后按 Enter 键确认修改。按 Alt+Enter 组合键在单元格中插入一个回车符，可将单元格中内容分成多行显示。

（2）在编辑栏中修改。选定需要修改数据的单元格，在编辑栏中即可显示单元格中的内容，将光标定位在编辑栏中，完成修改后按 Enter 键确认，或单击“编辑栏”左侧的 ✓ 按钮确认修改，或单击 × 按钮放弃修改。

在编辑栏中的修改多用于公式的编辑和单元格部分数据的修改。

5．清除数据

用户可以将单元格中全部的内容删除，也可以删除其中的格式或者批注等。

选定需要删除内容的单元格或单元格区域，在“开始”选项卡中的“编辑”组，单击“清除”按钮，在弹出如图 3.8 所示的下拉列表中选择需要的清除方式即可。其中：

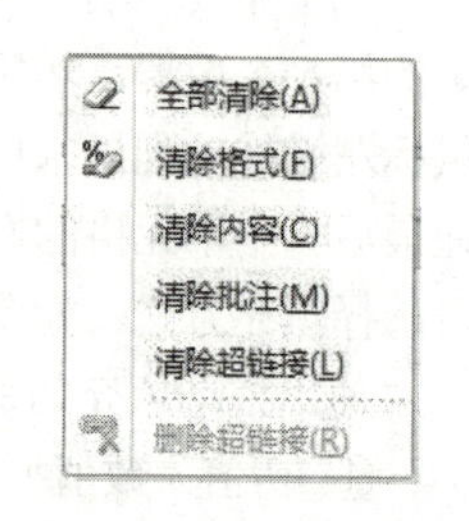

图 3.8 “清除”列表

① 全部清除：可以清除单元格或单元格区域中的内容和格式。

② 清除格式：可以清除单元格或单元格区域中的格式，但保留内容。

③ 清除内容：可以清除单元格或单元格区域中的内容，但保留格式。

④ 清除批注：可以清除单元格或单元格区域中内容添加的批注，保留内容和格式。

⑤ 清除超链接：可以清除单元格或单元格区域中设置的超链接。

⑥ 删除超链接：直接删除单元格或单元格区域超链接和格式。

如果选定单元格或单元格区域后直接按 Delete 键，可以清除单元格内容。

6．查找和替换数据

查找和替换数据的方法与 Word 的方法相同，请参考 Word 的操作方法，此处不再介绍。

7．设置数据有效性

设置数据有效性是指为一个特定的单元格定义一些可以接受的数据范围，防止用户输入无效的数据，避免一些输入错误，提高数据输入的速度和准确度。

在“数据”选项卡中的“数据工具”组，单击“数据有效性”命令，弹出“数据有效性”对话框，如图 3.9 所示。

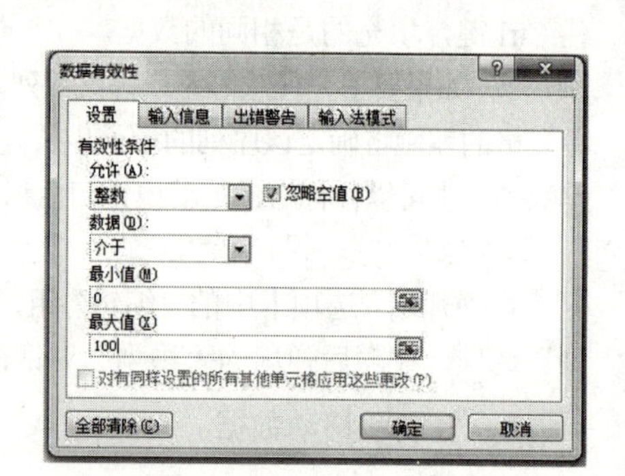

图 3.9 “数据有效性”对话框

在“设置”选项卡设置选定单元格或单元格区域数据的有效性条件。在“输入信息”、“出错警告”和“输入法模式”等选项卡中设置输入数据前的提示信息，数据无效时出现的警告信息等。

如果要删除数据有效性规则，单击图 3.9 中的“全部清除”按钮即可。

8. 使用批注

批注是附加在单元格中，对单元格中内容进行的注释。添加了批注的单元格其右上角有一个小红三角，当鼠标移到该单元格时将显示批注内容，批注内容不能打印。

选定单元格，在“审阅”选项卡中的“批注”组，单击“新建批注”按钮，在弹出的批注框中输入文本，单击批注框外部的工作表区域结束输入。

如果要对批注内容进行编辑、删除、显示或隐藏，先选定单元格，鼠标右键单击，在弹出的快捷菜单中执行相应的命令，也可以通过“审阅”选项卡中的“批注”组中命令实现。

3.1.4 工作表的格式化

1. 单元格的格式设置

单元格及单元格区域的格式化主要包括设置单元格数据的显示格式及类型、文本的对齐方式、字体、添加单元格区域的边框、图案及单元格的保护。

可以通过“开始”选项卡中“字体”组、“数字”组、“对齐方式”组、“样式”组中的相关命令或格式刷复制实现，或在“字体”组中单击右下角的对话框启动器按钮，弹出“设置单元格格式”对话框，如图 3.4 所示。其中：

①“数字”选项卡：对各种类型的数据进行相应的显示格式的设置。

②“对齐”选项卡：可以对单元格中的数据进行水平方向、垂直方向和任意方向对齐的设置。

③“字体”选项卡：可以对单元格中的数据进行字体、字形、大小、颜色等格式的设置。

④“边框”选项卡：可以对单元格的外边框、边框类型及颜色进行设置。

⑤“填充”选项卡：可以对单元格的底纹的颜色和图案进行设置。

⑥“保护”选项卡：可以设置对单元格的保护。

通过组命令和格式刷实现格式化的方法与 Word 2010 操作方法相似，此处不再介绍。

2. 自动套用格式

Excel 2010 为用户提供快速设置表格格式的功能，运用该功能根据预设格式为表格设计出多样性与多彩性的外观。

选定单元格和单元格区域，在“开始”选项卡中的“样式”组，单击“套用表格格式”命令，在其下拉列表中选择某个选项即可。

3. 条件格式

在 Excel 2010 中，使用条件格式可以方便、快捷地将符合要求的数据突出显示出来，使工作表的数据一目了然。

选择设定条件格式的单元格或单元格区域，在“开始”选项卡中的“样式”组，单击“条件格式”按钮，在弹出的快捷菜单中选择“突出显示单元格规则”命令，弹出如图 3.10 所示的选项。选择执行相关的命令后，在弹出的对话框中设置单元格的显示样式。

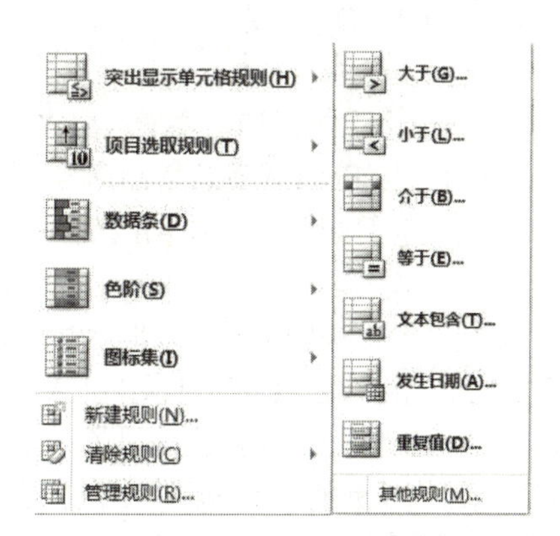

图 3.10 “条件格式”选项

选择图 3.10 中的“清除规则”或“管理规则”命令，可以清除或编辑设置的条件规则。

3.1.5　公式与函数

在 Excel 中不仅可以输入数据并进行格式化，更为重要的是可以通过公式和函数方便地进行统计计算，如求总和、求平均值、计数等。Excel 提供了大量的、类型丰富的实用函数，可以通过各种运算符及函数构造出各种公式以满足各类计算的需要。通过公式和函数计算不仅正确率高，而且原始数据发生改变时，计算结果能够自动更新。

1．使用公式的基本方法

公式的一般形式为：=<表达式>

表达式由括号、单元格引用、常量、运算符、函数组成，但不能含有空格。例如，公式“=A1+B1”中，“A1”和“B1”是单元格引用（单元格地址），“+”是运算符。默认情况下，公式的计算结果显示在单元格中，计算公式显示在编辑栏中。

1）运算符

运算符用于连接常量、单元格地址等，对公式中的数据进行特定类型的运算。

（1）算术运算符。算术运算符包括+（加号）、–（减号）、*（乘号）、/（除号）、%（百分号）、^（乘方）。完成两个数基本的数学运算，运算结果为数值。例如，在单元格中输入“=2+3^2”后按 Enter 键，结果为 11。

（2）比较运算符。比较运算符包括=（等号）、>（大于）、<（小于）、>=（大于等于）、<=（小于等于）、<>（不等于）。完成两个数据的比较，结果是逻辑值 TRUE 或 FALSE。例如，如果单元格 A1 和 A2 中的数据分别是 3 和 8，则在单元格 B2 中输入“=A1<A2”后按 Enter 键，结果为 TRUE。

（3）引用运算符。引用运算符包括:（冒号）、,（逗号）、空格。引用运算符的作用在于标识单元格或单元格区域，并指明公式中所使用的数据位置。其中：

① 区域运算符为冒号（:）：用于合并多个单元格区域。例如，B3 表示一个单元格引用，而 B3:C10 表示从 B3 到 C10 的单元格区域。

② 连接运算符为逗号（,）：用于连接两个或更多的单元格或者区域的引用。例如，“B3,D4”表示 B3 单元格和 D4 单元格，又如“A2:B4,E6:F8”表示区域 A2:B4 和区域 E6:F8 所有单元格。

③ 交叉运算符为空格：将多个引用合并为一个引用。例如，“B5:C7 C5:D8”表示这两个区域的公共部分 C5：D7 区域。

2）输入公式和编辑

（1）输入公式。选定要输入公式的单元格或将插入点定位在编辑栏中，输入“=”（等号），输入公式内容后按 Enter 键确认，计算结果显示在相应单元格中。输入公式时注意以下几点。

① 运算符必须在英文半角状态下输入，否则系统不予认可。

② 公式的运算对象要用单元格地址表示，以便于复制引用公式。

③ 在公式中输入单元格地址时，既可以直接输入也可以用鼠标选定需要引用的单元格或区域，选定的单元格或区域自动显示在插入点位置。

（2）修改公式。用鼠标双击公式所在单元格，进入编辑状态，单元格中及编辑栏中均会显示出公式本身，在单元格中或编辑栏中进行公式的修改，修改结束后按 Enter 键确定。

如果要删除公式，选定公式所在单元格后，按 Delete 键即可。

3）公式的复制与填充

输入到单元格中的公式，可以像普通数据一样，通过拖动单元格填充句柄进行公式的复制填充，填充的不是数据本身，而是复制的公式。

4）单元格引用

在公式中最常用到的是单元格的引用，可以在公式中引用一个单元格、单元格区域、引用其他工作表或工作簿中的单元格或区域。

（1）相对引用。是指把一个含有单元格地址的公式复制到一个新的位置，公式不变，但相应单元格地址发生变化，即公式中的单元格地址会随着行和列的变化而改变。相对引用地址表示为“列标行号”，如 A1。例如，在 C1 单元格中输入公式“=A1+B1”，表示在 C1 中引用它左侧 A1 单元格和 B1 单元格的数据进行和值计算，当沿 C 列向下拖动填充句柄复制公式到 C2 单元格时，在 C2 单元格的公式对单元格的引用自动变成它左侧两个单元格，即为“=A2+B2”。

（2）绝对引用。在复制公式时，如果不希望单元格的引用发生变化，就要用绝对引用表示单元格地址。绝对引用的单元格地址是在列标及行号前加一个“$”符号，表示为“$列标$行号”。例如，如果希望在 C 列总是计算 A1 和 B1 的和值，则在 C1 单元格中输入公式“=$A$1+$B$1”，当沿 C 列向下拖动填充句柄复制公式到 C2 单元格时，在 C2 单元格的公式不变，即为“=$A$1+$B$1”。

（3）混合引用。当需要固定引用行而允许列变化时，在行号前加符号“$”。例如，在某个单元格输入公式“=A$1”。当需要固定引用列而允许行变化时，在列标前加符号“$”。例如，在某个单元格输入公式“=$A1”。

（4）跨工作表的单元格地址引用。在 Excel 中，不但可以引用同一工作表中的单元格，还可以引用不同工作表中的单元格，表示为“[工作簿名]工作表名!单元格地址”。例如，在工作簿 Book1 中引用工作簿 Book2 的 Sheet1 工作表中的单元格 A5，则可表示为“[Book2]Sheet2!A5”。“Sheet1!A5”表示引用当前工作簿的 Sheet1 工作表的 A5 单元格；“Sheet1:Sheet3!A5”表示引用当前工作簿的工作表 Sheet1 到 Sheet3 共 3 个工作表的 A5 单元格。

2. 使用函数的基本方法

函数可以理解为预先定义好的公式。使用函数计算数据可以大大地简化计算公式，Excel 2010 提供了许多函数，如数学函数、逻辑函数、统计函数、三角函数和对数函数等。

函数的一般形式为“函数名(参数 1,参数 2,…)”，每个函数都有一个计算结果。

1）函数的输入和使用

可以在单元格或编辑栏中直接输入函数。例如，求和运算可在单元格中输入“=SUM(A3:C2)”，也可以通过“插入函数”对话框进行输入。

使用“插入函数”对话框在单元格输入“=SUM(A3:C2)”的方法如下。

（1）单击“公式”选项卡中的“函数库”组里的按钮，或在“数据库”组中，单击“插入函数”按钮，或单击编辑栏左侧的 按钮，都可以弹出“插入函数”对话框，如图 3.11 所示。

（2）在“选择类别”下拉列表中选择函数类别，或者在“搜索函数”框中输入函数的名字后单击“转到”按钮。

（3）在“选择函数”列表中单击所需的函数名（如 SUM）后单击“确定”按钮，弹出“函数参数”对话框，如图 3.12 所示。

（4）在“函数参数”对话框中输入参数。例如，在第一个参数 Number1 内输入 A3:C2，或单击“切换”按钮 （隐藏“函数参数”对话框的下半部分，方便用鼠标选取参加求和运算的单元格），然后在工作表中用鼠标选定 A3:C2 区域，这个区域的引用自动添加到参数 Number1 中，再单击“切换”按钮 （恢复显示函数参数”对话框的全部内容），单击“确定”按钮。

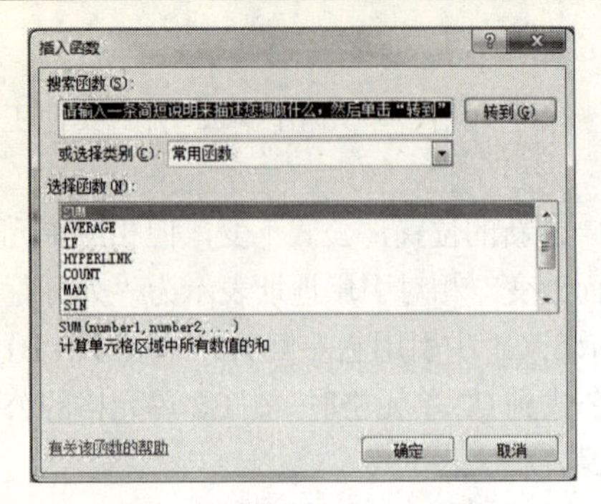

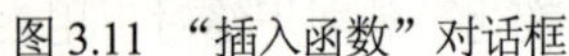
图 3.11 “插入函数”对话框

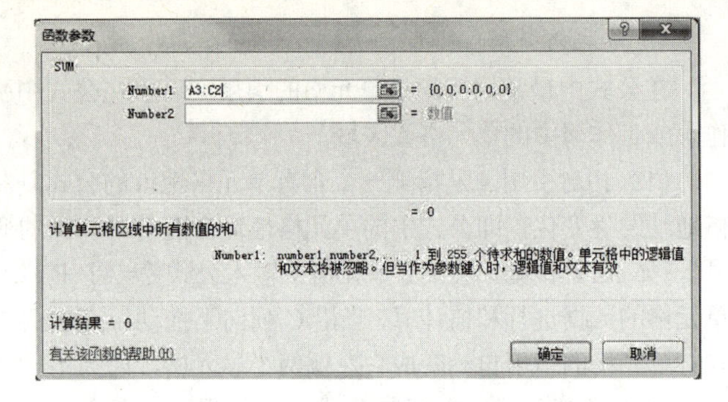

图 3.12 “函数参数”对话框

2）关于错误信息

如果公式不能正确计算出结果，Excel 2010 将显示一个错误值。错误值一般以“#”符号开头，出现错误值有以下几个原因，如表 3.1 所示。

表 3.1 出错信息表

错误值	错误值出现的原因
#DIV/0!	被除数为 0
#N/A	引用了无法使用的数值
#NAME?	不能识别的名字
#NULL!	交集为空
#NUM!	数据类型不正确
#REF!	引用无效的单元格
#VALUE!	不正确的参数或运算符
####!	宽度不够，加宽即可

3）Excel 常用函数

（1）求和函数 SUM。

格式：SUM(Number1, Number2, …)

功能：将指定的参数 Number1, Number2, …相加求和。

例如，公式“=SUM(A1:A10)”表示对单元格区域 A1:A10 所有单元格中的数值求和。

（2）单条件求和函数 SUMIF。

格式：SUMIF(Range, Criteria[,Sum_range])

功能：对指定单元格区域中符合指定条件的值求和。

参数说明：

① Range 必需的参数，用于条件计算的单元格区域。

② Criteria 必需的参数，求和的条件。例如，条件可以表示为 32、">32"、B5、"32"、"优秀"等。条件需要用双引号括起来，如果为数字则无须用双引号。该参数中可以使用通配符星号(*)和问号(?)，问号匹配任意单个字符，星号匹配任意一系列字符，不区分大小写。

③ Sum_range 可选参数，指出求和的实际单元格区域。如果省略，则对 Range 参数中满足条件的单元格求和。

例如，公式“=SUMIF(B2:B10, ">5")”表示对 B2:B10 区域中大于 5 的单元格中的数值求和；公式“=SUMIF(B2:B10, "优秀", C2:C10)”表示对单元格区域 C2:C10 中与单元格区域 B2:B10 中等于“优秀”的单元格对应的单元格中的数值求和。

（3）平均值函数 AVERAGE。

格式：AVERAGE(Number1, Number2, …)

功能：将指定的参数 Number1, Number2, …相加求平均值。

（4）计数函数 COUNT。

格式：COUNT(Value1, [Value2], …)

功能：统计指定区域中包含数字的个数。

参数说明：至少包含一个参数，最多可包含 255 个。

例如，若“=COUNT(A1:A10)”函数值为 5，说明该区域中有 5 个单元格包含数字。

（5）条件计数函数 COUNTIF。

格式：COUNTIF(Range, Criteria)

功能：统计区域中满足给定条件的单元格个数。

参数说明：

① Range 必需的参数，指定要统计的单元格区域。

② Criteria 必需的参数，指定符合的条件。

例如，公式“=COUNTIF(C1:C12, "男")”表示统计单元格区域 C1:C12 单元格值为“男”的单元格个数；公式“=COUNTIF(B1:B12, ">80")”用于计算 B1:B12 区域单元格数据大于 80 以上的单元格个数。

（6）排位函数 RANK。

格式：RANK(Number, Ref, Order)

功能：返回一个数值在指定数值列表中的排位。

参数说明：

① Number 必需的参数，要确定其排位的数据。

② Ref 必需的参数，要查找的数值列表所在的位置。

③ Order 可选参数，指定数值列表的排序方式。其中，该参数为 0 或忽略，对数值的排位就会基于 Ref 是按降序排序的列表；如果参数不为 0，对数值的排位就会基于 Ref 是按升序排序的列表。

例如，公式“=RANK(G2, $G$2:$G$12)”表示求取 G2 中的数值在单元格区域 G2:G12 中的数值列表中的降序排位。

（7）MAX、MIN 函数。

格式：MAX(Number1, Number2, …)

MIN(Number1, Number2, …)

功能：求 Number1, Number2, …指定参数中最大值和最小值。

（8）逻辑判断函数 IF。

格式：IF(Logical, [Value_if_true], [Value_if_false])

功能：若 Logical 参数的值为 TRUE，函数值为 Value_if_true 参数的值，否则为 Value_if_false 参数的值。

参数说明：

① Logical 必需的参数，作为判断条件的任意值或表达式。例如，A2=100 就是一个逻辑表达式，其含义是如果 A2 单元格中的值等于 100，表达式的计算结果为 TRUE，否则为 FALSE，该参数中可用比较运算符。

② Value_if_true 可选参数，Logical 参数的计算结果为 TRUE 时所要返回的值。

③ Value_if_false 可选参数，Logical 参数的计算结果为 FALSE 时所要返回的值；Value_if_true 参数和 Value_if_false 参数还可以是一个 IF 函数，以构建更复杂的测试条件。

例如，公式“=IF(A1>=60, "及格", "不及格")”表示如果 A1 单元格的值大于等于 60，则显示“及格”，否则显示“不及格”。

公式“=IF(A1>=90, "优秀", IF(A1>=80, "良好", IF(A1>=60, "及格", "不及格")))”表示下列对应关系：

单元格 A1 中的值	公式单元格显示的内容
A1≥90	优秀
80≤A1＜90	良好
60≤A1＜80	及格
A1＜60	不及格

3.1.6　图表的制作

在 Excel 中，图表可以将工作表中的行和列数据转化成各种形式且有意义的图形。通过图表可以更加直观地表示数据，可以更加容易地分析数据的走向和差异，以便于预测趋势。

1. 认识图表

1）图表类型

Excel 提供了标准图表类型，每一种图表类型又分为多个子类型，可以根据需要选择不同的图表类型表现数据。常用的图表类型有柱形图、条形图、饼图、面积图、XY 散点图、圆环图、股价图、曲面图、圆柱图、圆锥图等。

2）图表的分类

按照图表的存放位置，Excel 中的图表分为嵌入式图表和独立图表。嵌入式图表和创建图表的数据源放置在同一个工作表中，而独立图表和数据源分别放置在不同的工作表中。

3）图表的组成

图表主要是由绘图区、图表区、数据系列、主要网格线、图例区、分类轴标签和数值轴标签等组成的，如图 3.13 所示。其中：

① 图表标题：描述图表的名称，默认在图表的顶端。

② 坐标轴与坐标轴标题：坐标轴标题是 X 轴和 Y 轴的名称。

③ 图例区：包含图表中相应的数据系列的名称和数据系列在图中的颜色。

④ 绘图区：以坐标轴为界的区域。

⑤ 数据系列：一个数据系列对应工作表中选定区域的一行或一列数据。

⑥ 主要网格线：从坐标轴刻度延伸出来并贯穿整个绘图区的线条系列。

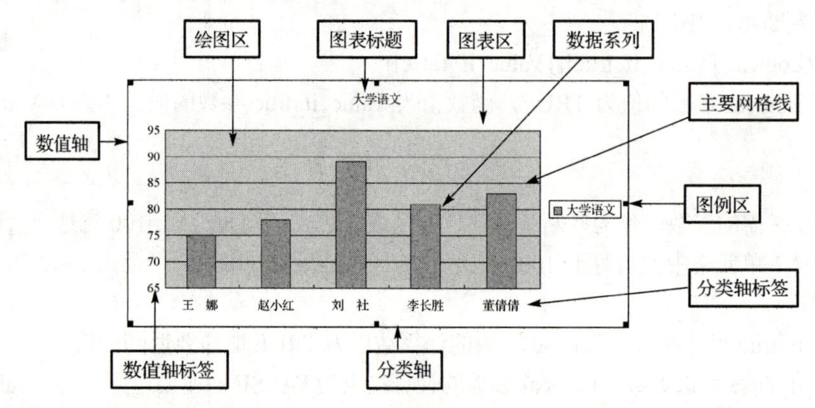

图 3.13　图表的组成

2. 创建图表

选定用于创建图表的数据单元格区域，在“插入”选项卡中的“图表”组，单击右下角的对话框启动按钮，弹出“插入图表”对话框，如图 3.14 所示。在对话框中选择要创建的图表类型及子类型，单击“确定”按钮，或者在“图表”组中单击一种图表类型的下拉按钮，在弹出的下拉列表中选择需要的图表样式，也可以创建一个图表。

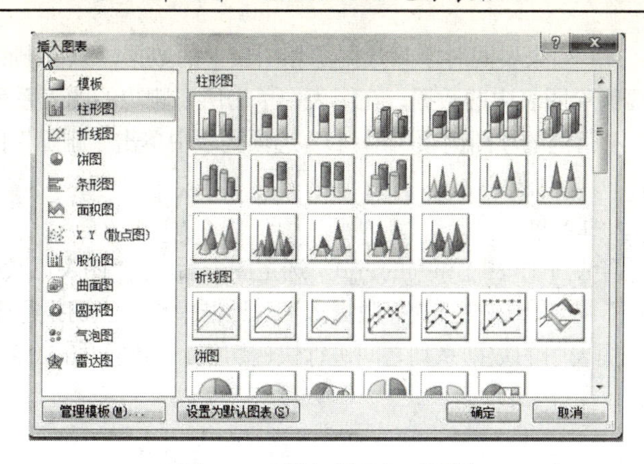

图 3.14 “插入图表”对话框

3．编辑图表

图表创建完成后，可以对它进行修改，如图表的大小、类型和数据系列等。

当选定一个图表后，功能区会出现 “图表工具”选项卡，包含“设计”、“布局”和“格式”三个子选项卡，可以使用子选项卡内的命令编辑和修改图表，也可以选定图表后单击鼠标右键，利用弹出的快捷菜单中包含的命令编辑和修改图表。

1）更改图表类型

在“图表工具/设计”选项卡中的“类型”组，单击“更改图表类型”命令，或在图表区单击鼠标右键，在弹出的快捷菜单中选择“更改图表类型”命令，弹出“更改图表类型”对话框（类似“插入图表”对话框），选择图表类型及子类型即可。

2）改变图表存放位置

创建的图表默认是嵌入式的，若要将图表单独存放在工作表中，在“图表工具/设计”选项卡中的“位置”组，单击“移动图表”按钮，或在图表区单击鼠标右键，在弹出的快捷菜单中选择“移动图表命令”命令，在弹出“移动图表”对话框中选择相应的存放位置，单击“确定”按钮。

3）修改图表数据源

① 向图表中添加源数据。单击图表绘图区，在“图表工具/设计”选项卡中的“数据”组，单击“选择数据”按钮，或在图表任意位置单击鼠标右键，在弹出的快捷菜单中选择“选择数据”命令，弹出“选择数据源”对话框，如图 3.15 所示。在该对话框的“图表数据区域”中重新选择图表所需要的数据区域，即可向图表中添加源数据。

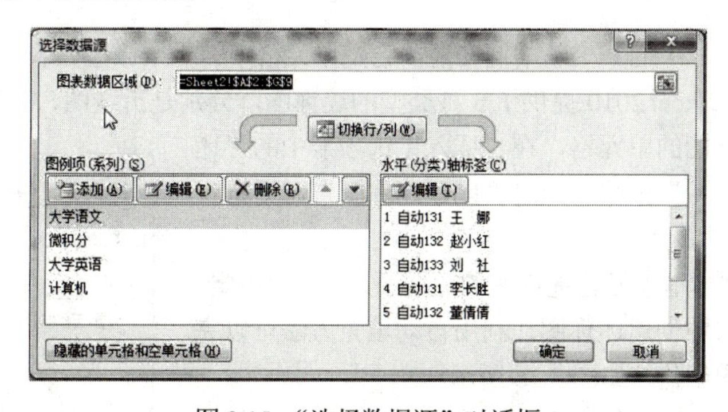

图 3.15 “选择数据源”对话框

② 删除图表中的数据。如果要同时删除数据源和图表中的数据，只要删除工作表中的数据，图表将会自动更新。如果要删除图表中的数据，在图表中单击所要删除的图表系列，按 Delete 键即可完成，或在“选择数据源”对话框的“图例项（系列）”选项区域中单击“删除”按钮也可以进行图表数据的删除。

4）改变数据序列产生的方向

如果要更改在图表中绘制工作表行和列的方式，选定图表后，在“图表工具/设计”选项卡中的“数据”组，单击“切换行/列”按钮，或在“选择数据源”对话框中单击“切换行/列”按钮，可以在从工作表行或从工作表列绘制图表中的数据系列之间进行快速切换。示例如图 3.16 所示。

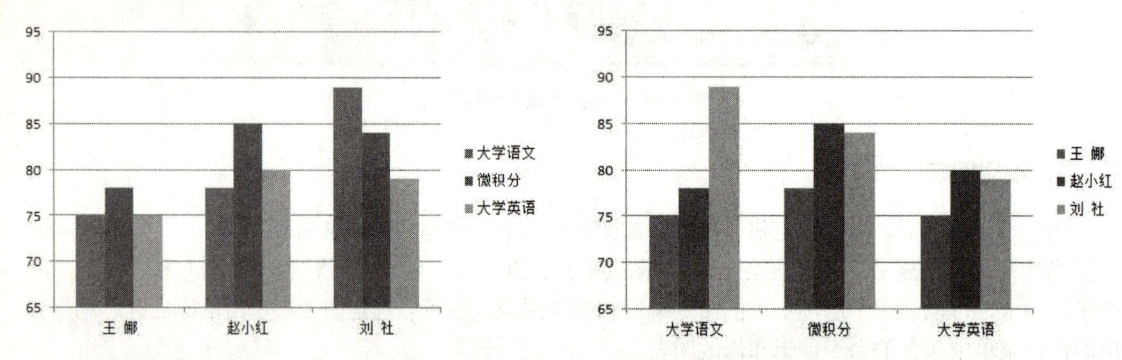

图 3.16　调整数据系列产生的方向

5）设置图表标题、坐标轴标题、图例设置、显示或隐藏数据标签及坐标轴

在“图表工具/布局”选项卡中的“标签”组，可以设置图表标题、坐标轴标题、图例、显示或隐藏数据标签等，在“坐标”组中可以设置与坐标轴相关的操作。

6）改变图表大小

要改变图表大小，用鼠标移动图表的四个角之一即可，当鼠标指针变为双向箭头时拖动鼠标，或在“图表工具/格式”选项卡中的“大小”组中设置图表的高度和宽度。

4．修饰图表

选定需要修饰的图表，利用“图表工具”选项卡中的“布局”和“格式”选项卡下的命令，完成对图表的修饰，包括设置图表的颜色、图案、线型、填充效果、边框和图片等，还可以对图表的图表区、绘图区、坐标轴、背景墙和基底等进行设置。

5．迷你图

迷你图是 Excel 2010 中的一个新增的功能，它是单元格中的一个微型图表，用于显示指定单元格内的一组数据的变化。Excel 2010 提供了 3 种类型的迷你图，分别是折线图、柱形图和盈亏图。

选定需要显示迷你图的单元格，在“插入”选项卡中的“迷你图”组，单击“折线图”按钮，弹出“创建迷你图”对话框，如图 3.17 所示。

在“数据范围”文本框中设置迷你图的数据源，单击“确定”按钮，会在当前单元格中创建迷你图，利用自动填充方法可以完成其他单元格迷你图的创建，如图 3.18 所示。

创建迷你图后，功能区中将出现“迷你图工具”选项卡。通过该选项卡可以对迷你图数据源、类型、样式、显示进行编辑修改。

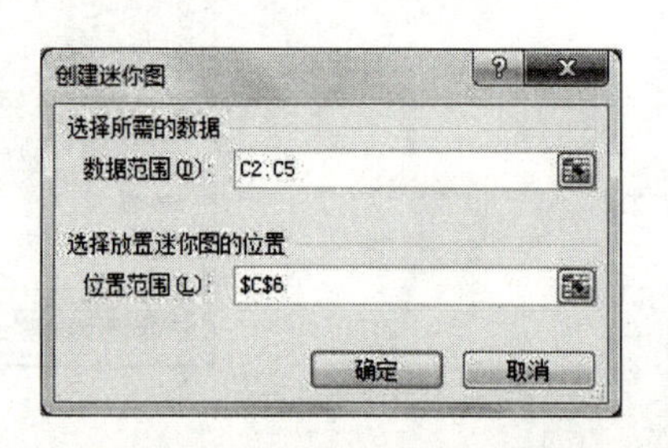

图 3.17　“创建迷你图”对话框

学号	姓名	大学语文	微积分	大学英语
1	王 娜	75	78	75
2	赵小红	78	85	80
3	刘 社	89	84	79
4	李长胜	81	80	82

学号	姓名	大学语文	微积分	大学英语
1	王 娜	75	78	75
2	赵小红	78	85	80
3	刘 社	89	84	79
4	李长胜	81	80	82

图 3.18　迷你图示例结果

3.1.7　数据处理

Excel 提供了较强的数据库管理功能，不仅通过记录单来增加、删除和移动数据，还能对工作表进行各种排序、筛选和分类汇总等。前提是要求工作表数据必须按“数据清单”存放。数据清单具有类似数据库的特点，也称为 Excel 数据库。

工作表中的数据库操作大部分是利用“数据”选项卡中的命令完成的。

1. 数据清单

1）数据清单的概念

数据清单是包含相关数据的一系列工作表的数据行。数据清单的构建规则如下。

① 数据清单一般是工作表的一个矩形区域，没有空白行和空白列。

② 数据清单要有一个标题行，作为每列数据的标志，标题必须是文本型数据，不能重复也不能分置于两行中。

③ 每一列的数据格式除标题之外具有相同的数据类型。

数据清单中的列是数据库中的字段，列标题是数据库中的字段名，每一行对应数据库中的一条记录。数据清单中的数据除了可以使用工作表进行编辑外，还可以使用“记录单”窗口进行编辑。

2）使用记录单输入与编辑数据

使用记录单功能，可以减少在行与列之间的不断切换，从而提高输入的速度和准确性。

① 在“快速访问工具栏”中添加“记录单”命令。单击“快速访问工具栏”右侧的下拉按钮，在弹出的下拉列表中选择“其他命令”选项，弹出“Excel 选项”对话框，如图 3.19 所示。在对话框左侧列表中选择“快速访问工具栏”选项，在右侧“从下列位置选择命令”下拉列表框中，选择“不在功能区的命令”选项，在下方的列表中找到“记录单”选项，单击“添加”按钮，再单击“确定”按钮。这时就会在“快速访问工具栏”中添加“记录单”按钮。

② 使用记录单输入与编辑数据。选定数据清单的任一个单元格，单击“快速访问工具栏”中的“记录单”按钮，弹出“记录单”窗口，如图 3.20 所示。这时记录单已经自动读取了所列的信息。

使用记录单窗口不仅可以在数据清单中快速输入数据，还可以进行查找、修改和删除记录行等操作。

2. 数据的排序

排序是指按照一定的规则对数据清单中的数据信息进行排列，有助于快速直观地组织数据并查找所需要的数据。

1）简单排序

简单排序就是对数据清单中的数据按某一字段（数据列）排序。

首先选定需要排序的字段中任意单元格，在“数据”选项卡中的“排序和筛选组”，单击“升序”按钮，或“降序”按钮，数据清单中记录顺序就会按所选列重新进行排列。

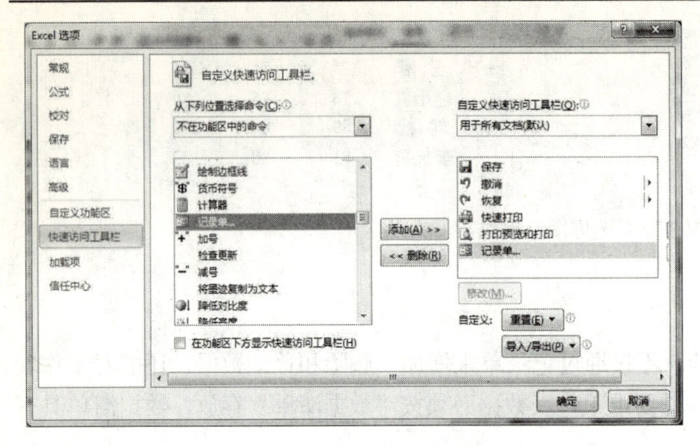

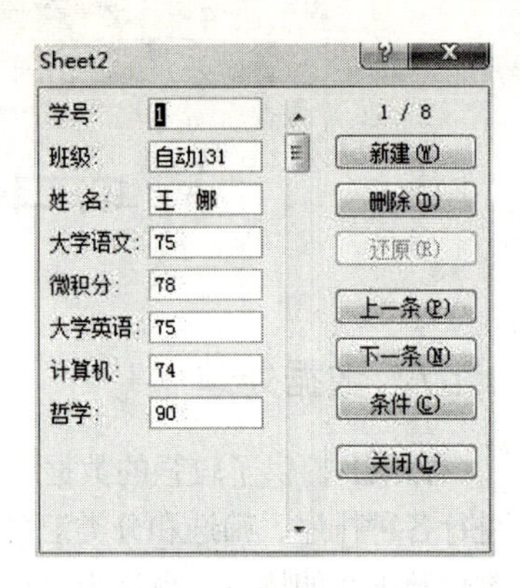

图 3.19 “Excel 选项”对话框　　　　图 3.20 记录单窗口

2）复杂排序

复杂排序是按照多种排列规则排序，当不同的数据列或行中有相同的数据时，一般采用此方法排序。

选定某列中任意单元格，在“数据”选项卡中的“排序和筛选”组，单击“排序”按钮，弹出“排序”对话框，如图 3.21 所示。

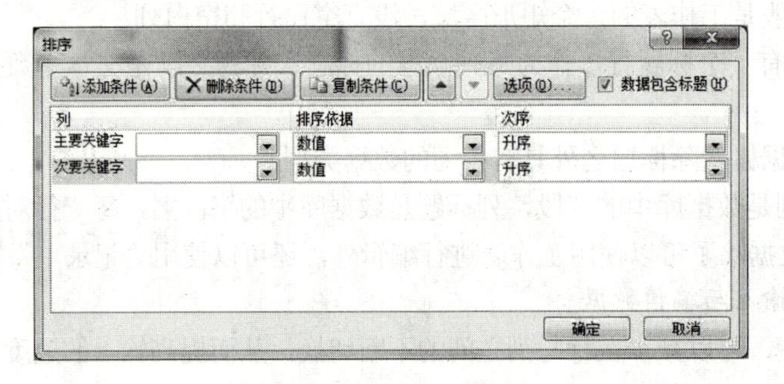

图 3.21 “排序”对话框

在对话框中的“主要关键字”下拉列表中选定第一个排序字段，在右侧选定“升序”或“降序”。单击“添加条件”按钮，可以增加一个排序条件，根据需要在“次要关键字”下拉列表中选定第二个排序字段，最多可以设置 64 个排序条件，设置完成后，单击“确定”按钮。

如果进行排序的数据没有标题行，或者让标题行也参加排序，在“排序”对话框中取消“数据包含标题”复选框，单击“选项”按钮，在打开的对话框中设置排序的方向和方法等。

数据清单中的记录顺序先按第一个字段值排列，第一个排序字段值相同的记录顺序按指定的第二个排序字段的值排列。

3. 数据的筛选

在数据清单中通过数据筛选，在工作表中只显示符合条件的数据，隐藏不符合条件的数据，便于浏览。

1）自动筛选

自动筛选可以利用列标题右侧的下拉列表框，也可以利用“自定义自动筛选方式”对话框进行。

① 单字段条件筛选。单字段条件筛选是指筛选条件只涉及一个字段的内容。首先选定数据清单中任意单元格，在“数据”选项卡中的“排序和筛选组”，单击“筛选”按钮，数据清单列标题右侧会出现一个下拉箭头，单击下拉箭头，在弹出的如图 3.22 所示的列表中设置筛选条件、删除筛选条件或自定义筛选条件。

如果要自定义筛选条件，在图 3.22 所示的列表中选择“数字筛选”命令，在下级菜单选项中选择“自定义筛选”命令，弹出“自定义自动筛选方式”对话框，如图 3.23 所示，在其中设置筛选条件即可。

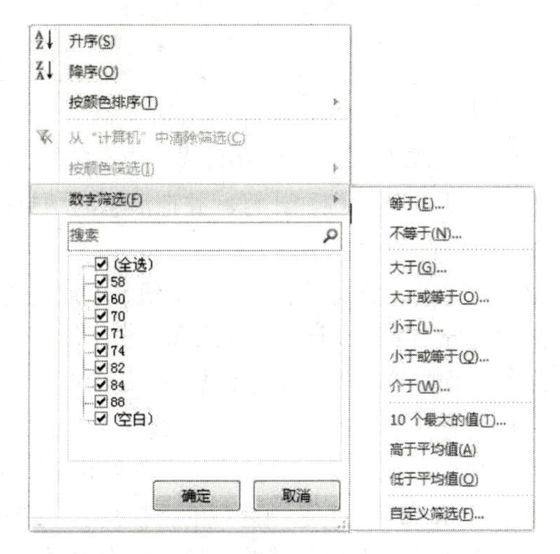

图 3.22　筛选条件设置列表

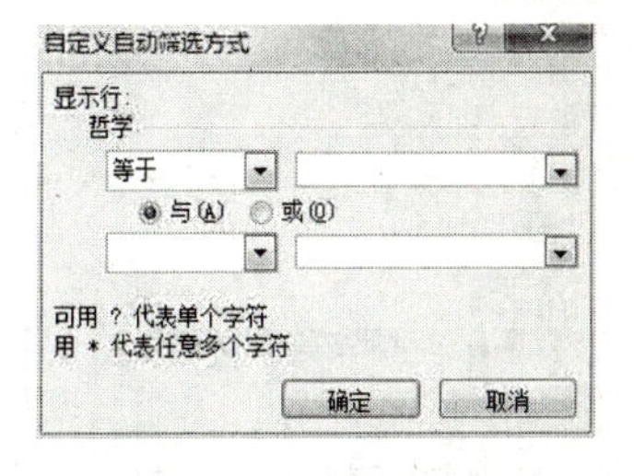

图 3.23　“自定义自动筛选方式”对话框

② 多字段条件筛选。多字段条件筛选是指筛选条件涉及多个字段内容。只需要在每个需要设置条件的字段中执行自动筛选的方式即可，多个字段的筛选条件之间是“与”的关系。

2）高级筛选

高级筛选主要应用于多字段条件的筛选。如果筛选的条件比较复杂时，利用自动筛选逐个找到合适的数据信息就会显得非常麻烦，这时可以使用高级筛选的方法一次筛选出所需要的数据。

① 设置一个条件区域。条件区域是由字段名行和若干条件行组成，可以放置在工作表的任何空白位置，与数据清单之间至少留一个空白行，如图 3.24 所示。第一行的字段名必须同数据清单的列标题一致，第二行开始的是条件行，同一行不同单元格的条件互为“与”的逻辑关系，即其中的所有条件都满足才符合条件。不同行单元格的条件互为“或”的逻辑关系，即满足其中一个条件就符合条件。

② 执行高级筛选。选定数据清单任意单元格，在“数据”选项卡中的“排序和筛选”组，单击“高级”按钮，弹出“高级筛选”对话框，如图 3.25 所示。

	A	B	C	D	E	F	G	H
1				学生成绩统计表				
2	学号	班级	姓 名	大学语文	微积分	大学英语	计算机	哲学
3	1	自动131	王 娜	75	78	75	74	90
4	2	自动132	赵小红	78	85	80	84	85
5	3	自动133	刘 社	89	84	79	70	73
6	4	自动131	李长胜	81	80	82	82	91
7	5	自动132	董倩倩	83	90	84	71	80
8	6	自动131	王力宏	74	68	76	58	75
9	7	自动132	段小刚	66	87	70	60	72
10	8	自动133	迟志鹏	90	95	90	88	89
11								
12				大学语文	大学英语	计算机		
13				>=80	<=90			
14						>=90		

图 3.24　条件区域

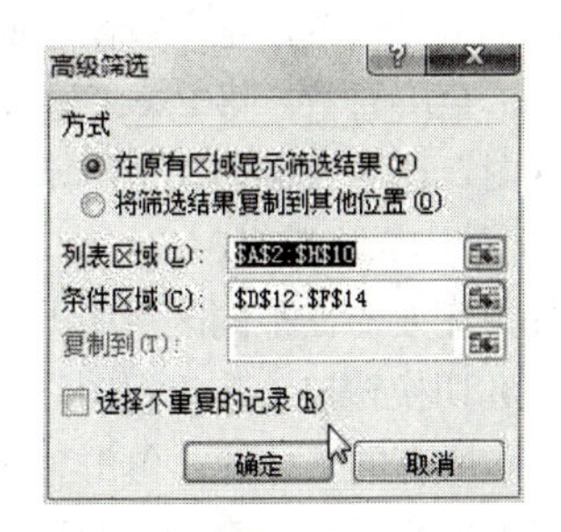

图 3.25　“高级筛选”对话框

③ 在“高级筛选”对话框中设置参数。选中“在原有区域显示筛选结果”复选框，将隐藏不符合条件的数据行。选中“将筛选结果复制到其他位置”复选框，将符合条件的数据行复制到工作表的

其他位置。在“列表区域”文本框中输入数据清单单元格区域或单击按钮拖动鼠标选取。在“条件区域”文本框中输入条件单元格区域或单击按钮拖动鼠标选取，单击“确定”按钮。

如果要取消筛选以显示全部记录，在“数据”选项卡中的“排序和筛选”组，单击“清除”命令即可。

4．数据的分类汇总

分类汇总是把数据清单中的数据分门别类地统计处理。不需要用户自己建立公式，Excel 会自动对各类别的数据进行求和、求平均值等各种计算，并把汇总的结果以“分类汇总”和“总计”的方式显示出来。

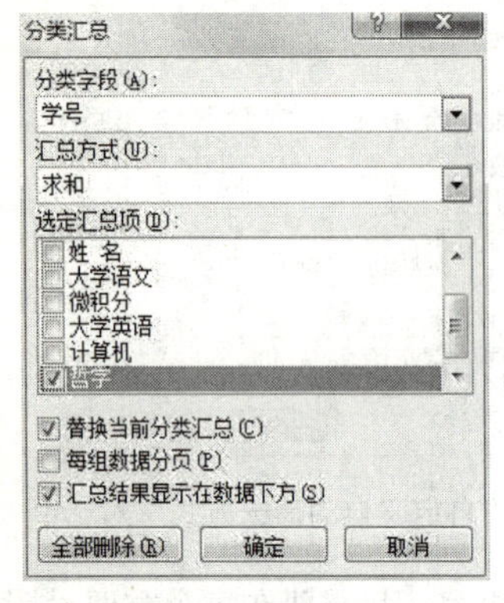

图 3.26　“分类汇总”对话框

在 Excel 2010 中，分类汇总的计算有求和、求平均值、求最大值、求最小值等。分类汇总必须有分类字段和计算（如求和、求平均值等）字段两类。在分类汇总之前必须先按分类字段对数据清单进行排序。

首先对选定的分类字段进行排序，然后在“数据”选项卡中的“分级显示”组，单击“分类汇总”按钮，弹出“分类汇总”对话框，如图 3.26 所示。在该对话框的“分类字段”选项区域的下拉列表中选择分类汇总的字段名。在“汇总方式”选项区域的下拉列表中选择汇总的计算。在“选定汇总项”选项区域的列表框中选择汇总计算的字段，单击“确定”按钮。

如果要删除汇总信息恢复数据清单的原来状态，在“分类汇总”对话框中单击“全部删除”按钮即可。

3.1.8　工作表的查看与打印

1．数据表的查看

1）使用视图查看

在 Excel 中，可以以各种视图方式查看工作表，每种视图的特点各不相同。

（1）普通查看。默认的查看方式，即对工作表的视图不做任何修改，可以通过工作区右侧或下方的滚动条浏览当前窗口显示不完全的数据。

（2）按页面查看。查看工作表为打印出来的工作表形式，在打印前查看每页数据的起始位置和结束位置。在“视图”选项卡中的“工作簿视图”组，单击“页面布局”按钮将工作表设置为页面布局方式，单击“分页预览”按钮，通过拖动鼠标的方式调整分页符位置。

（3）全屏查看。将 Excel 窗口中的功能区、标题栏、状态栏等隐藏起来，最大化地显示数据区域。在“视图”选项卡中的“工作簿视图”组，单击“全屏显示”按钮即可。

2）对比查看数据

如果需要对比不同区域中的数据，可以在多窗口中查看，也可以拆分查看数据。

（1）切换窗口。在“视图”选项卡中的“窗口”组，选择“切换窗口”命令，在弹出的下拉列表中将显示所有的工作簿，单击工作簿名称，即可切换到指定的窗口。

（2）在多窗口中查看。通过新建一个同样的工作簿窗口，将两个窗口并排进行查看、比较、查找需要的数据。

在“视图”选项卡中的“窗口”组，单击“新建窗口”按钮；再单击“全部重排”按钮，在弹出的“重排窗口”对话框中选择所需要的排列方法（如图 3.3 所示，为设置了两个窗口垂直并排的结果）。

若要拖动其中一个窗口的滚动条滚动时，另一个窗口的滚动条也会同步滚动，则在“窗口”组中单击“并排查看”按钮，再单击“同步滚动”按钮。

（3）拆分查看。一个工作表窗口可以拆分成多个窗口，可以在不同窗口同时浏览一个较大文件的不同部分。

方法 1：鼠标指针指向水平滚动条（或垂直滚动条）上的“拆分条”时，如图 3.1 所示，当鼠标指针变成双箭头（或）时，按住鼠标左键将其拖曳到适当位置释放鼠标，则将一个窗口拆成了两个窗口。拖动分隔条可以调整两个窗口的大小。

方法 2：单击要拆分的行和列位置，在“视图”选项卡中的“命令”组，单击“拆分”命令。

如果要取消拆分，只需将分割条拖回原来的位置，或在“视图”选项卡中的“命令”组，单击“取消拆分”命令。

3）查看其他区域的数据

如果工作表中的数据过多，而当前屏幕中只能显示一部分数据，要想浏览其他区域的数据，除了使用普通视图中的滚动条查看外，还可以使用以下方式查看。

（1）冻结查看。冻结查看是将指定区域冻结、固定，滚动条只对其他区域的数据起作用。例如，将工作表的标题行或标题列等冻结起来，在向下或向右滚动浏览时被冻结的标题行或标题列等始终会在窗口中显示，可以方便查看工作表的数据信息。

选定某一单元格，在“视图”选项卡中的“窗口”组，单击“冻结窗格”按钮下方的下拉按钮，在弹出的列表中选择“冻结拆分窗口”命令，在该单元格的上方和左侧分别出现一条直线，直线之上或左侧的信息不随浏览窗口的滚动而发生变化。

如果要取消冻结，则在“视图”选项卡中的“窗口”组，单击“冻结窗格”按钮下方的下拉按钮，在弹出的列表中选择“取消冻结窗口”命令即可。

（2）缩放查看。缩放查看是指将所有的区域或选定的区域缩小或放大，以便显示需要的数据信息。

在“视图”选项卡中的“显示比例”组单击相应的按钮，可调整当前窗口工作表的显示比例。其中：

① 显示比例：打开“显示比例”对话框，如图 3.27 所示，可以自由指定一个显示比例。

② 缩放到选定区域：在窗口中只显示用户选定的区域。

③ 100%：恢复正常大小的显示比例。

图 3.27 “显示比例”对话框

（3）隐藏和查看隐藏。可以将不需要显示的行或列隐藏起来，需要时再显示出来。

选定要隐藏的行，鼠标右键单击，在弹出的快捷菜单中执行“隐藏”命令，即可隐藏所选择的行。

如果要取消隐藏的行，需要同时选定被隐藏行的前 1 行和后 1 行，鼠标右键单击，在弹出的快捷菜单中执行“取消隐藏”命令即可。

隐藏、显示列的方法与隐藏、显示行的方法类似，此处不再介绍。

2. 数据表的打印

1）分页符的插入与删除

（1）分页符的插入。首先选择插入位置，然后在“页面布局”选项卡中的“页面设置”组，单击“分隔符”按钮，在弹出的下拉列表中选择“插入分页符”命令。其中选择的插入位置如下。

① 选择的是某一行，就在选定行的上方插入一个水平分页符。

② 选择的是某一列，就在选定列的左侧插入一个垂直分页符。

③ 选择的是某一单元格，则在选定单元格的左边框和上边框同时插入水平、垂直分页符。

（2）分页符的删除。首先选定单元格（水平分隔符下一行或右侧列的任意单元格），在“页面设置”组中，单击“分隔符”按钮，在弹出的下拉列表中选择“删除分页符”命令即可。如果在下拉列表中选择“重设所有分页符”命令，将删除工作表中所有插入的分页符。

注意：Excel 2010 中的自动分页符不能被删除。

（3）调整分页符位置。将视图的查看方式切换到分页预览视图。在视图中，手动插入的分页符用实线表示，自动分页符用虚线表示。拖动鼠标可以调整分页符的位置，若将分页符拖出打印区域之外，则分页符将被删除。

2）页面设置

在 Excel 2010 中，通过“页面布局”选项卡中的命令可以进行页面布局的设置，达到满意的打印效果，或者单击“页面设置”组右下角的按钮，在弹出的“页面设置”对话框中进行更为详细的参数设置，如图 3.28 所示。

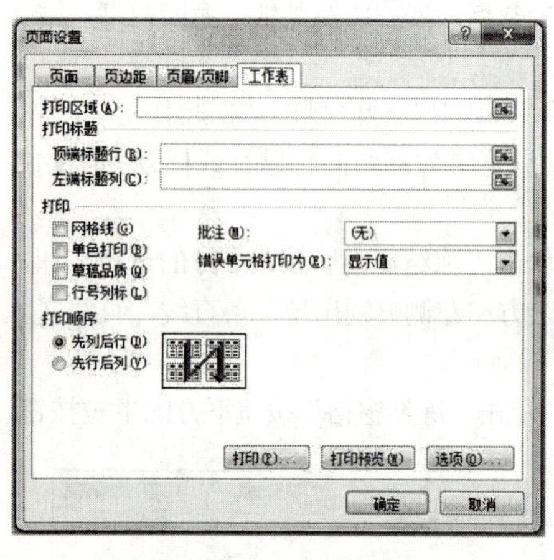

图 3.28 “页面设置”对话框

其中“页面”、“页边距”、“页眉/页脚”的设置方法同 Word，此处不再介绍。如果当前编辑的是一个图表，则“工作表”选项卡将变为“图表”选项卡。

在“工作表”选项卡，单击“打印区域”右侧的切换按钮选定打印区域。单击“打印标题”右侧的切换按钮选定行标题或列标题区域，为每页设置打印行或列标题。选中“打印”选项区域的相关复选框设置有无网格线、行号列标和批注等。

3）打印预览

在打印之前，先进行打印预览观察打印效果，然后再打印。Excel 提供的“打印预览”功能在打印前能看到实际的打印效果。打印预览功能是单击“页面设置”对话框中的“工作表”选项卡下的“打印预览”命令，或单击“快速访问工具栏”中的“预览”按钮。

4）打印

页面设置完成和打印预览完成后，即可以进行打印。

3.2 实 训 案 例

本案例通过建立一个“职工工资表”，如图 3.30 所示，展示电子表格制作过程中的基本操作及数据处理的基本方法。

3.2.1 输入和编辑“职工工资表”

1. 创建 Excel 文档

1）直接创建 Excel 文档

单击鼠标右键，在弹出的快捷菜单中依次执行“新建”→“Microsoft Office Excel 工作表”命令，即可在当前文件夹下创建一个名为“新建 Microsoft Excel 工作表.xlsx”的文档，如图 3.29 所示，此时，可以直接更改 Excel 文档的名称。

图 3.29 新建 Excel 文档图标

2）保存 Excel 文档

双击新建的文档图标，弹出 Excel 2010 窗口，依次执行“文件”→“另存为”命令，在弹出的“另存为”对话框中设置文档保存路径，在“文件名”文本框中输入“职工工资表”，单击“保存”按钮。

2. 输入基本信息

1）表格标题的输入

选定 Sheet1 中的 A1 单元格，输入“职工工资表”，按 Enter 键。

2）列标题的输入

在 A2 到 H2 单元格中输入列标题，如图 3.30 所示。

3）自动填充有规则的数据

在 A3 单元格中输入“1001”，将鼠标移至 A3 单元格的填充句柄处，当鼠标指针变成黑色实心十字形时，按住鼠标左键并拖动鼠标到 A12 释放，单击 A12 右下角的“自动填充选项”下拉按钮，在弹出的列表里选择“填充序列”命令，则在 A3～A12 的单元格被填充了一个等差的数据系列“1002，1003，…，1010”，或者按住 Ctrl 的同时拖动填充句柄也可以完成同样的填充。

4）其他单元格数据的输入

在其余单元格输入图 3.30 所示的数据，相同数据可以通过复制粘贴法进行。

	A	B	C	D	E	F	G	H
1	职工工资表							
2	编号	部门	姓名	基本工资	岗位津贴	奖金	应发合计	实发合计
3	1001	人事部	汪洋	1500	520	1500		
4	1002	业务部	刘雪儿	1250	550	1800		
5	1003	业务部	李红	1700	500	1250		
6	1004	财务部	卓文君	1250	450	1500		
7	1005	业务部	沈园	1150	400	1600		
8	1006	人事部	谢咏絮	1150	400	1100		
9	1007	业务部	李易安	1250	500	1300		
10	1008	财务部	冷涛	1500	450	1000		
11	1009	业务部	秦少游	1100	400	1500		
12	1010	财务部	袁帅	960	350	1360		
13								

图 3.30 “职工工资表”数据

3. 单元格、行和列的操作

1）插入列

插入“养老与医疗保险”和“个人所得税”列。单击 G 列的列标，选定 G 列，单击鼠标右键，在弹出的快捷菜单中选择“插入”命令，即可插入一列。在 G2 中输入“养老与医疗保险”，按 Enter 键。如果要调整列宽，将鼠标指针移至 G 列列标的右边线处，当鼠标指针变为┿形状时，按住鼠标左键拖动鼠标指针到达合适的位置后释放鼠标即可。

按照同样的方法，插入“个人所得税”列，设置后的结果如图 3.31 所示。

	A	B	C	D	E	F	G	H	I	J
1	职工工资表									
2	编号	部门	姓名	基本工资	岗位津贴	奖金	养老与医疗保险	个人所得税	应发合计	实发合计
3	1001	人事部	汪洋	1500	520	1500				

图 3.31 插入“养老与医疗保险”和“个人所得税”列的结果

2）单元格合并

将表格标题合并居中，选定单元格区域 A1:J1，在“开始”选项卡中的“对齐方式”组，单击“合并并居中”按钮，再将行高调整到合适大小即可。

3）设置单元格的内容分行显示

双击 G2 单元格，将光标插入点定位到“与”文本后，按 Alt+Enter 组合键，则在当前位置插入一个回车符，即可将 G2 单元格的文本分两行显示。

按同样的方法，设置 E2 单元格的数据分行显示，结果如图 3.32 所示。

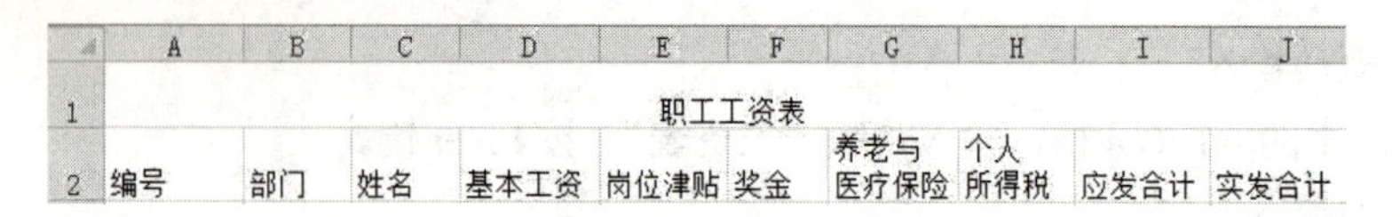

	A	B	C	D	E	F	G	H	I	J
1	职工工资表									
2	编号	部门	姓名	基本工资	岗位津贴	奖金	养老与 医疗保险	个人 所得税	应发合计	实发合计

图 3.32　设置单元格数据分行显示结果

4）调整行高为固定值

将光标移动到第 3 行的行号上，按住鼠标左键并拖动鼠标到第 12 行的行号上，选定第 3 行到第 12 行的所有行后释放鼠标，然后在选定的区域单击鼠标右键，在弹出的快捷菜单中选择“行高”命令，在弹出的“行高”对话框中输入数字“18”。

4．设置工作表标签

双击工作表标签 Sheet1（此时该标签以高亮度显示）进入可编辑状态，输入新的工作表标签名“工资表”后按 Enter 键确定。

3.2.2　使用公式和函数计算职工工资

1．计算“养老与医疗保险”

“养老与医疗保险”计算方法为：“(基本工资+岗位津贴+奖金)×5%”

（1）计算第一个职工的“养老与医疗保险”，其步骤如下。

① 选定 G3 单元格，单击编辑栏左侧的fx按钮，在弹出的“插入函数”对话框（如图 3.11 所示）中找到要使用的函数 SUM，单击“确定”按钮。

② 在“函数参数”对话框中（如图 3.12 所示），将光标定位在“Number1”框中，然后在工作表中选择 D3:F3 单元格区域，单击“确定”按钮。

③ 选定 G3 单元格，此时编辑栏显示的是当前单元格的公式内容“SUM(D3:F3)”。将光标定位在编辑栏最后一个符号的后面，依次输入“*”→“5”→“%”后，按 Enter 键确定，即可计算该职工的“养老与医疗保险”。

（2）计算其他职工的“养老与医疗保险”。将鼠标移到 G3 单元格的填充句柄上，当鼠标指针变成黑色实心十字形时，按住鼠标左键拖动到 G12 单元格的位置后释放，所经过的单元格会自动完成相应职工的“养老与医疗保险”的计算。

2．计算“应发合计”

“应发合计”计算方法为：“基本工资+岗位津贴+奖金+养老与医疗保险”

选定 I3 单元格，通过求和函数 SUM 计算，请参照计算“养老与医疗保险”步骤进行，求和的单元格区域为 D3:G3，然后按住鼠标左键拖动填充句柄复制公式，完成所有职工工资应发合计的计算。

3．计算“个人所得税”

“个人所得税”计算方法为：

应发合计	个人所得税
应发合计≥2500	(应发合计–2500)×5%+18
1600≤应发合计<2500	(应发合计–1600)×2%
应发合计<1600	0

（1）选定 H3 单元格，单击编辑栏左侧的 fx 按钮，在“插入函数”对话框搜索函数 IF，找到 IF 函数后单击“确定”按钮。

（2）在弹出的“函数参数”对话框中，将光标定位在“Logical_test”框中，输入“I3>=2500”（也可以通过选定 I3 单元格，会自动在“Logical_test”框中当前位置插入单元格的地址 I3），光标定位在“Value_ if_true”框中输入“(I3-2500)*5%+18”，光标定位在“Value_if_false”框中输入“IF(I3>=1600,(I3-1600)*2%,0)”，设置后的结果如图 3.33 所示，单击“确定”按钮即可计算该职工的“个人所得税”。然后拖动填充句柄复制公式，完成所有职工“个人所得税”的计算。

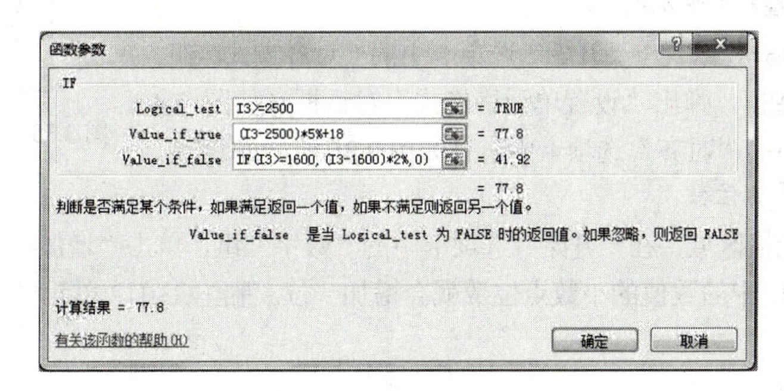

图 3.33 设置函数 IF 的参数

4. 计算“实发合计”

“实发合计”计算方法为：“应发合计–个人所得税”

选定 J3 单元格，单击编辑栏左侧的 fx 按钮，在弹出的“插入函数”对话框中找到要使用的函数 SUM，单击“确定”按钮，然后将光标定位在编辑栏输入“=”，单击 I3 单元格，输入“–”，单击 H3 单元格，按 Enter 键确定，即可计算该职工的“实发合计”。

然后按住鼠标左键拖动填充句柄复制公式，完成所有职工“实发合计”的计算。完成计算后工作表的数据如图 3.34 所示。

	A	B	C	D	E	F	G	H	I	J
1	职工工资表									
2	编号	部门	姓名	基本工资	岗位津贴	奖金	养老与医疗保险	个人所得税	应发合计	实发合计
3	1001	人事部	汪洋	1500	520	1500	176	77.8	3696	3618.2
4	1002	业务部	刘雪儿	1250	550	1800	180	82	3780	3698
5	1003	业务部	李红	1700	500	1250	172.5	74.125	3622.5	3548.375
6	1004	财务部	卓文君	1250	450	1500	160	61	3360	3299
7	1005	业务部	沈园	1150	400	1600	157.5	58.375	3307.5	3249.125
8	1006	人事部	谢咏絮	1150	400	1100	132.5	32.125	2782.5	2750.375
9	1007	业务部	李易安	1250	500	1300	152.5	53.125	3202.5	3149.375
10	1008	财务部	冷涛	1500	450	1000	147.5	47.875	3097.5	3049.625
11	1009	业务部	秦少游	1100	400	1500	150	50.5	3150	3099.5
12	1010	财务部	袁帅	960	350	1360	133.5	33.175	2803.5	2770.325

图 3.34 工资薪资计算后的结果

3.2.3　设置工资表的格式

1. 设置单元格格式

1）设置标题和列标题文本格式

选定 A1 单元格，在“开始”选项卡中的“字体”组，单击“字体”宋体 右侧的下拉按钮，在弹出的下拉列表中选择“华文行楷”选项，单击“字号”11 右侧的下拉按钮，在弹出的字号列表中选择“28”选项，单击“加粗”按钮B可以加粗标题文字，单击“字体颜色”A右侧的下拉按钮，在弹出的颜色列表中选择一种颜色。

选择 A2:J2 单元格区域，设置文字字体为“华文仿宋”，字号为“14”，“加粗”显示，其方法同上，此处不再介绍。

2）设置单元格数据对齐方式

选定 A2:J2 单元格区域，在 “开始”选项卡中的“对齐方式”组，单击右下角的下拉按钮，弹出“设置单元格格式”对话框（如图 3.4 所示），在该对话框中的“对齐”选项卡中进行如图 3.35 所示的设置。

图 3.35　设置单元格文本对齐

3）设置小数点保留位数

选定 G3:J12 单元格区域，在“开始”选项卡中的“数字”组，单击“增加小数位数”按钮，每单击一次选中的单元格中的数值的小数点位数就会增加一位。保留 G3:J12 单元格区域中数值的小数点为 2 位。

4）添加货币符号

在“奖金”列和“实发合计”列添加货币符号。选定 F3:F12 单元格区域，按住 Ctrl 键再选定 J3:J12 单元格区域，在“开始”选项卡中的“数字”组，单击“会计数据格式”按钮 $ 右侧的下拉按钮，在弹出的列表中选择“¥中文（中国）”选项，则在选定的单元格的每一个数值前都会增添一个货币符号“¥”，如图 3.37 所示。

如果一列中的单元格出现一串“######”符号（如 F 列），则表明列宽不足；只需要调整列宽，直到数据正常显示为止。

2. 设置表格边框线

选定 A2:J12 单元格区域，在“开始”选项卡中的“字体”组，单击“边框”按钮右侧的下拉按钮，在弹出的下拉列表中选择“其他边框”，弹出“设置单元格格式”对话框，如图 3.36 所示。

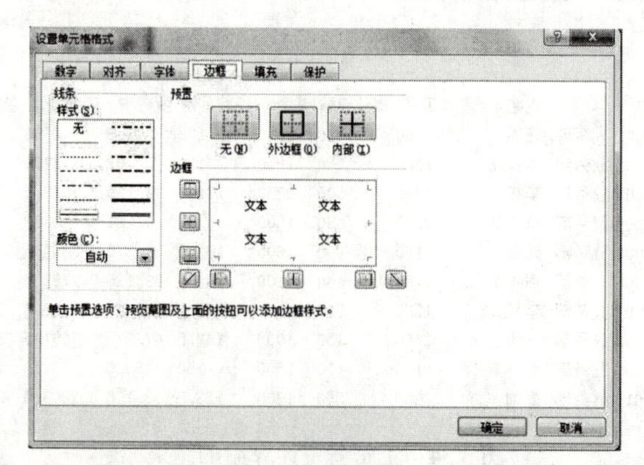

图 3.36　“设置单元格格式”的“边框”选项卡

在“样式”列表中选择一种粗线型，在“颜色”下拉列表中选择“红”色，单击“预置”组中的“外边框”按钮设置外边框。然后在“样式”列表中选择一种细线型，在“颜色”下拉列表中选择“黑”色，单击“预置”组中的“内部”按钮设置内部线型，单击“确定”按钮。

选择 A3:J3 单元格区域，在“设置单元格格式”对话框的 “样式”列表中选择双线型，在“颜色”下拉列表中选择“黑”色，单击“边框”组中的“上边框”按钮，单击“确定”按钮。

3. 填充单元格

选定 A2:J2 单元格区域，在“开始”选项卡中的“字体”组，单击“填充颜色”按钮右侧的下拉按钮，在弹出的下拉列表中选择“白色，背景 1，深色 5%”选项，单击“确定”按钮。

完成上述操作后的“职工工资表”如图 3.37 所示。

职工工资表

编号	部门	姓名	基本工资	岗位津贴	奖金	养老与医疗保险	个人所得税	应发合计	实发合计
1001	人事部	汪洋	1500	520	¥ 1,500.00	176.00	77.80	3696.00	¥ 3,618.20
1002	业务部	刘雪儿	1250	550	¥ 1,800.00	180.00	82.00	3780.00	¥ 3,698.00
1003	业务部	李红	1700	500	¥ 1,250.00	172.50	74.13	3622.50	¥ 3,548.38
1004	财务部	卓文君	1250	450	¥ 1,500.00	160.00	61.00	3360.00	¥ 3,299.00
1005	业务部	沈园	1150	400	¥ 1,600.00	157.50	58.38	3307.50	¥ 3,249.13
1006	人事部	谢咏絮	1150	400	¥ 1,100.00	132.50	32.13	2782.50	¥ 2,750.38
1007	业务部	李易安	1250	500	¥ 1,300.00	152.50	53.13	3202.50	¥ 3,149.38
1008	财务部	冷涛	1500	450	¥ 1,000.00	147.50	47.88	3097.50	¥ 3,049.63
1009	业务部	秦少游	1100	400	¥ 1,500.00	150.00	50.50	3150.00	¥ 3,099.50
1010	财务部	袁帅	960	350	¥ 1,360.00	133.50	33.18	2803.50	¥ 2,770.33

图 3.37　设置后的“职工工资表”

3.2.4　职工工资数据分析

1. 对工资表数据进行排序

以“实发合计”为主要关键字、“岗位津贴”为次要关键字、“奖金”为第三关键字，对表中数据由高到低进行排序。

选定数据清单中任意单元格，在“数据”选项卡中的“排序与筛选”组，单击“排序”命令，在弹出的“排序”对话框中按图 3.38 所示的内容进行设置，单击“确定”按钮。

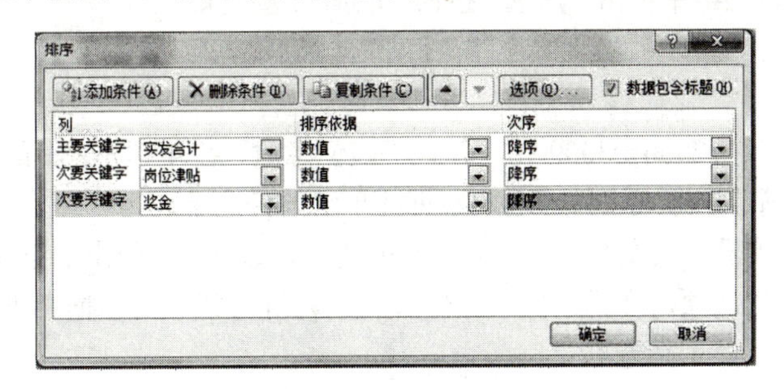

图 3.38 “排序”对话框

2. 对工资表数据进行分类汇总

对“部门”分类，对“实发合计”汇总求和。

① 按“部门”排序。选定“部门”列中的任意单元格，在“数据”选项卡中的“排序或筛选”组，单击“升序”按钮（或“降序”按钮），快速将“部门”列从低到高（或从高到低）进行排序。

② 汇总求和。选定数据清单中的任意单元格，在“数据”选项卡中的“分级显示”组，单击“分类汇总”按钮，在弹出的如图 3.26 所示的“分类汇总”对话框中的“分类字段”选取“部门”，“汇总方式”选取“求和”，“选定汇总项”选取“实发合计”，单击“确定”按钮，即完成按部门汇总求和。

分类汇总结果如图 3.39 所示。

职工工资表

编号	部门	姓名	基本工资	岗位津贴	奖金	养老与医疗保险	个人所得税	应发合计	实发合计
1004	财务部	卓文君	1250	450	¥ 1,500.00	160.00	61.00	3360.00	¥ 3,299.00
1008	财务部	冷涛	1500	450	¥ 1,000.00	147.50	47.88	3097.50	¥ 3,049.63
1010	财务部	袁帅	960	350	¥ 1,360.00	133.50	33.18	2803.50	¥ 2,770.33
	财务部 汇总								¥ 9,118.95
1001	人事部	汪洋	1500	520	¥ 1,500.00	176.00	77.80	3696.00	¥ 3,618.20
1006	人事部	谢咏絮	1150	400	¥ 1,100.00	132.50	32.13	2782.50	¥ 2,750.38
	人事部 汇总								¥ 6,368.58
1002	业务部	刘雪儿	1250	550	¥ 1,800.00	180.00	82.00	3780.00	¥ 3,698.00
1003	业务部	李红	1700	500	¥ 1,250.00	172.50	74.13	3622.50	¥ 3,548.38
1005	业务部	沈园	1150	400	¥ 1,600.00	157.50	58.38	3307.50	¥ 3,249.13
1007	业务部	李易安	1250	500	¥ 1,300.00	152.50	53.13	3202.50	¥ 3,149.38
1009	业务部	秦少游	1100	400	¥ 1,500.00	150.00	50.50	3150.00	¥ 3,099.50
	业务部 汇总								¥ 16,744.38
	总计								¥ 32,231.90

图 3.39 “分类汇总”结果

在“分类汇总”对话框中单击“全部删除”按钮，删除“分类汇总”的结果，回到原数据表。

3. 对工资表数据进行筛选

1）单列数据的筛选

筛选出“实发合计”最多的两个职工信息。

选定数据清单中的任意单元格，在“数据”选项卡中的“排序和筛选”组，单击“筛选”按钮，然后单击“实发合计”列标题右侧的下拉按钮，在弹出的下拉列表中依次选择“数字筛选”→“10 个最大值”选项，在弹出的“自动筛选前 10 个”对话框中进行如图 3.40 所示的设置，单击“确定”按钮，显示筛选结果。

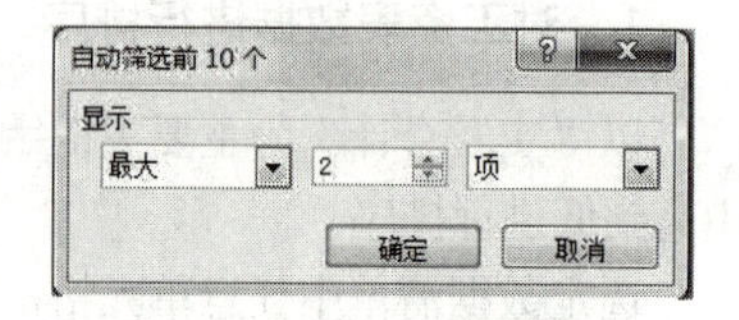

图 3.40 设置筛选条件

在“排序和筛选”选项组中单击“筛选”按钮，取消筛选结果，回到原数据表。

2）多列数据的筛选

筛选出“实发合计”在 2500～3000 元，并且“岗位津贴”在 400 元之上的职工信息。

① 使用“自定义筛选”方式进行。选定数据清单中的任意单元格，在“排序和筛选”选项组中单击“筛选”按钮，然后单击“实发合计”列标题右侧的下拉按钮，在弹出的下拉列表中依次选择“数字筛选”→“自动筛选”选项，在弹出的“自定义自动筛选方式”对话框中进行如图 3.41 所示的设置，单击“确定”按钮，显示筛选结果。

单击“岗位津贴”列标题右侧的下拉按钮，在弹出的下拉列表中依次选择“数字筛选”→“自动筛选”选项，在弹出的“自定义自动筛选方式”对话框中进行如图 3.42 所示的设置，单击“确定”按钮，显示筛选结果。

取消筛选结果，回到原数据表。

② 使用“高级筛选”方式进行。在 G15:I16 建立条件区域，输入如图 3.43 所示的筛选条件，选定数据清单任意单元格，在“排序和筛选”选项组中单击“高级”按钮，弹出如图 3.25 所示的“高级筛选”对话框，在该对话框的“列表区域”中设置选取 A2:J12 单元格区域，在“条件区域”中设置选取 G15:I16 单元格区域，单击“确定”按钮，显示筛选结果。

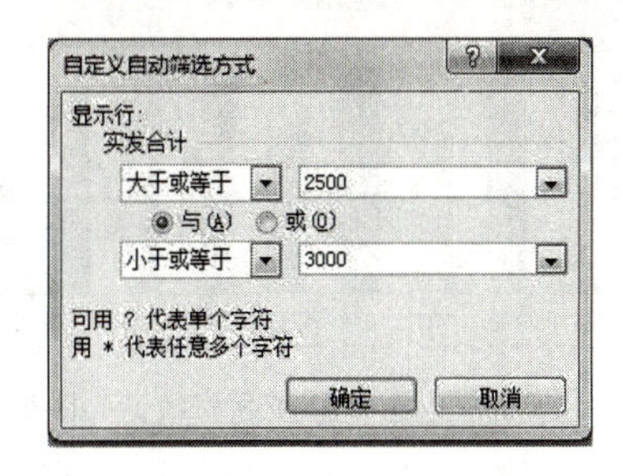

图 3.41　设置“实发合计”筛选条件

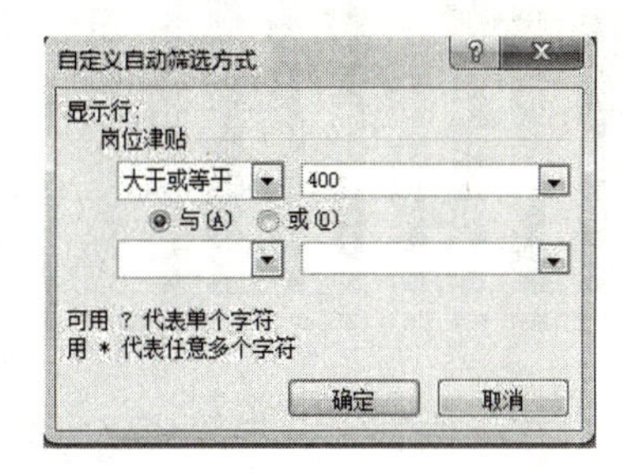

图 3.42　设置“岗位津贴”筛选条件

职工工资表

编号	部门	姓名	基本工资	岗位津贴	奖金	养老与医疗保险	个人所得税	应发合计	实发合计
1004	财务部	卓文君	1250	450	¥ 1,500.00	160.00	61.00	3360.00	¥ 3,299.00
1008	财务部	冷涛	1500	450	¥ 1,000.00	147.50	47.88	3097.50	¥ 3,049.63
1010	财务部	袁帅	960	350	¥ 1,360.00	133.50	33.18	2803.50	¥ 2,770.33
1001	人事部	汪洋	1500	520	¥ 1,500.00	176.00	77.80	3696.00	¥ 3,618.20
1006	人事部	谢咏絮	1150	400	¥ 1,100.00	132.50	32.13	2782.50	¥ 2,750.38
1002	业务部	刘雪儿	1250	550	¥ 1,800.00	180.00	82.00	3780.00	¥ 3,698.00
1003	业务部	李红	1700	500	¥ 1,250.00	172.50	74.13	3622.50	¥ 3,548.38
1005	业务部	沈园	1150	400	¥ 1,600.00	157.50	58.38	3307.50	¥ 3,249.13
1007	业务部	李易安	1250	500	¥ 1,300.00	152.50	53.13	3202.50	¥ 3,149.38
1009	业务部	秦少游	1100	400	¥ 1,500.00	150.00	50.50	3150.00	¥ 3,099.50

岗位津贴	实发合计	实发合计
>=400	<=3000	>=2500

图 3.43　设置条件区域

取消筛选结果，回到原数据表。

4．突出显示工资表数据

选定 F3:F12 单元格区域，在“开始”选项卡中的“样式”组，单击“条件格式”按钮，在弹出的下拉列表中依次选择“突出显示单元格规则”→“大于”选项，在弹出的“大于”对话框的文本框中输入“1500”，在“设置为”下拉列表中选择“浅红填充深红色文本”，单击“确定”按钮，即可突出显示奖金超过 1500 元的奖金金额。

3.2.5　职工工资图表

在“职工工资表”数据清单中，选定 C2:C12 和 I2:J12 单元格区域建立“簇状柱形图”，以“姓名”为 X 轴的项，统计每个职工“应发合计”和“实发合计”工资项的值，图表标题为“职工薪资统计图”，图例位置为顶部。

① 选定 C2:C12 单元格区域，按住 Ctrl 键的同时选定 I2:J12 单元格区域。在“插入”选项卡中的“图表”组，单击“柱形图”命令，选择“簇状柱形图”选项，在当前工作区创建了柱形图表，如图 3.44 所示。

② 选定图表，在“图表工具/布局”选项卡中的“标签”组，单击“图表标题”命令和“图例”命令，输入图表标题为“职工薪资统计图”，设置图例为顶部，如图 3.45 所示。

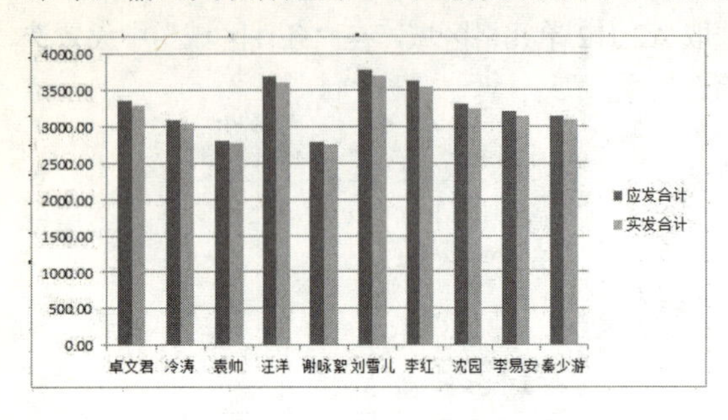

图 3.44 创建的柱形图表

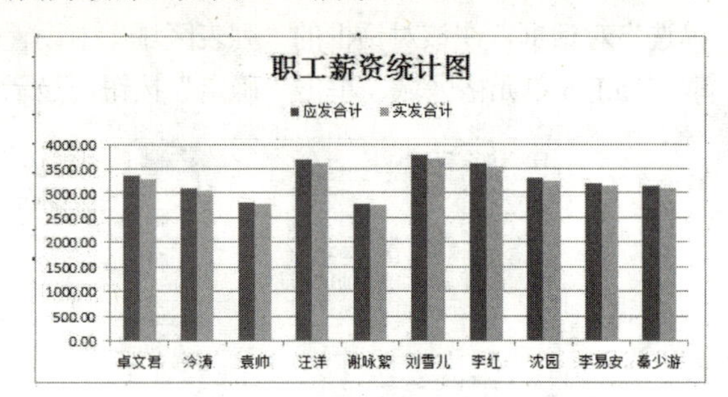

图 3.45 “职工薪资统计”图表

如果以“应发合计”和“实发合计”项为 X 轴的项，统计这两项薪资每个职工的对比图，选定图 3.44 所示的图表，在“图表工具/设计”选项卡中的“数据”组，单击“切换行/列”命令，生成如图 3.46 所示的图表。

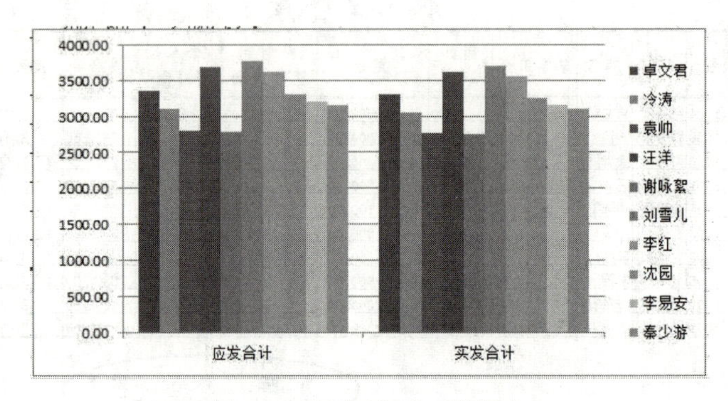

图 3.46 行和列切换后的图表

3.3 实训内容

3.3.1 制作学生成绩数据表

1. 实验目的

① 通过具体实例完成对工作簿的建立、打开、保存等的操作。

② 熟练掌握对工作表中各种数据类型的输入方法和技巧。

③ 掌握对工作表数据进行编辑与格式化处理。

2. 实验内容

1）启动 Excel 2010，新建工作簿文件

① 在 Sheet1 建立如图 3.47 所示的“考试成绩统计表”，“学号”列的数据通过填充句柄填充输入，并以“学生成绩表.xlsx”的文件名存盘。

② 将 Sheet1 标签改为“学生成绩表”，操作后结果为 学生成绩表 / Sheet2 / Sheet3 / 。

	A	B	C	D	E	F	G	H	I
1	考试成绩统计表								
2	学号	班级	姓名	第一次成绩	第二次成绩	第三次成绩	第四次成绩	总分	名次
3	0201501	自动161	王　娜	75	55	75	74		
4	0201502	自动162	赵小红	78	85	80	84		
5	0201503	自动163	刘　社	89	84	79	70		
6	0201504	自动161	李长胜	81	80	82	82		
7	0201505	自动162	董倩倩	83	90	84	71		
8	0201506	自动161	王力宏	74	68	76	58		
9	0201507	自动162	段小刚	66	87	70	54		
10	0201508	自动163	迟志鹏	90	95	90	88		
11									
12	平均分:								
13	最高分:								
14	最低分:								

图 3.47　考试成绩统计表

2）工作表的基本操作

① 用拖曳复制法将工作表“学生成绩表”复制到工作表 Sheet2 的前面，操作后的结果为 学生成绩表 / 学生成绩表（2）/ Sheet2 / Sheet3 /。

② 在工作表 Sheet3 之前插入一个空白工作表，操作后的结果为 学生成绩表 / 学生成绩表（2）/ Sheet2 / Sheet1 / Sheet3 /。

③ 删除刚刚插入的空白工作表 Sheet1。

3）单元格内容的基本操作

① 删除“学生成绩表(2)”工作表中的“总分”和“名次”两列。

② 删除“学生成绩表(2)”工作表中的第 7 行和第 8 行。

③ 在“学生成绩表(2)”工作表中，将单元格区域 A2:C5 复制到单元格区域 A16:C19。

④ 在“学生成绩表(2)”工作表中，将区域 A2:C5 的内容删除。

⑤ 删除“学生成绩表(2)”工作表。

⑥ 在“学生成绩表”工作表中，将“总分”改为“平均分”。

⑦ 在 I 列前插入新的一列，在 I2 单元格中输入“等级”。

⑧ 将 D2～G2 单元格文本分为二行显示，如图 3.48 所示。

⑨ 将第 3～14 行的行高值调整为“18”。

4）单元格数据的格式化

① 合并标题所在行的 A1:J1 区域，分别合并 A12:C12 区域、A13:C13 区域和 A14:C14 区域。

② 将所有单元格中的内容设置为水平方向和垂直方向为居中。

③ 自行设置工作表数据的字体、字号、字形、颜色及数据区的背景等。

④ 保存文件。“学生成绩表”初始设计结果如图 3.48 所示。

	A	B	C	D	E	F	G	H	I	J
1	考试成绩统计表									
2	学号	班级	姓名	第一次 成绩	第二次 成绩	第三次 成绩	第四次 成绩	平均分	等级	名次
3	0201501	自动161	王　娜	75	55	75	74			
4	0201502	自动162	赵小红	78	85	80	84			
5	0201503	自动163	刘　社	89	84	79	70			
6	0201504	自动161	李长胜	81	80	82	82			
7	0201505	自动162	董倩倩	83	90	84	71			
8	0201506	自动161	王力宏	74	68	76	58			
9	0201507	自动162	段小刚	66	87	70	54			
10	0201508	自动163	迟志鹏	90	95	90	88			
11										
12	平均分:									
13	最高分:									
14	最低分:									

图 3.48　“学生成绩表”初始设计结果

3.3.2 学生成绩的计算和数据管理

1. 实验目的

① 掌握插入公式和函数的运算技巧。

② 熟练掌握边框的设置方法。

③ 熟练掌握数据的排序、筛选和分类汇总操作。

2. 实验内容

1）打开文件

启动 Excel 2010，打开“学生成绩表.xlsx”工作簿文件。

2）学生成绩的计算

（1）在 H3 单元格通过 AVERAGE 函数计算出第一个学生的平均分，然后拖动填充句柄复制公式，完成所有学生平均分的计算。

（2）在 I3 单元格通过 IF 函数计算出第一个学生的成绩等级值，规则如下。

H3 单元格中的值	I3 单元格显示的内容
H3≥90	优秀
60≤H3＜90	合格
H3＜60	不合格

然后拖动填充句柄复制公式，完成所有学生的成绩等级值的计算。

（3）在 J3 单元格通过 RANK 函数根据“平均分”计算第一个学生的成绩排位，然后拖动填充句柄复制公式，完成所有学生成绩排位的计算。

（4）在 D12 单元格通过 AVERAGE 函数计算第一次成绩的平均值，然后拖动填充句柄复制公式，完成所有次成绩平均分的计算。

（5）在 D13 单元格通过 MAX 函数计算第一次成绩的最高分，然后拖动填充句柄复制公式，完成所有次成绩最高分的计算。

（6）在 D14 单元格通过 MIN 函数计算第一次成绩的最低分，然后拖动填充句柄复制公式，完成所有次成绩最低分的计算。

（7）设置所有公式所在单元格数值保留到整数。

3）设置突出显示数据

在 D3:G10 单元格区域设置低于 60 分的成绩值突出显示。

4）设置表格边框线

按如图 3.49 所示的样文为表格设置相应的边框格式，对 4 个数据列中的单元格设置左上角加黑色框线，右下角加白色框线，以体现凹面效果。

5）数据管理

（1）排序。

① 按“平均分”降序排列学生数据，将 A1:J11 单元格区域复制到 Sheet2 工作表中，在“学生成绩表”工作表中取消排序恢复原数据表内容。

② 以“第一次成绩”为主要关键字、“第二次成绩”为次要关键字、“第三次成绩”为第三关键字，“第四次成绩”为第四关键字对表中数据由高到低进行排序，排序结果如图 3.50 所示。将 A1:J11 单元格区域复制到 Sheet2 工作表中，在“学生成绩表”工作表中取消排序恢复原数据表内容。

考试成绩统计表									
学号	班级	姓名	第一次成绩	第二次成绩	第三次成绩	第四次成绩	平均分	等级	名次
0201501	自动161	王 娜	75	55	75	74	70	合格	6
0201502	自动162	赵小红	78	85	80	84	82	合格	3
0201503	自动163	刘 社	89	84	79	70	81	合格	5
0201504	自动161	李长胜	81	80	82	82	81	合格	4
0201505	自动162	董倩倩	83	90	84	71	82	合格	2
0201506	自动161	王力宏	74	68	76	58	69	合格	8
0201507	自动162	段小刚	66	87	70	54	69	合格	7
0201508	自动163	迟志鹏	90	95	90	88	91	优秀	1
	平均分：		80	81	80	73			
	最高分：		90	95	90	88			
	最低分：		66	55	70	54			

图 3.49　学生成绩表（最终表）

考试成绩统计表									
学号	班级	姓名	第一次成绩	第二次成绩	第三次成绩	第四次成绩	平均分	等级	名次
0201508	自动163	迟志鹏	90	95	90	88	91	优秀	1
0201503	自动163	刘 社	89	84	79	70	81	合格	5
0201505	自动162	董倩倩	83	90	84	71	82	合格	2
0201504	自动161	李长胜	81	80	82	82	81	合格	4
0201502	自动162	赵小红	78	85	80	84	82	合格	3
0201501	自动161	王 娜	75	55	75	74	70	合格	6
0201506	自动161	王力宏	74	68	76	58	69	合格	8
0201507	自动162	段小刚	66	87	70	54	69	合格	7

图 3.50　排序后结果

（2）分类汇总。

① 按“班级”分类，对“平均分”汇总求平均，执行结果如图 3.51 所示。

考试成绩统计表									
学号	班级	姓名	第一次成绩	第二次成绩	第三次成绩	第四次成绩	平均分	等级	名次
0201501	自动161	王 娜	75	55	75	74	70	合格	8
0201504	自动161	李长胜	81	80	82	82	81	合格	4
0201506	自动161	王力宏	74	68	76	58	69	合格	10
自动161 平均值							73		
0201502	自动162	赵小红	78	85	80	84	82	合格	3
0201505	自动162	董倩倩	83	90	84	71	82	合格	2
0201507	自动162	段小刚	66	87	70	54	69	合格	9
自动162 平均值							78		
0201503	自动163	刘 社	89	84	79	70	81	合格	5
0201508	自动163	迟志鹏	90	95	90	88	91	优秀	1
自动163 平均值							86		
总计平均值							78		

图 3.51　分类汇总结果

② 把汇总结果区域复制到 Sheet3 工作表中，在“学生成绩表”工作表中删除“分类汇总”结果，回到原数据表。

（3）筛选。

① 筛选出“平均分”成绩最好的 5 名学生信息。

② 筛选出“第一次成绩”和“第二次成绩”都是 80 分以上的学生信息。

③ 筛选出“第一次成绩”或“第二次成绩”是 80 分以上的学生信息。

④ 筛选出“平均分”在 80～100 分之间的学生信息。

⑤ 将筛选后的结果复制到一个新的工作表中，取消所定义的筛选条件，回到原数据表。

⑥ 保存文件。

3.3.3　制作学生成绩统计图表

1. 实验目的

① 熟悉图表类型及其含义。

② 掌握在 Excel 工作簿中插入图表的方法。

③ 掌握对图表进行编辑的方法。

④ 学会在各种不同图表中的转换。

⑤ 学会迷你图的创建方法。

2. 实验内容

1）生成图表

对数据清单中单元区域 C2:G10 的数据生成折线图，“图表标题”为“考试成绩折线图”。分类轴标题为“次数”，数值轴标题为“成绩”，生成嵌入式图表，如图 3.52 所示。

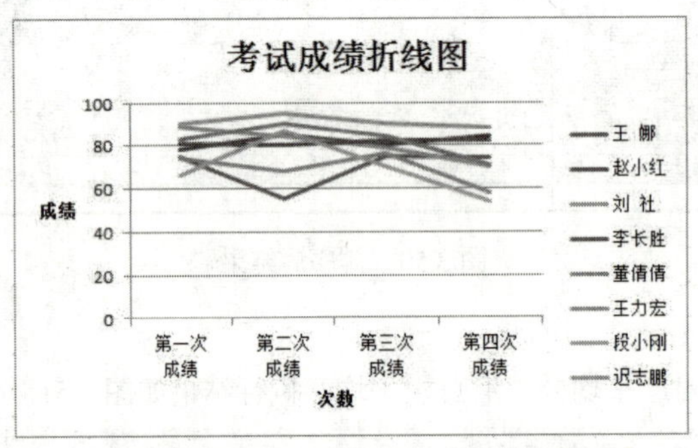

图 3.52　学生考试成绩表折线分析图

2）图表的简单修饰

① 设置图表标题的字体为“华文新魏”，字号为“24”。

② 设置分类轴、图例等文字和数据部分的字体、字号和相对位置。例如，把绘图区适当调高，把图例的位置调到图的下方等。

③ 调整数值轴刻度值。设置刻度最小值为“50”，数值轴标签文本为“宋体”、“加粗”、9 号字。分类轴标签文本的字体也如此设置。

调整各部分后的图表如图 3.53 所示。

④ 将“图表类型”修改为柱状，如图 3.54 所示。

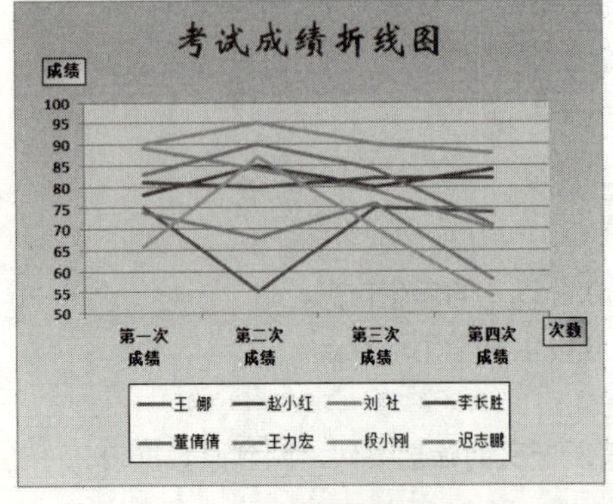

图 3.53　调整后的图表

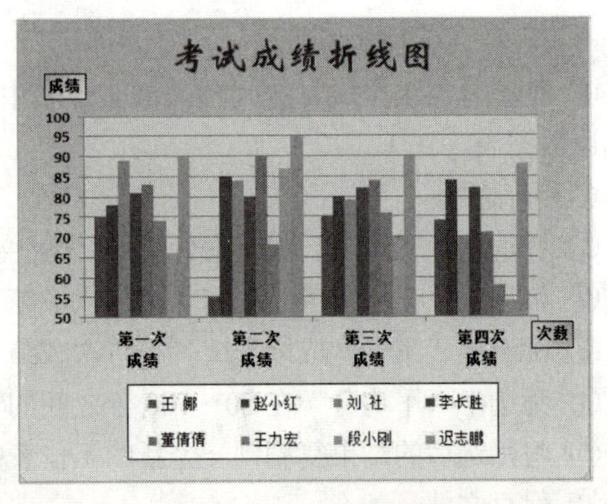

图 3.54　考试成绩的柱状图

⑤ 在如图 3.54 所示的图表中删除系列“王娜”、“赵小红”和“刘壮”，结果如图 3.55 所示。

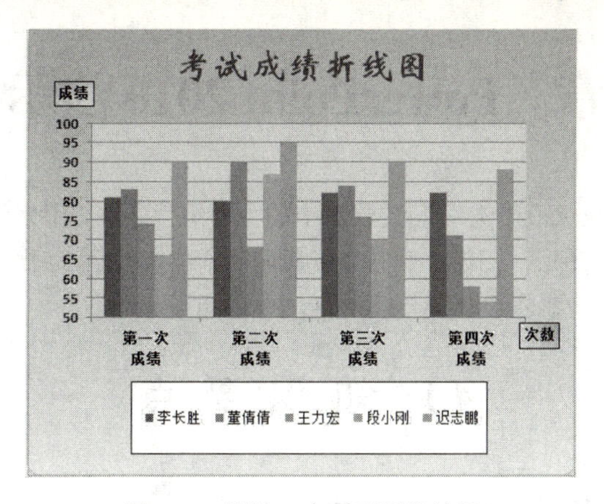

图 3.55　删除 3 个系列后的结果

3）迷你图

为每一次成绩创建迷你图。在 D11 单元格插入一个折线迷你图，然后拖动填充句柄复制迷你图，完成所有次成绩迷你图的创建，如图 3.56 所示。

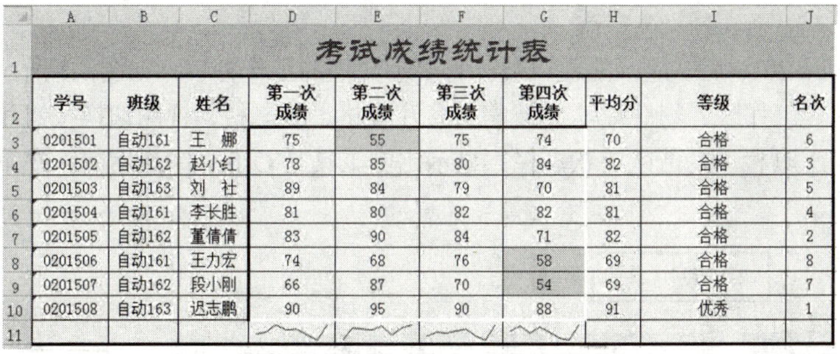

	A	B	C	D	E	F	G	H	I	J
1	考试成绩统计表									
2	学号	班级	姓名	第一次成绩	第二次成绩	第三次成绩	第四次成绩	平均分	等级	名次
3	0201501	自动161	王 娜	75	55	75	74	70	合格	6
4	0201502	自动162	赵小红	78	85	80	84	82	合格	3
5	0201503	自动163	刘 社	89	84	79	70	81	合格	5
6	0201504	自动161	李长胜	81	80	82	82	81	合格	4
7	0201505	自动162	董倩倩	83	90	84	71	82	合格	2
8	0201506	自动161	王力宏	74	68	76	58	69	合格	8
9	0201507	自动162	段小刚	66	87	70	54	69	合格	7
10	0201508	自动163	迟志鹏	90	95	90	88	91	优秀	1
11										

图 3.56　迷你图的设置结果

第 4 章 PowerPoint 2010 演示文稿

PowerPoint 2010 是 Office 2010 办公套装软件中的主要组件之一，用来创建动态演示文稿，利用它能够制作出集文字、图表、图形、图像、声音及视频剪辑等多媒体元素于一体的演示文稿，并且可以设置多种播放方式，是演讲、教学及产品展示等活动中的重要工具。

4.1 知 识 要 点

4.1.1 PowerPoint 2010 基础

1. PowerPoint 2010 的启动与退出

PowerPoint 2010 的启动与退出的方法类似于 Word 2010，请参照第 2 章的相关方法。

2. 工作窗口

启动 PowerPoint 2010 后，显示的窗口被称为演示文稿的工作窗口，如图 4.1 所示，主要有快速访问工具栏、功能区、工作区、幻灯片/大纲窗格、备注窗格、状态栏、视图切换按钮和显示比例工具组成。其中快速访问工具栏、功能区、状态栏、显示比例工具是 Office 中通用的，在第 2 章中已经介绍过，此处不再介绍。

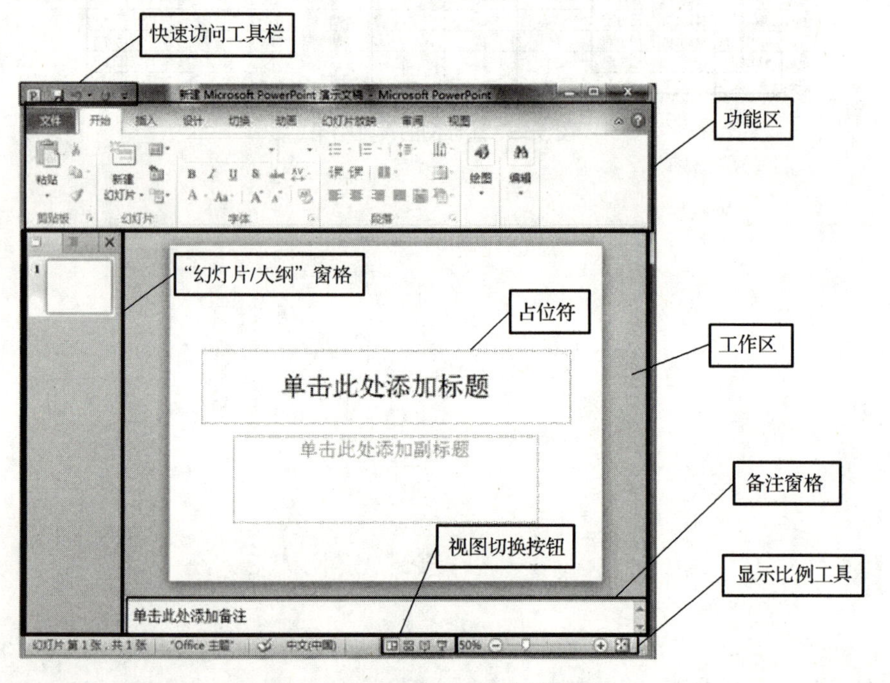

图 4.1 PowerPoint 2010 的工作窗口

1）工作区

工作区是编辑幻灯片的区域，不同视图下工作区的组成有所不同。例如，普通视图下工作区一般分为幻灯片预览窗格、幻灯片设计窗格和备注窗格 3 个窗格。

2）视图切换按钮

视图切换按钮提供了 4 种视图按钮，用来实现普通视图、幻灯片浏览视图、阅读视图和幻灯片放映视图之间的切换。

3. 演示文稿的基本操作

演示文稿就是利用 PowerPoint 2010 生成的文件，其文件扩展名为.pptx。一份完整的演示文稿是由若干幻灯片组合而成的，每张幻灯片都是演示文稿中既相互独立又相互联系的内容，在幻灯片中可以插入文字、图片、动画等丰富的内容。幻灯片是演示文稿的核心部分。

1）创建演示文稿

利用 PowerPoint 2010 创建一个新的演示文稿通常有两种方式：创建空白演示文稿；使用系统的模板和主题或者用户自定义的模板创建基于模板或者主题格式的演示文稿。

① 建立空白演示文稿。如果要建立具有自己风格和特色的幻灯片，可以从空白的演示文稿开始设计。新建空白演示文稿的方法有很多，下面介绍几种常用的方法。

方法 1：启动 PowerPoint 2010 后，系统会自动创建一个空白演示文稿。

方法 2：利用“快速启动工具栏”的“新建”按钮创建一个空白演示文稿。

方法 3：按 Ctrl+N 组合键创建空白演示文稿。

方法 4：执行“文件”→“新建”命令，弹出如图 4.2 所示的窗口，在其右侧的“可用的模板和主题”中单击“空白演示文稿”选项，再单击“创建”按钮，或者直接双击“空白演示文稿”选项，都即可创建一个空白的演示文稿。

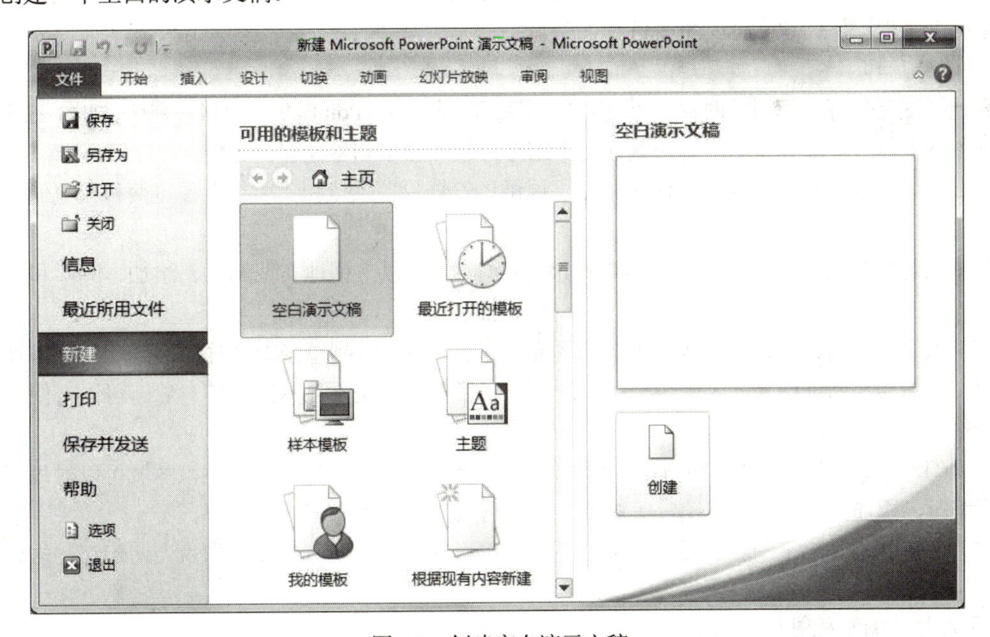

图 4.2 创建空白演示文稿

② 使用主题创建演示文稿。主题规定了演示文稿的母版、配色、文字格式和效果等设置。使用主题方式，可以简化演示文稿风格设计的大量工作，快速创建所选主题的演示文稿。

执行“文件”→“新建”命令，在弹出的窗口右侧的“可用的模板和主题”中选择“主题”选项，在随后弹出的列表中选择一个主题，单击右侧的“创建”按钮，或直接双击列表中的某主题。

③ 使用模板创建演示文稿。模板是预先设计好的演示文稿样本，包括多张主题相同的幻灯片，以保证整个演示文稿外观的统一。使用模板方式不需要完全从头开始制作，只需要修改幻灯片内容，极大地提高了制作效率。

执行“文件”→“新建”命令，在弹出的窗口右侧的“可用的模板和主题”中选择“样本模板”选项，在随后弹出的列表中选择一个模板，单击右侧的“创建”按钮，或直接双击列表中的某模板。

④ 使用“Office.com 模板”创建演示文稿。如果“样本模板”没有符合要求的模板，可以从 Office.com 网站下载。在联网的情况下，执行“文件”→“新建”命令，在弹出的窗口下方的“Office.com 模板”列表中选择一个模板，系统将下载同类模板并显示，从中选择一个模板后单击右侧的“创建”按钮即可。

⑤ 用现有的演示文稿创建演示文稿。如果新建文稿与已经存在的演示文稿类似，执行“文件”→“新建”命令后，在弹出的窗口右侧的“可用的模板和主题”中选择“根据现有内容创建”选项，在弹出的对话框中选择目标演示文稿后，单击右侧的“创建”按钮即可。

2）保存、打开和关闭演示文稿

演示文稿的保存、打开和关闭方式有多种，具体使用方法类似 Word 文档的保存、打开和关闭方法，此处不再介绍。

4．视图切换

PowerPoint 2010 的演示文稿视图一般包括普通视图、幻灯片浏览视图、备注页视图、阅读视图和幻灯片放映视图 5 种，视图决定了演示文稿的显示方式。视图的切换可以单击“视图切换按钮”来实现，或单击“视图”选项卡中的命令进行切换。

1）普通视图

普通视图是幻灯片编辑的时候最常使用的视图，也是 PowerPoint 2010 的默认视图，如图 4.1 所示。普通视图下工作区一般分为幻灯片预览窗格、幻灯片设计窗格和备注窗格 3 个。

（1）幻灯片预览窗格，位于工作区左侧，提供“幻灯片”预览和“大纲”预览两种预览幻灯片的方式。其中：

①“幻灯片”预览：是用缩略图的方式预览幻灯片，可以方便地实现浏览、添加、删除和排列幻灯片。

②“大纲”预览：是以文本大纲的方式预览幻灯片，可以看到每张幻灯片的标题和文字内容，并且按照文字的层次缩进排列，大标题、小标题等一目了然，但是不显示图形等对象，可以方便地编辑和整理幻灯片的文字内容。

（2）幻灯片设计窗格，是编辑和设计幻灯片的主要区域，在工作区中，在该区域可以对每张幻灯片进行编辑，添加文字、图形、图片等对象，进行格式的设置等操作。

（3）备注窗格，位于幻灯片设计窗格的下方，可以在此添加备注信息，作为当前幻灯片内容的补充或者说明。

2）幻灯片浏览视图

在幻灯片浏览视图中，一屏可以同时显示多张幻灯片缩略图，可以直观地观察整个演示文稿的结构，如图 4.3 所示。在该视图模式下，不能编辑幻灯片中的具体内容，但可以调整幻灯片的顺序、插入、删除、复制和移动幻灯片等操作。

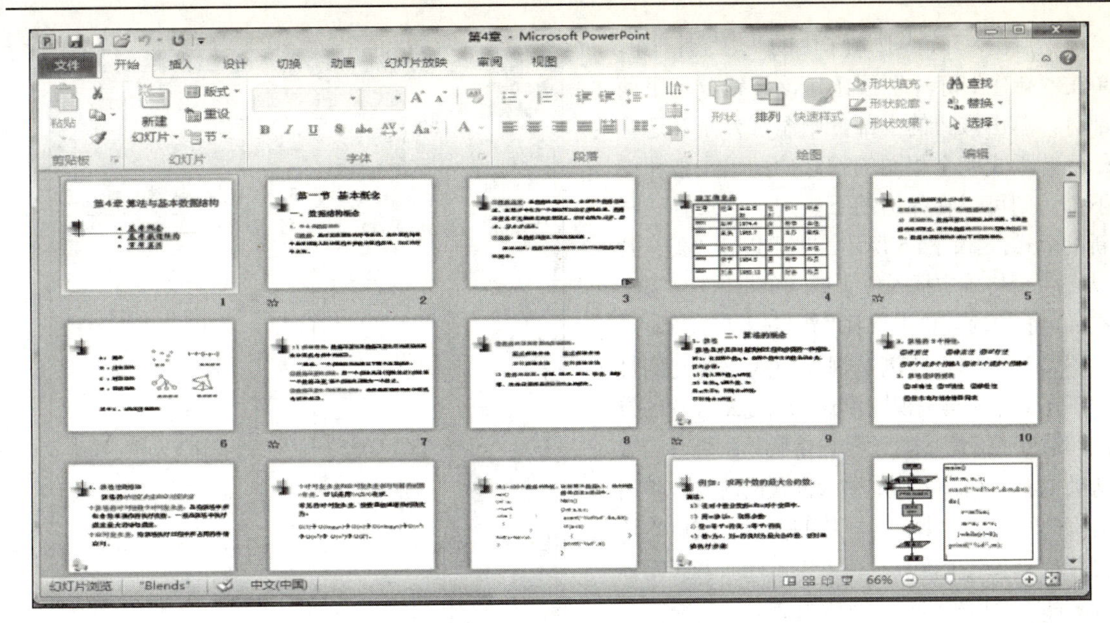

图 4.3 “幻灯片浏览视图”界面

3）备注页视图

在备注页视图中，幻灯片和备注窗格上下排列，如图 4.4 所示，在该模式下可以方便地编辑和格式化备注窗格中的内容，除了可以录入文本外，还可以插入表格、图表、图片等对象，这些对象在其他视图中是不会显示的。

4）阅读视图

幻灯片放映时默认为全屏放映，使用阅读视图在放映的时候出现的是窗口，可以将演示文稿作为适应窗口大小的幻灯片放映查看，在页面上单击，即可翻到下一页。

5）幻灯片放映视图

幻灯片放映视图用来展示演示文稿的播放效果，如图形、音频、视频和动画等。

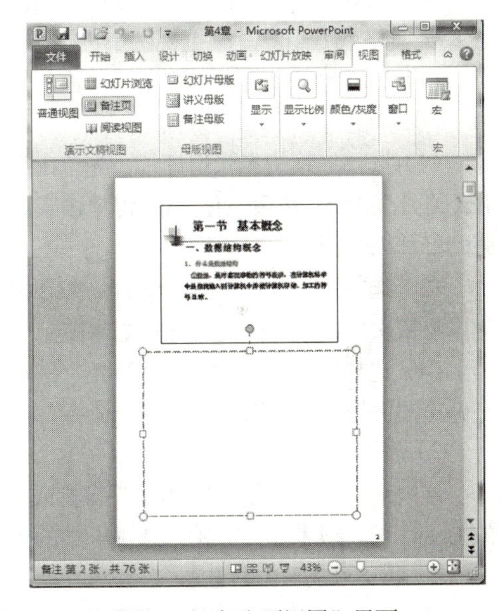

图 4.4 “备注页视图”界面

4.1.2 幻灯片的设计

1. 幻灯片的基本操作

一个演示文稿是由若干张幻灯片组成的，在 PowerPoint 中，所有的文本、动画和图片等对象都在幻灯片中设置。

1）新建幻灯片

一个完整的演示文稿是通过不断地添加一张张新的幻灯片形成的。

（1）通过“幻灯片/大纲”窗格新建幻灯片。首先选定幻灯片的插入位置，插入位置的确定通常有两种方式：一种是在“幻灯片/大纲”窗格中选定一张幻灯片，则新幻灯片的插入位置就是该幻灯片的下一个位置；另一种是直接单击上下两张幻灯片之间的空白区域，则光标插入点所在的位置就是新幻灯片的插入位置。

然后在“开始”选项卡中的“幻灯片”组，单击“新建幻灯片”按钮，该按钮分上下两部分，单击按钮的上部，则添加一个和选定幻灯片版式完全相同的幻灯片；单击按钮的下部，则可以在弹出的下拉列表中选择一种新的版式，如图 4.5 所示。也可以在“幻灯片/大纲”窗格确定插入位置后，单击鼠标右键，在弹出的快捷菜单中选择“新建幻灯片”命令。

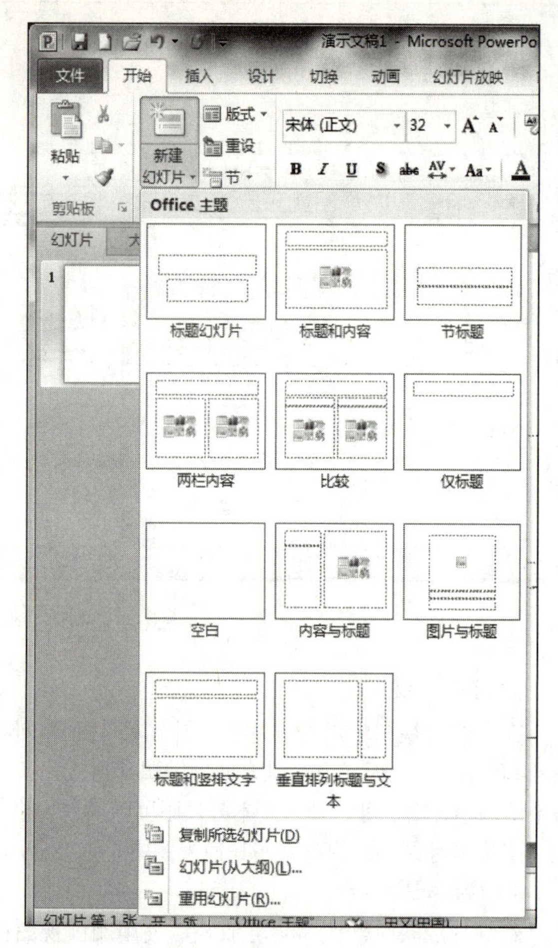

图 4.5 “新建幻灯片”界面

（2）在幻灯片浏览视图模式下新建幻灯片。在幻灯片浏览视图模式下新建幻灯片的方法和通过“幻灯片/大纲”窗格新建幻灯片的方法类似。只不过在确定插入位置的时候，单击选定的幻灯片，则新幻灯片的插入位置就是该幻灯片的下一个位置，或者单击左右两张幻灯片之间的空白处来选定插入位置。

2）选择幻灯片

选择幻灯片，一般在普通视图的“幻灯片/大纲”窗格或者幻灯片浏览视图中进行。

（1）选择单张幻灯片：用鼠标单击幻灯片缩略图。

（2）选择连续的多张幻灯片：先单击第一张幻灯片缩略图，然后按住 Shift 键单击最后一张幻灯片缩略图。

（3）选择不连续的多张幻灯片：按住 Ctrl 键，再依次单击要选择的幻灯片缩略图。

（4）选择所有幻灯片：在“开始”选项卡中的“编辑”组，单击“选择”按钮右侧的下拉按钮，在弹出的下拉列表中选择“全选”命令。

3）删除幻灯片

在普通视图的“幻灯片/大纲”窗格或者幻灯片浏览视图中，选中要删除的幻灯片，然后按键盘上的 Delete 键，或者在“开始”选项卡中的“编辑”组，单击“删除幻灯片”按钮。

4）移动或复制幻灯片

通常在幻灯片浏览视图模式下或者普通视图模式下的“幻灯片/浏览”窗格中进行幻灯片的移动或复制操作。

选定源幻灯片，鼠标指针移到该幻灯片上并按住鼠标左键拖动，此时在视图中将出现一条虚线用于标识目标位置，释放鼠标左键实现幻灯片的移动，按住 Ctrl 键拖动鼠标，实现幻灯片的复制，也可以采用剪贴（复制）和粘贴的方法实现。

5）重设幻灯片

如果想取消或者修改幻灯片的样式，则可使用“重设幻灯片”操作。选定要修改的幻灯片，单击鼠标右键，在弹出的快捷菜单中选择“重设幻灯片”命令，即可将幻灯片恢复到初始样式状态。

2. 幻灯片中对象的编辑

PowerPoint 2010 演示文稿中不仅包含文本，还可以插入形状与图片、表格与图表、声音与视频及艺术字等媒体对象，充分合理地使用这些对象，可以使演示文稿达到意想不到的效果。

1）占位符

PowerPoint 中是不能直接将文字输入到幻灯片中的，这就需要用到占位符。占位符是由虚线或者影线标记边框的框，里面有提示文字，允许用户输入内容，这些内容可以是文本、表格、图片等对象。占位符相当于一个文本框，用于放置幻灯片中的文本及将文本划分为区域并在幻灯片中任意排列。

选定占位符后就可以对占位符进行删除、移动和复制等操作。占位符的大小可以通过拖动四周的尺寸柄来调整。如果幻灯片中有多个占位符需要对齐，在“绘图工具/格式”选项卡中的“排列”组，单击“对齐”命令实现；如果想改变占位符的方向，在“绘图工具/格式”选项卡中的“排列”组，单击“旋转”命令实现。

占位符的插入是在幻灯片母版视图中实现的，详细操作流程请参见设置幻灯片母版的相关内容。

2）插入文本框、图片、表格、公式、图表和艺术字

通过“插入”选项卡中的相关命令，可以实现文本框、图片、表格、公式、图表和艺术字的插入。这些对象的编辑方法与 Word 相同，此处不再介绍。

3）插入和编辑音频对象

（1）插入音频对象。插入音频文件通常是为播放增加的音效或者设置背景音乐，也可以是自己录制的旁白。

在“插入”选项卡中的“媒体”组，单击“音频”按钮的下拉按钮，在弹出的下拉列表中选择音频的来源，如图 4.6 所示。如果设置背景音乐，在弹出的下拉列表中选择“文件中的音频”选项，在弹出的对话框中选择要插入的文件即可，如果在弹出的下拉列表中选择“录制音频”选项可以录制旁白。

幻灯片中插入声音后，幻灯片中会出现声音图标，还会出现浮动声音控制栏，单击控制栏上的“播放”按钮，即可预览声音效果。外部的声音文件包括 MP3 文件、WAV 文件、WMA 文件等。

（2）编辑音频对象。在“音频工具/播放”选项卡中的“编辑”组，单击“剪裁音频”命令，弹出“剪裁音频”对话框，如图 4.7 所示。拖动左端的绿色标记可以重新确定播放的起始位置，拖动右端的红色标记可以设置播放的终止位置。

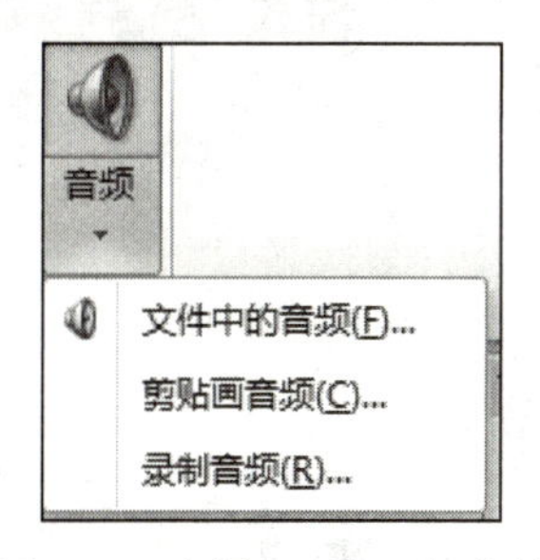

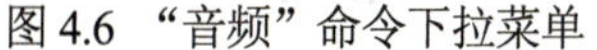

图 4.6 “音频”命令下拉菜单

图 4.7 “裁剪音频”对话框

音频的播放方式可以利用“音频工具/播放”选项卡中的“音频选项”组相关命令来完成，如图 4.8 所示。单击“开始”右边的下拉按钮，在弹出的下拉列表中有 3 种播放方式可以选择。其中：

① 自动：在幻灯片开始放映时自动播放，直到音频结束。

② 单击时：只有单击音频图标或者启动声音的按钮的时候才开始播放。

③ 跨幻灯片播放：如演示文稿包含多张幻灯片，幻灯片切换的时候音频的播放也会持续，不会中断。

如果音频文件是背景音乐，通常选择“跨幻灯片播放”，并选中“循环播放，直到停止”和“放映时隐藏”复选框。

4）插入和编辑视频对象

在“插入”选项卡中的“媒体”组，单击“视频”命令的下方的下拉按钮，在弹出的下拉列表中选择视频的来源，如图 4.9 所示。

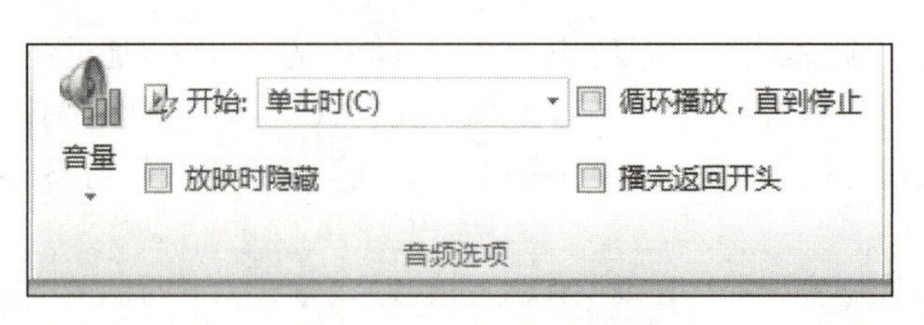

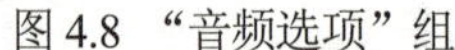
图 4.8 “音频选项”组

图 4.9　插入视频菜单

插入视频文件后，在“视频工具/播放”选项卡中的“编辑”组，单击“剪裁视频”命令，弹出“剪裁视频”对话框，实现视频的剪裁，具体实现方法和音频的剪裁类似，此处不再介绍。

PowerPoint 2010 支持的视频文件包括 SWF、ASF、AVI、MPG/MPEG、WMV 等格式。

5）编辑 SmartArt 图形

SmartArt 图形是 PowerPoint 2010 提供的新功能，是一种智能化的矢量图形，它是已经组合好的文本框和形状、线条。利用 SmartArt 图形可以快速形成列表、流程图、循环及层次结构的图形。

（1）插入 SmartArt 图形。

方法 1：插入新幻灯片并选择“标题和内容”版式（或其他具有内容区占位符的版式），单击内容区“插入 SmartArt 图形”图标，弹出“选择 SmartArt 图形”对话框，如图 4.10 所示，选择所需要的类型，单击需要插入的图形即可。例如，选中第一行的第三个图形，则打开如图 4.11 所示的编辑界面。

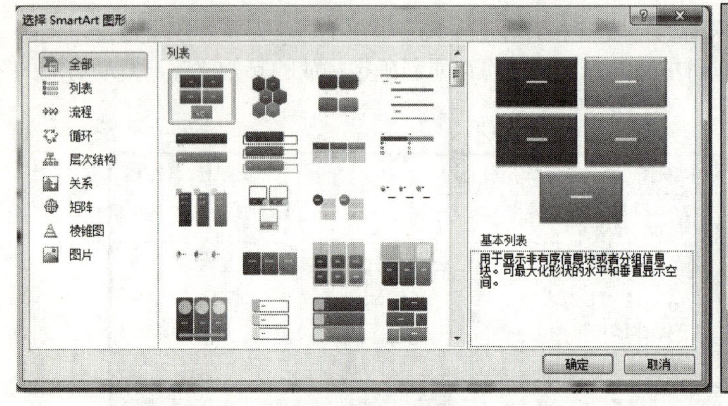

图 4.10 “选择 SmartArt 图形”对话框

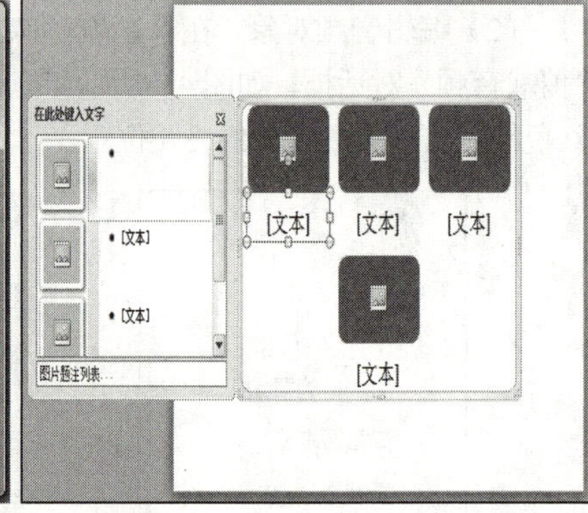

图 4.11　SmartArt 图形编辑界面

方法 2：选定幻灯片，在“插入”选项卡中的“插图”组，单击“SmartArt”命令，弹出“选择 SmartArt 图形”对话框。

（2）编辑 SmartArt 图形。选定 SmartArt 图形的某一形状，在功能区上出现“SmartArt 工具/设计”和“SmartArt 工具/格式”选项卡，在“SmartArt 工具/设计”中的“创建图形”组，单击“添加图形”

命令，在所选形状的后面添加一个相同的形状。

如果要在 SmartArt 图形中输入文本，可以在图形上方的“在此输入文字”窗格输入，也可以单击图形界面的“[文本]”直接输入，有的图形没有“[文本]”标志，如果要输入文本可以单击鼠标右键，在弹出的快捷菜单中选择“编辑文字”命令，同样能实现文本的输入。

如果图形中有图片标记，单击图形就可以弹出“插入图片”对话框，双击要插入的文件即可插入图片。

对 SmartArt 图形中文本的格式设置可以通过“SmartArt 工具/格式”选项卡相关命令完成。

3. 用“节”来管理幻灯片

“节”是 PowerPoint 2010 中新增的功能，使用“节”可以实现对幻灯片的快速导航，也可以对不同的节的幻灯片设置不同的背景和主题等。

1）新增节

默认情况下，每个演示文稿只有一个节，默认名称为“默认节”。如果需要新增节需要在“幻灯片/大纲”窗格中选择要分节的幻灯片，在“开始”选项卡中的“幻灯片”组，单击“节”命令，在弹出的下拉列表中选择“新增节”选项，新增的节的标题默认为“无标题节”，如图 4.12 所示，或选定要分节的幻灯片，单击鼠标右键，在弹出的快捷菜单中选择“新增节”命令。

2）编辑节

选定节标题名称，在“开始”选项卡中的“幻灯片”组，单击“节”按钮，在弹出的下拉列表中选择相关的命令，实现节标题的重命名、删除、折叠和展开等操作。演示文稿折叠后的效果如图 4.13 所示，节标题后面的数字表示节中包含的幻灯片数量。单击节标题左边的三角形按钮，实现对节的展开和折叠。

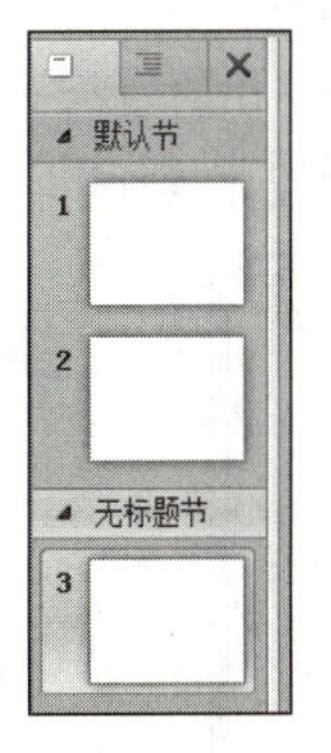

图 4.12　新增节

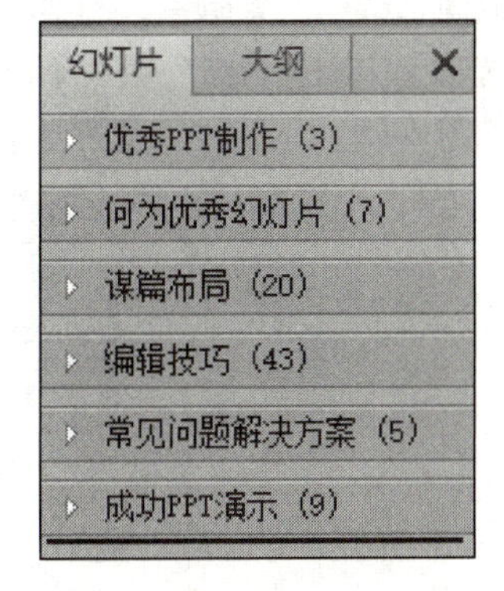

图 4.13　折叠后的节标题

4.1.3　修饰幻灯片的外观

幻灯片的外观修饰主要包括背景、主题设计等。采用应用主题样式和设置幻灯片背景等方法使所有幻灯片具有一定的外观。

1. 使用主题统一演示文稿的风格

主题是一组设置好的颜色、字体和图形外观效果的集合，使用主题可以简化专业设计师水准的演示文稿的创建过程，使演示文稿具有统一的风格。

在“设计”选项卡中的“主题”组，显示了部分主题列表，如图 4.14 所示。鼠标移到某主题，就会显示该主题的名称，单击该主题，则系统按所选主题的颜色、字体和图形外观效果修饰演示文稿。

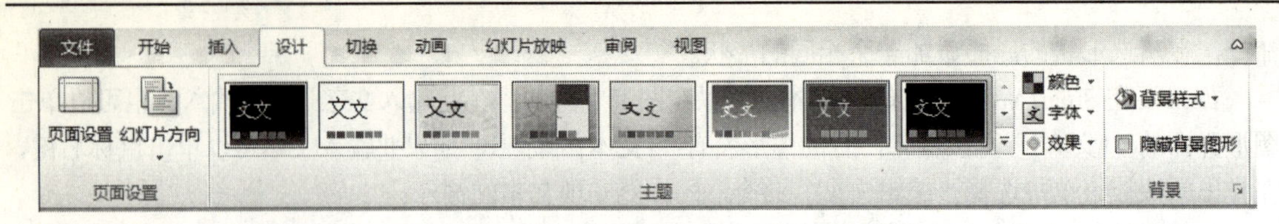

图 4.14 “设计”选项卡中的“主题”组

如果将主题应用到部分幻灯片，需要在选定幻灯片后，右击该主题，在弹出的快捷菜单中选择“应用于选定幻灯片”命令即可。

2. 幻灯片背景的设置

幻灯片的背景对幻灯片放映的效果起着重要的作用，背景设置包括颜色、图案和纹理的设置和调整。

1）改变背景样式

PowerPoint 的每个主题提供了 12 种背景样式，可以改变所有幻灯片的背景，也可以改变部分幻灯片的背景。

在“设计”选项卡中的“背景”组，单击“背景样式”按钮右侧的下拉按钮，在弹出的列表中选择某种样式，则演示文稿所有幻灯片均采用该背景样式。如果将背景样式应用到部分幻灯片，需要在选定幻灯片后，右击该背景样式，在弹出的快捷菜单中选择“应用于选定幻灯片”命令即可。

如果不想显示选中的应用主题样式中的图形，可以在“背景”组中选中“隐藏背景图形”复选框，则使用的主题中的背景图形就会隐藏不会显示了。

2）设置背景格式

设置背景格式包括改变背景颜色、图案填充、纹理填充和图片填充。

在“设计”选项卡中的“背景”组，单击“背景样式”按钮，在弹出的列表中选择“设置背景格式”命令，弹出如图 4.15 所示的“设置背景格式”对话框，在此对话框中进行相关的设置即可。

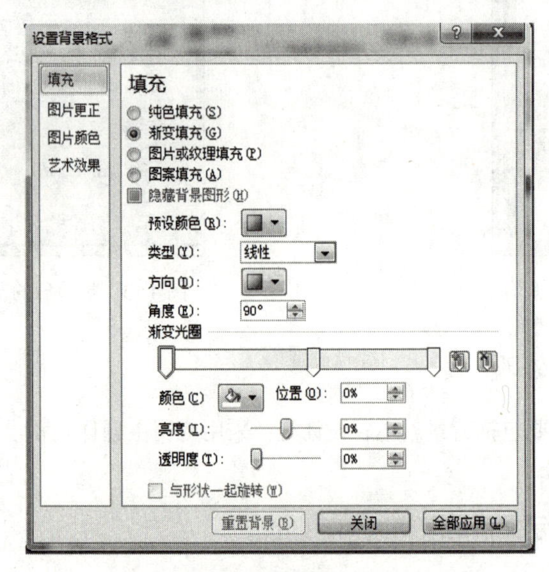

图 4.15 “设置背景格式”对话框

3. 幻灯片母版

母版主要用来定义演示文稿中所有幻灯片的格式，通常包含幻灯片文本和页脚（如日期、时间和幻灯片编号）等占位符，这些占位符，控制了幻灯片的字体、字号、颜色（包括背景色）、阴影和项目符号样式等版式要素。

PowerPoint 2010 的母版通常包括幻灯片母版、讲义母版、备注母版 3 种形式。

1）幻灯片母版

（1）打开“幻灯片母版”视图。在“视图”选项卡中的“母版视图”组，单击“幻灯片母版”按钮，系统会切换到“幻灯片母版”视图，如图 4.16 所示。

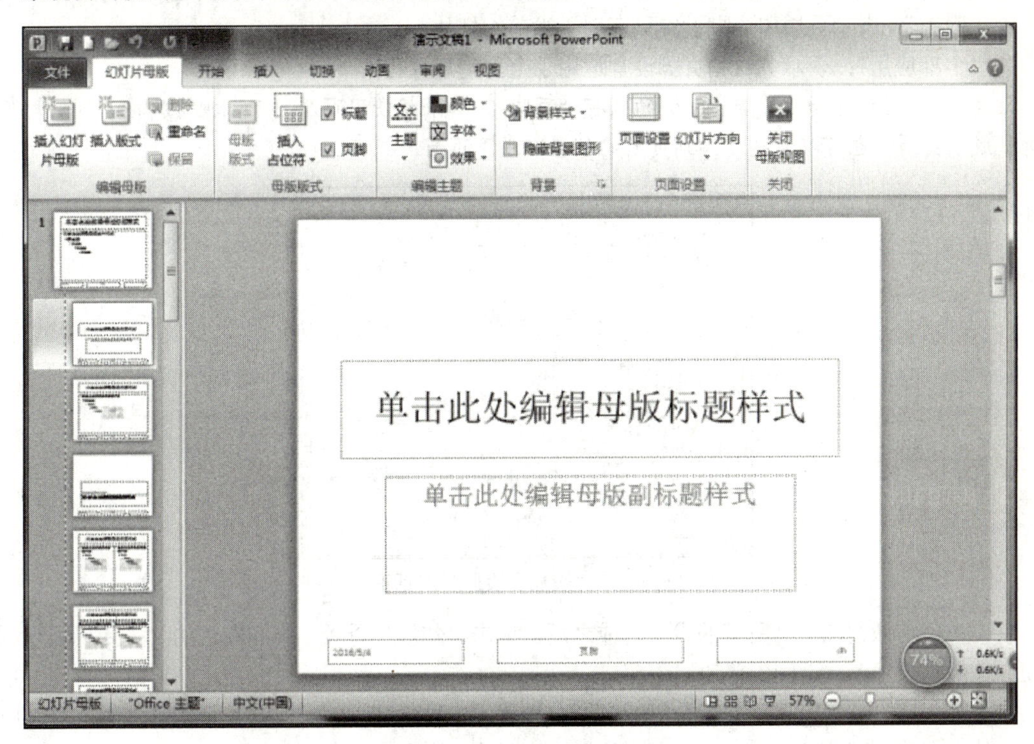

图 4.16 “幻灯片母版”视图

在“幻灯片母版”视图中，左边的窗格里出现的是一个幻灯片母版的若干版式，包括一个主版式和 11 个其他版式，选中其中一个版式，可以对其中的占位符等对象分别做修改和设置，还可以进行插入对象等操作。

在主版式上进行的格式化设置会改变所有版式的格式，如果对其他 11 个版式之一进行格式化设置，只能改变选中版式的格式。

（2）编辑幻灯片母版。PowerPoint 2010 允许用户对幻灯片母版进行对象的添加和删除、重命名、设置主题、背景等操作，操作方式同编辑幻灯片相似，但需要选中幻灯片母版的主版式。

（3）插入占位符。在“幻灯片母版”选项卡中的“母版版式”组，单击“插入占位符”命令，弹出“插入占位符”下拉列表，选择占位符类型，在版式中拖动鼠标绘制占位符即可，也可以设置这些占位符的位置和格式等。

（4）幻灯片母版的页面设计。在“幻灯片母版”选项卡中的“页面设置”组，单击“页面设置”命令，在弹出的“页面设置”对话框中设置幻灯片大小、方向、起始编号等。

（5）插入页眉和页脚。当用户需要在演示文稿的每张幻灯片中显示自己独特的标识，如单位名称或者作者等信息，可以在幻灯片母版中插入页眉和页脚来实现，也可以在页眉和页脚中为每张幻灯片添加日期、编号等信息。

在“幻灯片母版”视图的左边窗格选定幻灯片母版，在“插入”选项卡中的“文本”组，单击“插入页眉和页脚”按钮，弹出“页眉和页脚”对话框，如图 4.17 所示。

在对话框中选中对应的复选框，单击“全部应用”按钮或者“应用”按钮，为幻灯片添加日期和时间、编号、页眉和页脚等元素。这些元素都可以通过拖动来改变其位置，也可以选中其中的内容，对其做诸如字体、字号等方面的格式设置。其中：

①“标题幻灯片中不显示”：如果选中该复选框，则标题幻灯片中没有页眉和页脚。

②“应用”：表示页眉和页脚设置只应用于当前幻灯片。

③“全部应用”：表示页眉和页脚设置运用于全部幻灯片。

注意：“页眉和页脚”对话框默认的只有“页脚”，如果想使用页眉，可以把页脚拖动到幻灯片的上部就成了页眉，也可以复制页脚到页眉的位置即成了页眉。

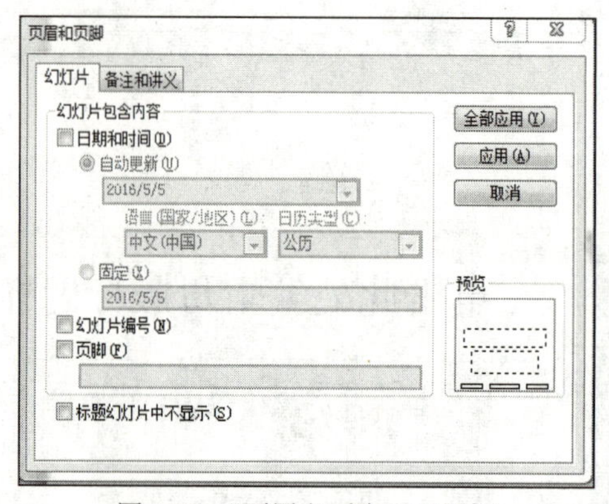

图 4.17　“页眉和页脚”对话框

（6）关闭母版视图。当所有的设置完成之后，单击“幻灯片母版”视图右边的“关闭母版视图”按钮，关闭模板视图，返回到普通视图窗口。

（7）使用多种母版版式。如果在母版视图中设置了多种幻灯片版式，并且希望这些版式可以应用于不同的幻灯片，在普通视图下，在左边的幻灯片浏览窗格中选中要应用版式的幻灯片，在“开始”选项卡中的“幻灯片”组，单击“版式”按钮，在弹出的列表中显示所有的版式，在其中单击要应用的版式即可。

2）设置备注母版和讲义母版

在“视图”选项卡中的“母版视图”组，单击“备注母版”按钮或“讲义母版”按钮，系统会切换到对应的母版视图，设置方法同幻灯片母版。

讲义母版一般不需要设置，幻版片按讲义打印时，才会以讲义母版的样式进行。备注母版只对幻灯片的备注起作用。

4.1.4　设置动画效果和幻灯片切换效果

为了丰富演示文稿的播放效果，可以为文本、形状、声音、图像和图表等对象设置动画效果，使演示文稿变得更加生动。

1. 为幻灯片中的对象设置动画效果

1）添加单个动画效果

选定要设置动画的对象，在“动画”选项卡中的“动画”组，单击“动画效果”按钮，在弹出的下拉列表中预览动画样式，包括“进入”、“退出”、“强调”和“动作路径”4 种样式。其中：

①“进入”和“退出”样式：用来设置对象进入和退出的效果。

②“强调”的样式：动感比较强，对一些需要强调突出的对象进行设置。

③“动作路径”：用来设置动画的轨迹，如果系统提供的动作路径不满足要求，还可以选择“自定义路径”命令，在幻灯片中像绘图一样绘制动画的播放轨迹即可。

选择一种动画效果，单击“预览”按钮，预览动画效果。

设置好动画后，可以利用“效果选项”命令改变动画的动作方向，如设置动作方向是“自底部”、“自左侧”等，利用“计时”组还可以设置动画的开始方式、动画长度和动画开始播放的延迟时间等。

2）为同一对象添加多个动画效果

在幻灯片中选择要设置动画的对象，在“动画”选项卡中的“动画”组，单击“动画效果”按钮，在弹出的下拉菜单中预览动画样式。选择一种动画效果，如“飞入”效果，保持图片的选中状态，在“动画”选项卡的“高级动画”组中单击“添加动画”按钮，选择需要添加的第 2 个动画效果，以此类推，可以为对象添加更多效果。

单击“动画窗格”按钮，在窗口右侧会出现“动画窗格”窗口，在窗口中会显示所有动画。

3）编辑动画效果

添加动画效果后，可以对这些效果进行相应的编辑操作，如删除动画效果、复制动画效果、调整动画播放顺序等操作。

① 删除动画效果。删除动画效果通常有两种方式，一种方式是选择要删除动画效果的对象，在其左边会出现动画编号，选中要删除的动画编号，按 Delete 键即可删除；第二种方式是单击“高级动画”组的“动画窗格”按钮，在打开的动画窗格中选中要删除的动画，按 Delete 键即可。

② 复制动画效果。如果多个对象的动画效果一样，可以在设置好一个对象的动画效果后通过复制动画效果的方式来实现其他对象的动画效果的设置。

设置好一个对象的动画效果后，选中该对象，单击“高级动画”组中的“动画刷”命令，依次选中需要复制该效果的对象即可。

③ 调整动画播放顺序。一个幻灯片内的动画，默认是按照设置的顺序播放。如果要调整播放顺序，可以利用“动画窗格”完成。在动画窗格中选中要改变顺序的动画，按住鼠标左键拖动，在动画窗格中会出现一个黑线，当黑线到达目标位置释放鼠标即可，或利用动画窗格中“重新排序”按钮上下移动，实现重新排序。

2. 设置幻灯片的切换效果

幻灯片的切换效果是指幻灯片播放过程中，从一张幻灯片切换到另一张幻灯片的时间、速度及声音等效果。

设置切换方式，选中需要设置切换方式的幻灯片，在“切换”选项卡中的“切换到此幻灯片”组中选择切换方式，单击“效果选项”按钮，在弹出的下拉列表中选择方向。

设置切换声音与持续时间，选中要设置切换声音的幻灯片，在“切换”选项卡中的“计时”组，单击“声音”按钮，在弹出的下拉列表中选择切换声音，在“持续时间”微调框中设置切换效果的播放时间。

如果要删除切换方式，选中要删除切换方式的幻灯片，在“动画”选项卡中的“切换到此幻灯片”组，单击“无”按钮即可，如果要删除切换声音，在“动画”选项卡中的“计时”组，单击“声音”按钮，在弹出的下拉列表中单击“无声音”选项即可。

3. 插入超链接和动作

1）插入超链接

放映幻灯片前，在演示文稿中插入超链接，实现放映时从幻灯片中某一位置跳转到其他位置的效果，幻灯片的超链接可以是文本或者图形，也可以是表格或者图片等对象。

（1）添加超链接。在幻灯片中选择要添加链接的对象（如文本），在“插入”选项卡中的“链接”组，单击“超链接”按钮，弹出“插入超链接”对话框，如图 4.18 所示。在此对话框的“链接到”选项区域中选择链接位置。其中：

①“现有文件或网页”选项：在对话框中选中要链接的文件，或者在“地址”文本框中输入网站地址，可以链接到已存在的文件上或者某个网络页面。

②“本文档中的位置”选项：在对话框中选择链接的目标位置，可以链接到某张幻灯片，如图 4.19 所示。

设置完成后，单击“确定”按钮。在幻灯片所选文本的下方出现下画线，且文本颜色发生变化。当放映到该幻灯片时，在该文本处单击，即可跳转到目标位置。

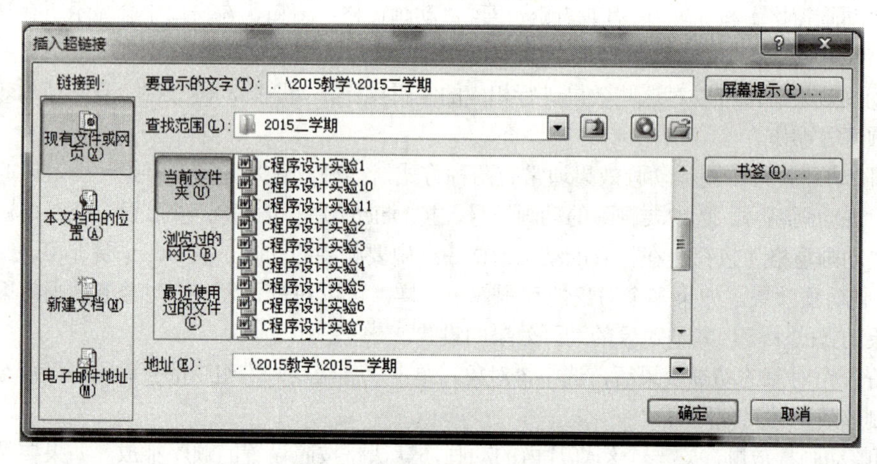

图 4.18 “插入超链接”对话框

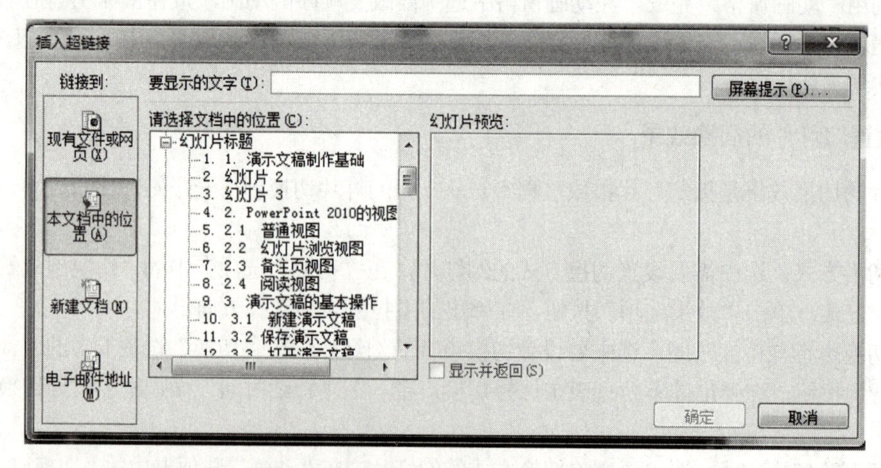

图 4.19 链接到“本文档中的位置”

（2）编辑超链接。如果要编辑已建立的超链接，鼠标指向超链接，单击鼠标右键，在弹出的快捷菜单中选择“编辑超链接”命令，即可对超该链接编辑修改。

（3）删除超链接。如果要删除已建立的超链接，鼠标指针指向超链接，单击鼠标右键，在弹出的快捷菜单中选择“取消超链接”命令即可。

（4）设置超链接的文字颜色

超链接的文字颜色默认为蓝色，如果需要修改文字颜色，选中超链接文字后，在“设计”选项卡中的“主题”组，单击“颜色”按钮，弹出配色方案，选择合适的主题颜色，单击“确定”按钮。如果没有找到合适的颜色，单击内置主题列表底下的“新建主题颜色”命令，在弹出的“新建主题颜色”对话框中选择字体颜色即可。

2）插入动作按钮

在幻灯片中适当的添加动作按钮，然后加上适当的动作链接操作，可以方便地对幻灯片的播放进行操作。

选中要添加动作按钮的幻灯片，在“插入”选项卡中的“插图”组，单击“形状”按钮，选择需要的形状，通常选择“动作按钮”里的按钮，此时鼠标指针呈十字状，在添加动作按钮的位置按住鼠标左键拖动，绘制动作按钮。绘制完成后会弹出“动作设置”对话框，如图 4.20 所示。在对话框中根据需要设置“单击鼠标”和“鼠标移过”选项卡中的相关参数，在“超链接到”的下拉菜单中可以设置动作转向的对象。

如果幻灯片中已绘制动作按钮，选中该按钮，在“插入”选项卡中的“链接”组，单击“动作”命令，也可以弹出“动作设置”对话框。

如果要在动作按钮上添加文字说明，选中该按钮，单击鼠标右键，在弹出的快捷菜单中选择“编辑文字”命令，输入添加的文字即可。

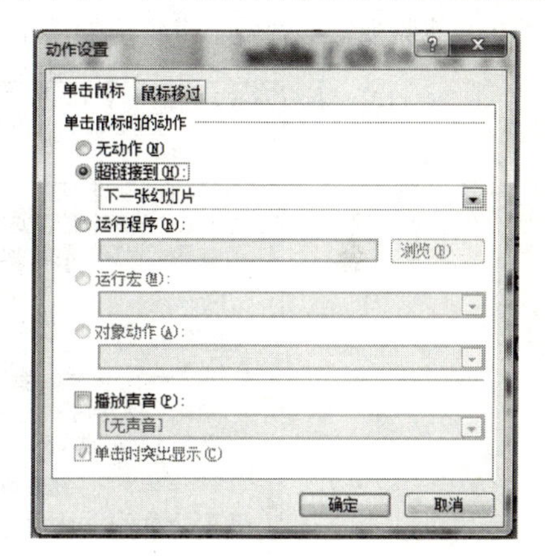

图 4.20 “动作设置”对话框

4.1.5 幻灯片放映设计和输出

1. 设置幻灯片放映

PowerPoint 2010 提供了多种放映和控制幻灯片的方法，如正常放映、计时放映、录音放映、跳转放映等，不同场合选择不同的放映方法是十分重要的。

1）放映类型

PowerPoint 2010 提供了 3 种放映方式，分别是“演讲者放映”、“观众自行浏览”和“在展台浏览”。

（1）演讲者放映（全屏幕）。演讲者放映是全屏显示演示文稿，这是最常用的方式。演讲者具有对放映的完全控制，可以用自动或人工方式运行幻灯片放映。

（2）观众自行浏览（窗口）。若允许观众交互式控制放映过程，则采用此种方式较为适宜。演示文稿会出现在小型窗口内，并提供在放映时可以执行移动、编辑、复制和打印幻灯片等命令，允许观众使用滚动条或 Page Up 和 Page Down 键从一张幻灯片移到另一张幻灯片上来控制放映进程。例如，个人通过公司网络或全球广域网浏览的演示文稿。

（3）在展台浏览（全屏幕）。这种放映方式采用全屏幕放映，适合无人看管的场合。例如，在展览会场或会议中自动播放的产品信息等。演示文稿自动循环放映，观众只能观看不能控制，采用该方式的演示文稿应事先进行排练计时。

2）设置“放映幻灯片”

通过在“幻灯片放映”选项卡中的“设置”组，单击“设置幻灯片放映”命令实现的。单击该命令打开“设置放映方式”对话框，如图 4.21 所示。其中：

①“放映类型”选项区域：选择放映类型，默认是“演讲者放映（全屏幕）”。

②“放映选项”选项区：如果选中“循环放映，按 Esc 键终止”复选框，则会在一遍放映结束后从头继续播放；选中“放映时不加旁白”复选框或者“放映时不加动画”复选框，则会取消旁白和动画的播放。

③“放映幻灯片”选项区域：可以设置放映的幻灯片的范围，可以是全部幻灯片，也可以是指定范围的幻灯片。放映部分幻灯片时，可以指定放映幻灯片的开始序号和终止序号。

④“换片方式”选项区域：选中“手动”复选框，则放映的时候需要人工操作才能实现幻灯片的切换。如果选中“如果存在排练时间，则使用它”复选框，在设置了自动换页时间的情况下，可以实现自动播放。

⑤“显示演示者视图”复选框：如果选中了此复选框，在放映带有演讲者备注的演示文稿时，可以使用演示者视图进行放映，演示者可以在一台计算机上查看带有演讲者备注的演示文稿，而观众可以在其他监视器上观看不带备注的演示文稿。

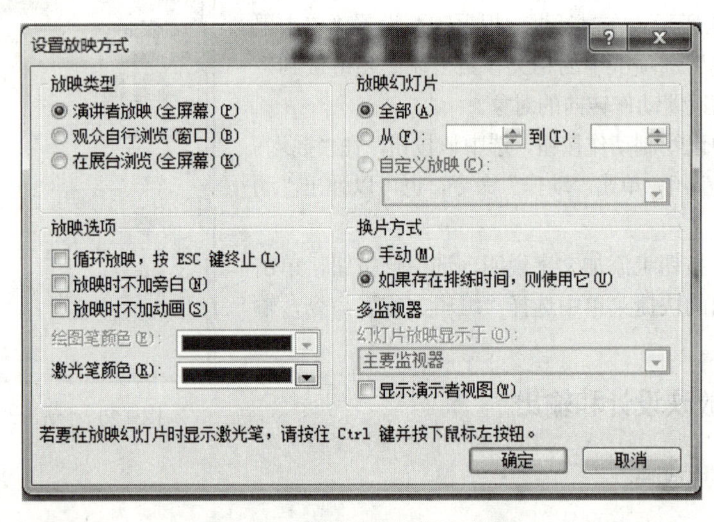

图 4.21 “设置放映方式”对话框

3）隐藏不放映的幻灯片

当用户不想放映某些幻灯片的时候可以选择隐藏幻灯片，被隐藏的幻灯片在放映状态下不会显示，但是在编辑状态下依然是可见的。

选中要隐藏的幻灯片，单击鼠标右键，在弹出的快捷菜单中选择 “隐藏幻灯片”命令，被隐藏的幻灯片在其编号的四周出现一个边框，边框中还有一个斜对角线，表示该幻灯片已经被隐藏，当用户在播放演示文稿时，会自动跳过该张幻灯片而播放下一张幻灯片。

如果要取消隐藏，选中被隐藏的幻灯片，单击鼠标右键，在弹出的快捷菜单中，单击“隐藏幻灯片”命令即可。

4）放映演示文稿

设置好放映方式后，就可以放映演示文稿。以默认的放映方式“演讲者放映（全屏幕）”为例，介绍演示文稿的放映方法。

（1）直接放映。在“幻灯片放映”选项卡中的“开始放映幻灯片”组，单击“从头开始”按钮，即可从第一张开始放映幻灯片；单击“从当前幻灯片开始”按钮，即可从当前选择的幻灯片开始放映，或单击状态栏上的视图切换按钮中的“幻灯片放映”按钮，进入幻灯片放映视图，并根据设置的放映方式从当前幻灯片开始播放演示文稿。在幻灯片放映视图中，幻灯片以全屏方式显示，直到用户结束放映为止。

（2）控制放映过程。在幻灯片放映视图中，通过以下操作可以控制放映过程。

① 到上一张幻灯片：按键盘上的“↑”或“←”方向键、Page Up 键，或右击屏幕，在弹出的快捷菜单中选择“上一张”命令，或单击屏幕左下角的“上一张”按钮。

② 到下一张幻灯片：按键盘上的“→”或“↓”方向键、Page Down 键、空格键、Enter 键，或在屏幕，在弹出的快捷菜单中选择“下一张”命令，或单击屏幕左下角的“下一张”按钮。

③ 到任一张幻灯片：全屏放映时，右击屏幕，在弹出的快捷菜单中选择“定位幻灯片”命令，再在下一级菜单中选择要放映的幻灯片，或通过键盘输入幻灯片编号，然后按 Enter 键，即可放映该幻灯片。

④ 在放映时添加标注：在幻灯片放映过程中，单击鼠标右键，在弹出的快捷菜单中选择“指针选项”命令，在其子菜单中可以选择添加墨迹注释的笔形，再选择“墨迹颜色”命令，在其子菜单中选择一种颜色。设置好后，按住鼠标左键在幻灯片中拖动，即可书写或绘图。

⑤ 结束放映：在幻灯片放映过程中，按 ESC 键，或单击鼠标右键，在弹出的快捷菜单中选择“结束放映”命令，即可结束幻灯片的放映，回到幻灯片编辑状态。

5）排练计时

排练计时可以跟踪每张幻灯片的显示时间并相应地设置计时，为演示文稿估计一个放映时间，以用于自动放映。

在“幻灯片放映”选项卡中的“设置”组，单击“排练计时”按钮，将会自动进入放映排练状态，其右上角将显示“录制”工具栏，在该工具栏中可以显示预演时间。

在放映屏幕中单击，可以排练下一个动画效果或下一张幻灯片出现的时间，鼠标停留的时间就是下一张幻灯片显示的时间，排练结束后将弹出提示对话框，询问是否保留排练的时间，单击“是”按钮确认后，会在幻灯片浏览视图中每张幻灯片的左下角显示该幻灯片的放映时间。

2. 演示文稿的输出

1）将演示文稿转变成视频

执行“文件”→“保存并发送”命令，在“文件类型”栏中选择“创建视频”选项，在右侧窗格中单击“创建视频”按钮，在弹出的“另存为”对话框中设置存放视频的路径，单击“保存”按钮即可开始转换。

转换完成后，进入设置的存放路径，可以看见生成的视频文件，双击该视频文件，使用默认的播放器进行播放。

2）将演示文稿保存成放映文件

编辑完成并设置好了放映设置的演示文稿，可以保存成直接放映文件，双击放映文件就可以直接播放演示文稿，非常方便。

执行“文件”→“另存为”命令，在弹出的对话框中选择“保存类型”为“PowerPoint 放映”即可。

PowerPoint 的放映文件的扩展名为.pps，如果想编辑放映文件，只需要将放映文件的扩展名改为.pptx 就可以在 PowerPoint 中编辑。

3）将演示文稿保存成模板文件

执行“文件”→“另存为”命令，在弹出的对话框中选择文件的保存类型为“PowerPoint 模板”，并对模板文件命名，就可以演示文稿保存成模板文件。

4）演示文稿的打包

在已安装 PowerPoint 软件的计算机上通过打包，可以将演示文稿转换成放映文件，此放映文件可以在没有安装 PowerPoint 软件的计算机上运行、放映。

执行“文件”→“打包并发送”命令，然后双击“将演示文稿打包成 CD”命令，弹出“打包成 CD”对话框，在对话框中单击“复制到文件夹”按钮，输入文件夹名称，设置好位置，单击“确定”按钮即可。

5）打印演示文稿

演示文稿的打印类似于 Word 2010 中文档的打印，执行“文件”→“打印”命令，弹出 “打印”对话框，在该对话框中可以选择打印机、设置幻灯片的打印的份数、打印的范围等。

4.2 实训案例

一个完整并且专业的演示文稿，在结构、内容、背景、配色和文字格式等方面都是有要求的。一个演示文稿内容通常包含标题、目录、正文和结尾，分别对应标题幻灯片、目录幻灯片、正文幻灯片及结束幻灯片。

下面通过创建“个人简历”演示文稿的案例，介绍如何创建和编辑演示文稿，如何格式化演示文稿，如何设置演示文稿的交互及如何放映演示文稿。

4.2.1 演示文稿的编辑与格式化

1. 新建演示文稿

启动 PowerPoint 2010 后，系统自动创建一个空白演示文稿，单击“快速访问工具栏”中的“保存”按钮，在弹出的“另存为”对话框中选择保存位置，在“文件名”文本框中输入文件名“个人简历”，单击“保存”按钮，创建文件名为“个人简历.pptx”的演示文稿。

2. 编辑和格式化幻灯片

1）编辑标题幻灯片

标题幻灯片在演示文稿中通常作为封面，以简洁明了的版式显示演示文稿的标题。

（1）选择第一张幻灯片（第一张默认版式是标题幻灯片），即“标题和内容”版式，分别在标题和副标题文本框中添加标题和副标题。

（2）选中文本框的文字，利用“开始”选项卡中的“字体”组中的按钮和“绘图”组中的按钮对文字进行格式设置。

（3）调整文本框到合适的大小和位置。效果如图 4.22 所示。

2）编辑目录幻灯片

目录幻灯片用来展示演示文稿的目录，让观众对演示文稿的内容有直观认识。目录幻灯片有很多类型可以选择，包括罗列型、图文型、导航型及 SmartArt 型等。

（1）在“开始”选项卡中的“幻灯片”组，单击“新建幻灯片”按钮，在标题幻灯片的下面插入一张幻灯片。

（2）在标题文本框中输入文字“目录”，设置文字格式。

（3）在“插入”选项卡中的“插图”组，单击“SmartArt”按钮，选择“垂直曲形列表”图形，在幻灯片中的文本框中即可插入一个图形列表，根据提示在图形的文字编辑区输入目录内容，如果默认的图形中文本框不够，按 Enter 键可以自动添加。

（4）选定目录图形，利用“SmartArt 工具/设计”选项卡中的命令，设置目录图形的颜色和样式，也可以更改目录图形的布局。

（5）如果需要重新设置目录中的文字格式，选中目录中的文字，利用“开始”选项卡的格式设置命令设置，效果如图 4.23 所示。

图 4.22 标题幻灯片

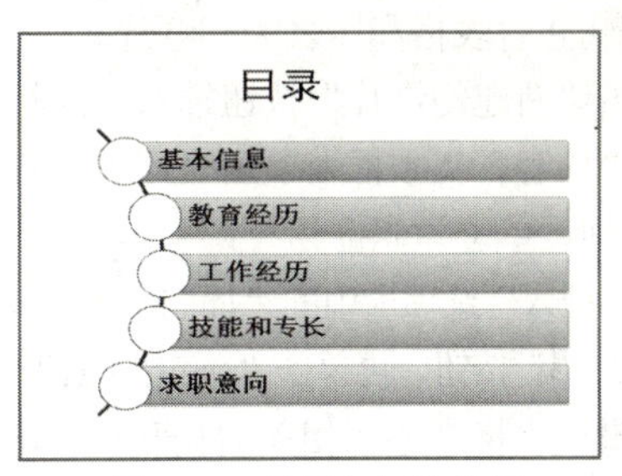

图 4.23 目录幻灯片效果

3）编辑正文幻灯片

演示文稿的主要内容是在正文幻灯片中展示的，通常正文幻灯片的内容由文本框、图片、图形、表格、图表等组成，以达到图文并茂的效果。

（1）编辑包含文本框和图片的幻灯片。

① 在“开始”选项卡中的“幻灯片”组，单击“新建幻灯片”按钮插入一张新的幻灯片，然后在“幻灯片”组单击“版式”按钮，在其中选择“两栏内容”版式。

② 在标题文本框里输入文字“基本信息”，“内容”文本框里分别输入个人的基本信息。

③ 在“插入”选项卡中的“图像”组，单击“图片”按钮，在弹出的“插入图片”对话框中选择图片所在位置，找到要插入的图片文件，双击该文件或者选定该文件，再单击“打开”按钮，就可以把图片插入到幻灯片中。

④ 调整文本框和图片到合适的大小和位置。

⑤ 设置文本框的格式。首先选中文本框，利用“开始”选项卡中“字体”组中的按钮和“段落”组按钮对字体、字号和行距等设置，或者单击鼠标右键在弹出的快捷菜单中，单击“设置形状格式”命令设置文本框的格式，也可以利用“绘图”组的“快速样式”设置文本框的格式，或者使用“设计”选项卡中的命令，直到满足要求为止。

用同样的方法，也可以设计其他文本框。如果多个文本框具有相同的格式，设置完一个文本框之后直接复制该文本框，把文本框拖到合适的位置，修改其中的内容就形成一个风格一样，内容不同的文本框，效果如图 4.24 所示。

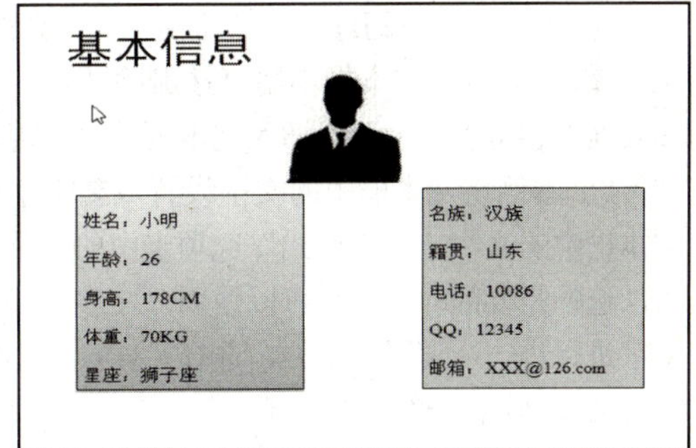

图 4.24 正文幻灯片（一）

（2）编辑包含表格的幻灯片。

① 单击“新建幻灯片”按钮插入一张新的幻灯片，在标题文本框中输入文字“教育经历”；单击“内容”文本框中的“插入表格”按钮，弹出“插入表格”对话框，根据表格的内容确定表格的行数和列数，在这里分别输入“4”，单击“确定”按钮，即可在幻灯片中插入一个 4 行 4 列的表格，注意这里的行数包括标题行。

② 如果生成的表格需要设置外观，首先选中该表格，在“表格工具/设计”选项卡中的“表格样

式”组，选择合适的样式即可，此处选择“中度样式 2-强调 5”样式。如果样式中没有需要的格式，可以单独选中表格中需要进行设置的单元格，利用“开始”选项卡中的命令或者快捷菜单中的相关命令进行设置，直到满意为止。效果如图 4.25 所示。

用同样的方法也可以制作“获奖经历”的幻灯片，此处不再介绍。

（3）编辑包含表格和图表的幻灯片。

① 单击“新建幻灯片”按钮插入一张新的幻灯片，在“标题”文本框中输入文字“工作经历”。

② 在“内容”文本框中单击“插入表格”按钮，输入行数和列数，创建一个 4 行 3 列表格，标题分别为时间、单位和职位。

③ 在“插入”选项卡中的“插图”组，单击“图表”按钮，弹出“插入图表”对话框，单击“饼图”中的“三维饼图”按钮，再单击“确定”按钮，即可在幻灯片中插入一个饼图，同时弹出一个 Excel 表格。

④ 编辑该表格，输入相关数据和项目，在输入的同时相关数据和项目会在饼图中同步更新，输入结束后单击 Excel 的“关闭”按钮，关闭该窗口。

⑤ 对饼图进行进一步的格式设置，设置完毕，效果图如图 4.26 所示。

如果发现图表中的相关数据需要修改，选中图表，在“设计”选项卡中的“数据”组，单击“编辑数据”命令，即可打开数据源所对应的表。

（4）用同样的方法设计其他正文幻灯片。

教育经历

起止年月	学校	专业	学历
2010.9—2013.7	京城大学	软件工程	硕士
2006.9—2010.7	京城大学	软件工程	本科
2003.9—2006.7	琴岛二中		高中

图 4.25　正文幻灯片（二）

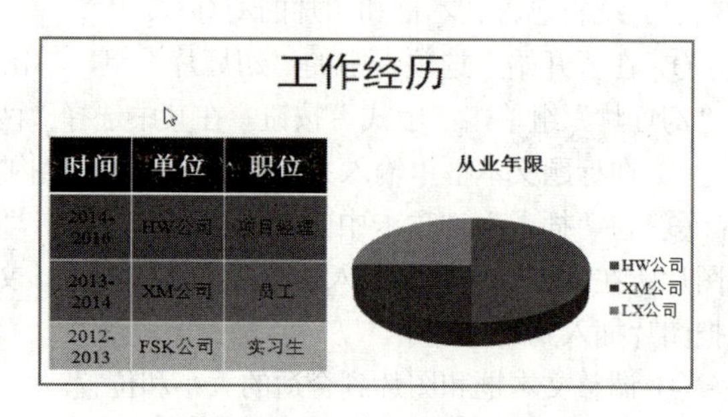

图 4.26　正文幻灯片（三）

4）编辑结束幻灯片

结束幻灯片用来表示演示结束，通常是用来对观众表示感谢。

① 单击“新建幻灯片”按钮插入一张新的幻灯片，在“标题”文本框中输入英文“Thanks”。

② 如果有的文本框不用直接删除即可，如果需要添加其他内容可以继续选择插入文本框等来实现。

③ 本例将文本框中的文字设置成艺术字格式，选中文本框中的文字，在“格式”选项卡中的“艺术字样式”组，选择需要的样式。也可以使用“文字效果”等命令对文字进行进一步设置。例如，选择“转换”中的“双波形 2”格式，效果如图 4.27 所示。

图 4.27　结束幻灯片

3. 保存幻灯片

单击“快速访问工具栏”中的“保存”按钮，一个演示文稿基本就完成了。

4.2.2　用幻灯片母版对演示文稿格式化

经过上述操作之后的演示文稿，在内容上已经基本达到要求，为了达到内容、背景、配色和格式方面的完美统一，还需要进一步设置。为了实现统一的设置需要用到幻灯片母版，下面介绍如何设置母版才能完成图 4.28 所示的效果。

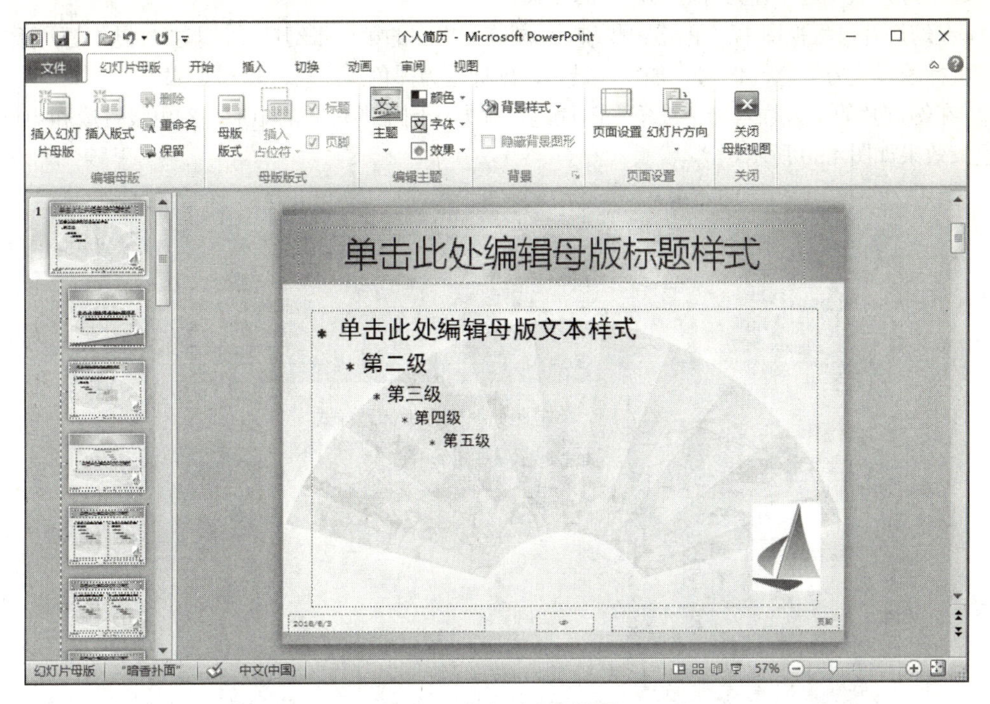

图 4.28　幻灯片母版效果

1．设计 Office 主题幻灯片母版

Office 主题幻灯片母版可以使演示文稿中的所有幻灯片具有与设计母版完全相同的样式效果。

① 打开演示文稿“个人简历.pptx”，在“视图”选项卡中的“母版视图”组，单击“幻灯片母版”按钮，系统切换到幻灯片母版视图，并自动切换到“幻灯片母版”选项卡，如图 4.29 所示。

② 先设置整体的配色和布局，最便捷的方式是使用“幻灯片母版”选项卡里的“编辑主题”组中的命令和“背景”组中的命令，单击“主题”按钮后，选择“暗香扑面”主题。

③ 在每张幻灯片上都放置一个具有特色的 logo。在“插入”选项卡中的“图像”组，单击“图片”按钮，在弹出的对话框中选择 logo 图形文件并插入，调整图片大小和位置。

④ 在“插入”选项卡中的“插图”组，单击“形状”按钮，在弹出的列表中选择“矩形”选项。

⑤ 在幻灯片的上部按住鼠标左键绘制一个矩形，调整其左右大小和幻灯片等宽，上下大小在幻灯片的顶部占一小部分即可。

⑥ 选中该矩形，在“格式”选项卡中的“形状样式”组选择一种样式完成对形状的快速格式化，此处选择“形状样式”里的“细微效果-蓝灰 强调颜色 5”，也可以利用“格式”选项卡对形状分别设置颜色填充等。

⑦ 选中矩形，单击鼠标右键，在弹出的快捷菜单中选择“置于底层”命令，就可以达到如图 4.29 所示的效果。

如果要用一张自己喜欢的图片作为背景，可以通过“插入”选项卡中的“图片”按钮插入图片，调整到大小和幻灯片的大小一致，单击鼠标右键，在弹出的快捷菜单中选择“置于底层”命令即可。

2．设计标题幻灯片版式

标题幻灯片版式通常作为标题幻灯片的样式。

① 在幻灯片母版视图中，单击左侧幻灯片浏览窗格中的第二张幻灯片，即“标题幻灯片版式”。设置模板标题样式为黑色、48 号、加粗、楷体，副标题为黑色、加粗、32 号、隶书。

② 在幻灯片的下方插入一个三角形图片，设置方法同主题母版的矩形，颜色设置成和矩形相同的颜色，效果如图 4.30 所示。

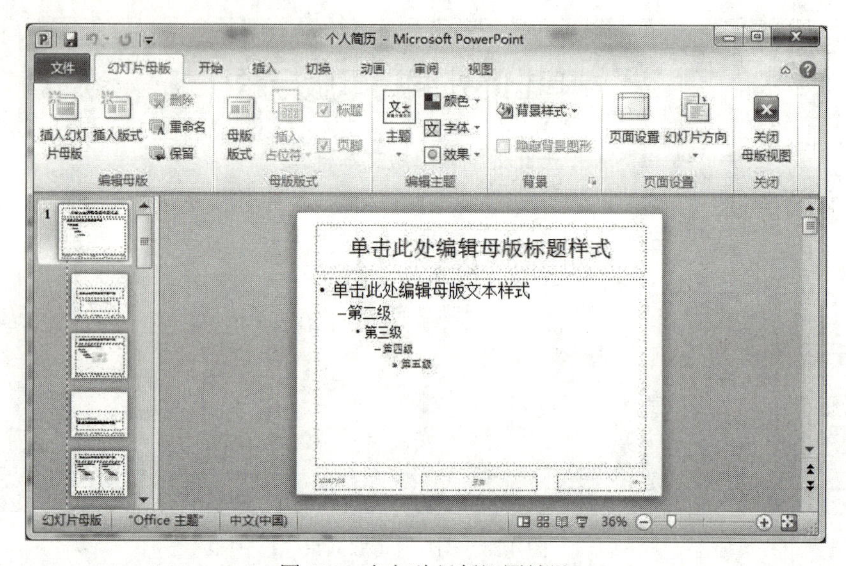

图 4.29　幻灯片母版视图效果

3．设计其他幻灯片版式

① 在幻灯片母版视图中，单击左侧幻灯片浏览窗格中的第三张幻灯片，即“标题和内容版式”，设置标题样式为黑色、36 号、加粗、楷体。“内容”文本框因为变化比较多，可以不在此处统一设置。

② 拖动“标题”文本框至幻灯片顶端矩形的位置，效果如图 4.31 所示。

如果有需要，用同样的方法设置其他幻灯片版式。

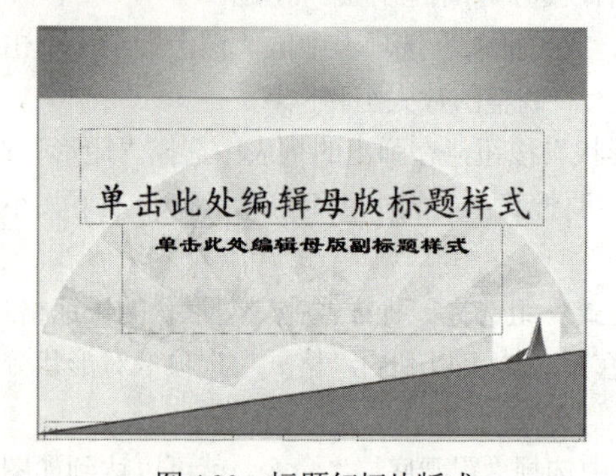

图 4.30　标题幻灯片版式

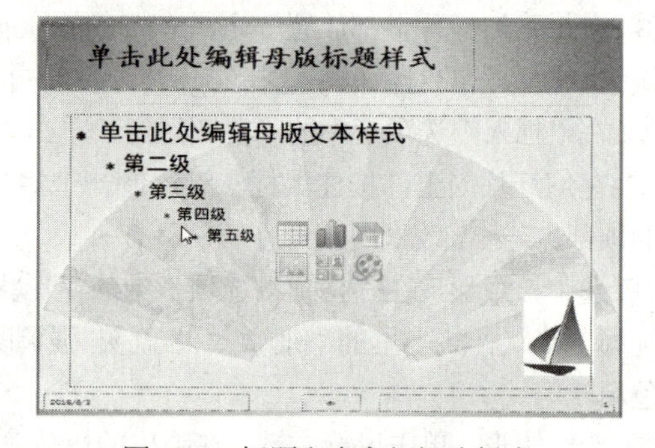

图 4.31　标题和内容幻灯片版式

4．在幻灯片中插入页码编号

① 在幻灯片母版视图中，单击左侧幻灯片浏览窗格中的第一张幻灯片，在“插入”选项卡中的“文本”组，单击“页眉和页脚”按钮，打开“页眉和页脚”对话框。

② 在“页眉和页脚”对话框中，选中“幻灯片编号”复选框，单击“全部应用”按钮，即在每一张幻灯片中插入页码编号。

③ 选中编号占位符，拖到合适的位置，利用“开始”选项卡或者“格式”选项卡设置编号格式，本例将字号设置为 24。

5. 关闭幻灯片母版视图

单击“幻灯片母版”选项卡最右边的“关闭母版视图”按钮，即可关闭幻灯片母版。

6. 保存成模板文件

执行“文件”→“另存为”命令，“保存类型”选择“PowerPoint 模板”，可以形成自己的模板文件，以后就可以通过“新建”命令，选择“我的模板”中使用该模板来创建具有相似风格和内容的演示文稿了。

4.2.3 演示文稿的播放设置和放映

在制作演示文稿的时候，如果在文稿中插入媒体剪辑，设置动画效果和切换效果，或者添加链接和动作按钮，演示文稿在放映的时候会更加生动。

1. 将目录设置成超链接

（1）插入超链接。

① 打开“个人简历.pptx”演示文稿。

② 选中目录幻灯片，选中要设置成超链接的文字，本例先选中目录中的“基本信息”。在“插入”选项卡中的“链接”组，单击“超链接”按钮；或者单击鼠标右健，在弹出的快捷菜单中选择“超链接”命令，弹出“插入超链接”对话框。

③ 在对话框中的“链接到”列表中选择“本文档中的位置”选项，在“请选择文档中的位置”列表框中选择要链接到的幻灯片，设置完毕后，单击“确定”按钮，如图 4.32 所示。设置成超链接的文本在下面出现一条下画线，颜色也会变成蓝色。

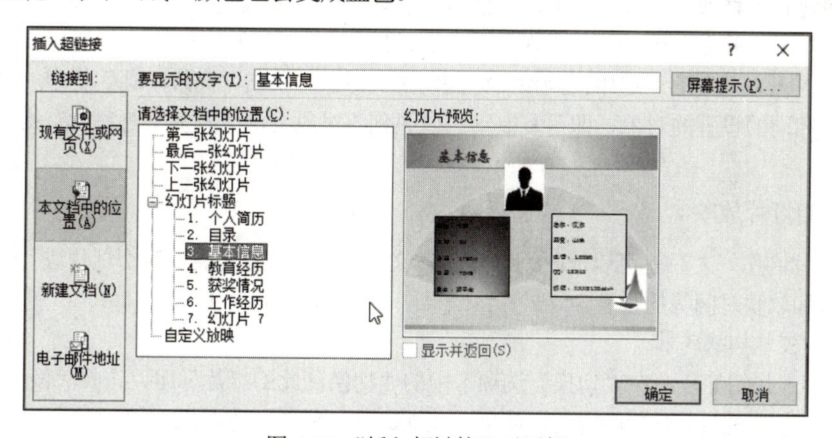

图 4.32 “插入超链接”对话框

（2）设置超链接的颜色。

超链接的文本颜色默认为蓝色，而背景颜色也为蓝色，这样看起来不清楚，需要对超链接的默认设置进行修改。选中超链接文字，在“设计”选项卡中的“主题”组，单击“颜色”按钮，在弹出的许多配色方案，选择合适的主题颜色，单击“确定”按钮。

按照上述方法，设置其他目录的超链接。

2. 添加动作按钮

在正文幻灯片中插入一个动作按钮，链接到目录幻灯片中，以便在播放的时候随时返回到目录。

① 在“插入”选项卡中的“插图”组，单击“形状”按钮，在弹出的下拉列表中选择“动作按钮：自定义”，在幻灯片中选择合适的位置绘制一个按钮图形。

② 在弹出的“动作设置”对话框中选中“超链接到”复选框，在其中的下拉列表中单击“幻灯片”选项，弹出“超链接到幻灯片”对话框，在此对话框中选择目录幻灯片，单击“确定”按钮，动作按钮就会插入到当前幻灯片中，如图 4.33 所示。

③ 选中动作按钮，单击鼠标右键，在弹出的快捷菜单中选择“编辑文字”命令，输入文字“目录”。

可以利用“开始”选项卡和“格式”选项卡，的命令，继续设置动作按钮的外观。

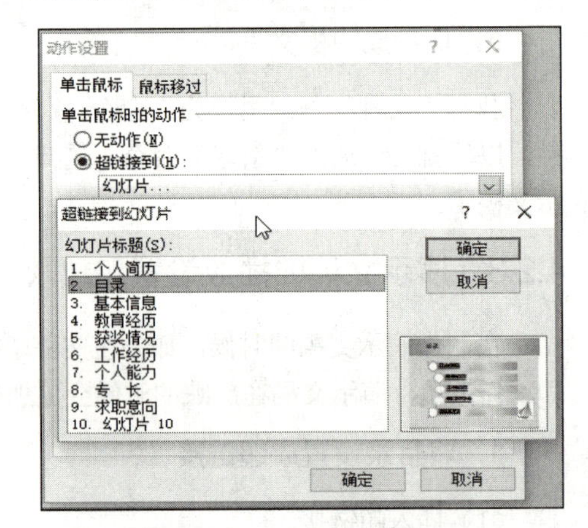

图 4.33　幻灯片插入动作按钮

3. 设置动画效果

动画效果通常需要分别设置幻灯片中的元素，下面以设置标题幻灯片为例说明如何设置动画。

① 在标题幻灯片中，选中标题文本框。在“动画”选项卡中的“动画”组，选择“浮入”效果，此时在标题文本框的左上角会出现数字标记。

② 在“计时”组中的“开始”下拉列表中选择“上一动画之后”选项。

③ 同样的方法设置副标题文本框。

④ 单击“高级动画”组的“动画窗格”按钮，打开动画窗格，在其中显示所有设置的动画的顺序。如果需要调整动画的播放顺序，可以在动画窗格窗口中选中动画，利用“计时”组的“对动画重新排序”命令进行上移或者下移，也可以直接拖动动画到指定的位置。

按照上述方法，设置其他幻灯片上对象的动画效果。

动画效果是可以复制的，选中已经设置好的动画的对象，单击“高级动画”组中的“动画刷”按钮，选中具有相同的设置的对象，即可复制动画效果到该对象上，达到多个对象具有相同动画效果的目的。

4. 设置幻灯片放映

每张幻灯片制作好之后就可以放映幻灯片。在放映之前，一般还需要对幻灯片进行幻灯片切换效果、放映方式和放映时间等的设置。

1）设置幻灯片切换效果

① 选中第一张幻灯片，在“切换”选项卡中的“切换到此幻灯片”组，选择“淡出”按钮。

② 在“效果选项”中继续设置切换效果，此处选择“平滑”选项。

按照同样的方法，设置其他幻灯片的切换效果。

2）设置放映方式

① 在“幻灯片放映”选项卡中的“设置”组，单击“设置幻灯片放映”按钮。

② 在弹出的“设置放映方式”对话框中的放映类型选项区域，选中“演讲者放映（全屏幕）”复选框，在换片方式选项区域，选中“如果存在排练时间，则使用它”复选框，单击“确定”按钮。

③ 在“设置”组中，单击“排练计时”按钮，此时进入幻灯片放映状态，同时弹出“录制”工具栏，显示当前的放映时间。

④ 单击“下一项”按钮，切换到下一个幻灯片，录制该幻灯片的放映时间。

⑤ 单击“录制”工具栏的“关闭”按钮，弹出“Microsoft PowerPoint”对话框，询问是否保留新的幻灯片排练时间，单击“是”按钮。此时系统会返回到幻灯片浏览视图，每张幻灯片的放映时间都会在幻灯片缩略图的左下角显示。

至此，演示文稿的编辑、设置大功告成，存盘后可以放映演示文稿。

4.3 实 训 内 容

4.3.1 制作电子相册

1. 实验目的

① 掌握利用 PowerPoint 2010 创建、保存和放映演示文稿的基本方法。

② 掌握在 PowerPoint 2010 中利用模板创建演示文稿的方法。

③ 掌握制作和编辑幻灯片的方法。

2. 实验内容

制作一个介绍所在大学的电子相册，文件名为“我的大学.pptx”，保存位置自定。

① 使用“古典型相册”模板创建演示文稿。

② 在第一张幻灯片中单击“古典型相册”占位符，在其中输入文字“我的大学”，在“单击此处添加详细日期及详细信息”占位符中输入当前日期，要求格式为黑色、44号、隶书。

③ 选中图片占位符，插入图片文件。图片样式设置为“双框架”、“黑色”，图片效果设置为“发光/金色”。

④ 插入其他幻灯片，设置幻灯片的内容并完成格式化。

⑤ 放映演示文稿。

4.3.2 制作销售工作总结演示文稿

1. 实验目的

① 掌握 PowerPoint 2010 中幻灯片中母版的使用及格式化方法。

② 掌握在 PowerPoint 2010 中表格、图表、页眉和页脚等的使用方法。

2. 实验内容

制作一个销售工作总结演示文稿，文件名为“2016上半年销售工作总结汇报.pptx”，保存位置自定。

1）设计幻灯片母版

设置“幻灯片标题和内容”版式作为标题幻灯片和正文幻灯片的版式，如图4.34所示。

① 插入一个矩形形状作为目录的背景，矩形填充色设置为深蓝的。

② 插入一个文本框，输入文本“目录”，格式为白色、36号、微软雅黑、粗体，调整文本框在矩形偏上的位置。

③ 插入一个文本占位符，占位符的“线条颜色”为实线、白色，文本的格式为白色、20号、黑体、粗体，中部居中。

④ 删除原来的标题和内容占位符。

2）设计标题幻灯片

标题幻灯片样张如图 4.35 所示。

① 文本为蓝色、44 号、微软雅黑。

② 公司名称为蓝色，单位名称和汇报人为白色，字体大小自定。

③ 两个对角的三角形填充颜色为深蓝色。

3）设计目录幻灯片

目录幻灯片样张如图 4.36 所示。

① 标号用文本框来输入，设置文本框的填充颜色为蓝色，文本为白色、20 号、微软雅黑。

② 插入一个文本框来输入目录内容，文本为黑色、24 号、微软雅黑。

③ 完成剩余目录项的编辑。

提示：可以通过复制来完成其他目录项的编辑。

4）设计正文幻灯片

正文幻灯片样张如图 4.37～图 4.41 所示。

① 计划销售数据和实际销售数据用表格来展示，并根据自己的习惯设置表格的格式。

② 计划销售和实际销售对比用“三维簇状柱形图”来展示。

③ “问题及解决方案”使用“SmartArt 图形”的“垂直 V 形列表”，标号形状填充颜色使用蓝色，文本框形状填充使用“灰色”。

图 4.34　幻灯片母版版式样张

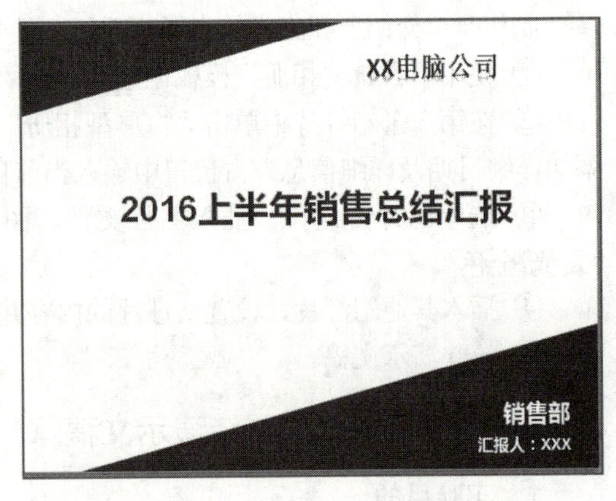

图 4.35　标题幻灯片样张

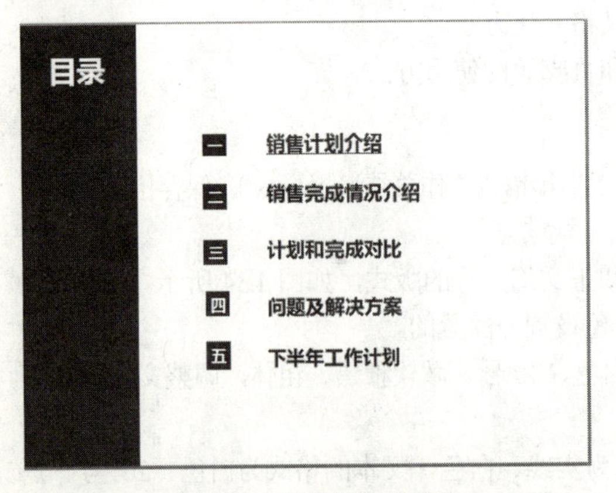

图 4.36　目录幻灯片样张

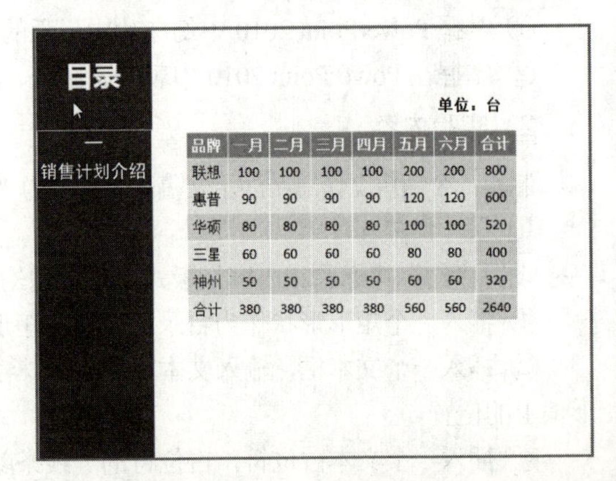

图 4.37　正文幻灯片样张（一）

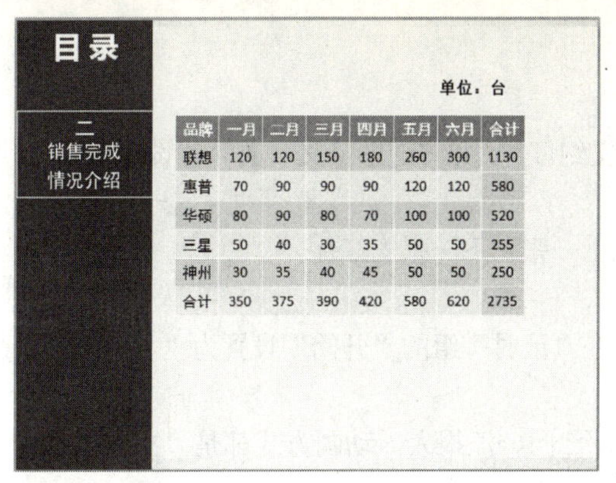

品牌	一月	二月	三月	四月	五月	六月	合计
联想	120	120	150	180	260	300	1130
惠普	70	90	90	90	120	120	580
华硕	80	90	80	70	100	100	520
三星	50	40	30	35	50	50	255
神州	30	35	40	45	50	50	250
合计	350	375	390	420	580	620	2735

图 4.38　正文幻灯片样张（二）

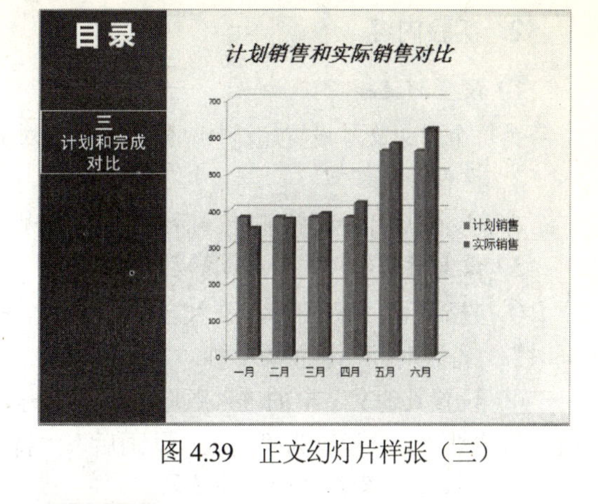

图 4.39　正文幻灯片样张（三）

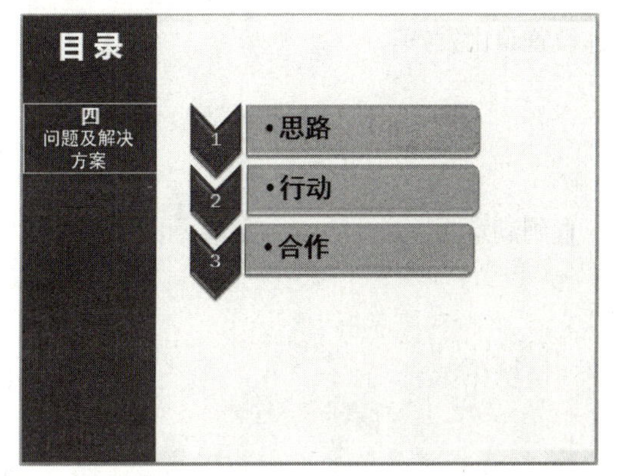

图 4.40　正文幻灯片样张（四）

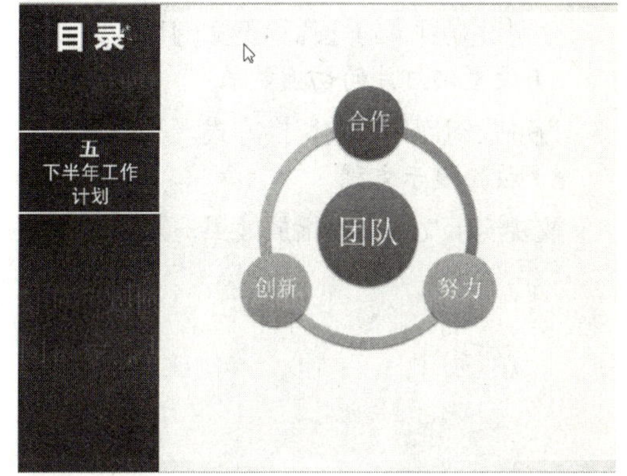

图 4.41　正文幻灯片样张（五）

④ “下半年工作计划”使用“SmartArt 图形”的“射线循环”，填充颜色为蓝色。

提示：幻灯片中引用的表格数据和图表先通过 Excel 表格编辑好，然后通过复制，插入到当前幻灯片；正文幻灯片如果具有相同的对象，先设置好一张幻灯片，然后使用复制的方式设置其他幻灯片，这样不同幻灯片中相同的部分才会统一。

5）设计结束幻灯片

结束幻灯片和标题幻灯片版式一样，所以直接复制标题幻灯片，在其上进行修改即可。

① 将标题文本框的内容改成致谢词。

② 删除公司名称文本框。

6）设置页眉和页脚

在每张幻灯片的右下角插入幻灯片编号，要求占位符颜色填充为蓝色，编号为白色、16 号、微软雅黑字体。

4.3.3　销售工作总结演示文稿的放映设置

1. 实验目的

① 掌握在幻灯片中如何插入超链接和动作按钮。

② 掌握设置幻灯片的动画效果。

③ 掌握设置幻灯片的切换效果。

④ 掌握设置幻灯片的放映方式。

2. 实验内容

1）设置超链接

为每个目录文本设置超链接，分别链接到对应的正文幻灯片，并将超链接文字的颜色设置为黑色。

2）设置动作按钮

在正文幻灯片中设置前进、后退按钮，分别链接到上一张和下一张幻灯片。

3）设置标题幻灯片中对象的动画效果

① 先显示两个三角形，进入方式是动画“擦除”；在“计时”组的“开始”设置为“与上一动画同时”，“持续时间”设置为 1 秒。

② 设置其他文本框的进入顺序是公司名称、标题、部门、汇报人，动画方式都是“擦除”，“计时”组的“开始”设置为“在上一动画后”，“持续时间”设置为 2 秒。

4）设置其他幻灯片的动画效果

分别设置目录幻灯片和正文幻灯片的动画效果，具体设置自由发挥。

5）设置幻灯片的切换效果

为每张幻灯片设置切换方式，具体设置自由发挥。

6）放映演示文稿

放映演示文稿观察播放效果，对不满意处进行修改，直到满意为止。

第 5 章　网页制作软件 Dreamweaver

Dreamweaver CS6 是 Adobe 公司于 2012 年最新推出的新一代设计开发软件 Adobe Creative Suite 6（简称 Dreamweaver CS6）的主要组件之一。它主要用于进行网页设计与制作，并能构建出基于标准的网站，是目前最流行、最优秀的网页编辑器。由于它支持代码、拆分、设计、实时视图等多种方式来创作、编写和修改 HTML 网页，对于初级人员，无须编写任何代码就能快速创建 Web 页面。Dreamweaver 与动画制作软件 Flash、图像处理软件 Firework 结合，提供了一套完整的网站开发的方案。

5.1　知 识 要 点

5.1.1　网页制作与网站建设

1. 网页构成元素

网页是构成网站的基本元素，是承载各种网站应用的平台，通俗的说，网站就是由网页组成的。如果只有域名和虚拟主机而没有制作任何网页，仍然无法访问网站。

根据网页制作的语言可以分为静态网页和动态网页，静态网页使用超文本标记语言 HTML，而动态网页可以使用 HTML+ASP 或 HTML+PHP 或 HTML+JSP 等语言。程序是否在服务器端运行，是区分静态网页和动态网页的重要标志。在服务器端运行的程序、网页、组件，属于动态网页，它们会随不同客户、不同时间，返回不同的网页，如 ASP、PHP、JSP、ASP.net、CGI 等。运行于客户端的程序、网页、插件、组件，属于静态网页，如 html 页、Flash、JavaScript、VBScript 等，它们是永远不变的。

静态网页和动态网页各有各的特点，网站采用动态网页还是静态网页主要取决于网站的功能需求和网站内容的多少，如果网站功能比较简单，内容更新量不是很大，采用纯静态网页的方式会更简单，反之要采用动态网页技术来实现。

不同性质的网站，页面构成元素是不同的，一般网页的基本元素包括网站 Logo、Banner、导航栏、文本、图像、动画和多媒体等。

（1）网站 Logo。是一个网站的标志和象征，在网站的推广和宣传中发挥重要作用。网站标志应该体现网站的特色、内容及内在的文化内涵和理念，一般放在左上角。

（2）Banner。是一种网络广告形式，在用户浏览网页信息时吸引用户关注广告信息。一般放在网页顶部，通常是 GIF、JPG 等类型的图像文件或 Flash 文件。

（3）导航栏。是网页设计中的重要部分，其位置对网站的结构与各个页面的整体布局非常关键。可以在页面的左侧、右侧、顶部或底部设置导航栏，根据需要也可以同时设置多种导航栏，增加网站的可访问性。

（4）文本。是网页的基本组成部分，网页的信息大部分是通过文本提供的。

（5）图像、动画和多媒体。可以美化网页，吸引更多的浏览者。

2. 网站建设

网站是因特网上的一个信息集中点，通过 WWW 域名进行访问，网站要存储在独立服务器或者服务器的虚拟主机上才能接受访问。网站是有独立域名、独立存放空间的内容集合，内容可以是网页、程序或其他文件。站点，可以看成是一系列文档的组合，文档通过各种链接建立逻辑关联。在建立网站前必须建立站点，修改某网页内容时，也必须打开站点，然后修改站点内的网页。

在 Dreamweaver 中，站点可以是 Web 站点、远程站点、本地站点。Dreamweaver 是站点创建和管理的工具，通过站点管理器进行新建站点、编辑站点、复制站点、删除站点及导入或导出站点等操作。制作网页的目的是为了搭建一个完整的网站，因此在制作网页之前，应先在计算机上创建一个本地站点，方便管理站点中的文件。

1）创建本地站点

Dreamweaver 中站点包括本地站点和远程站点。本地站点是本地计算机上的一组文件，远程站点是远程 Web 服务器上的一个位置。用户可以将本地站点的文件发布到远程站点，供公众访问。下面介绍创建本地站点。

① 执行“站点”→“管理站点”命令，弹出“管理站点”对话框，如图 5.1 所示。

图 5.1 “管理站点”对话框

② 单击“新建站点”按钮，弹出“站点设置对象 未命名站点 2”对话框，在该对话框的“站名名称：”文本框和“本地点文件夹：”文本框中，分别设置站点名称及本地站点文件夹，如图 5.2 所示。

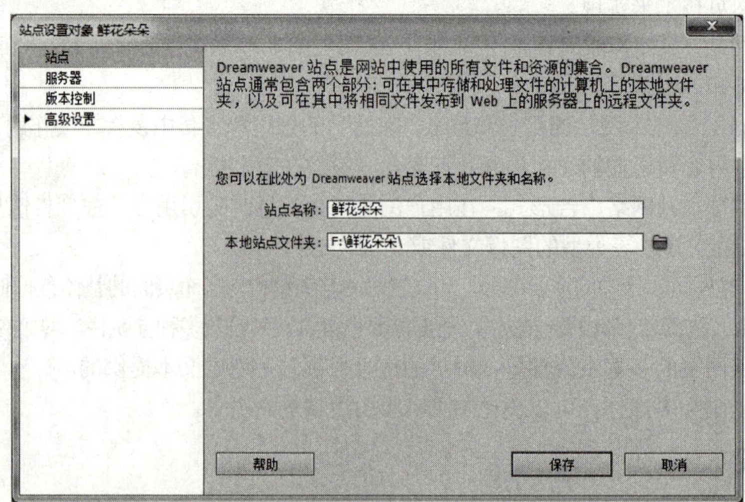

图 5.2 “站点设置对象”对话框

③ 单击“高级设置”选项，在弹出的选项卡中根据需要设置站点，如图5.3所示。

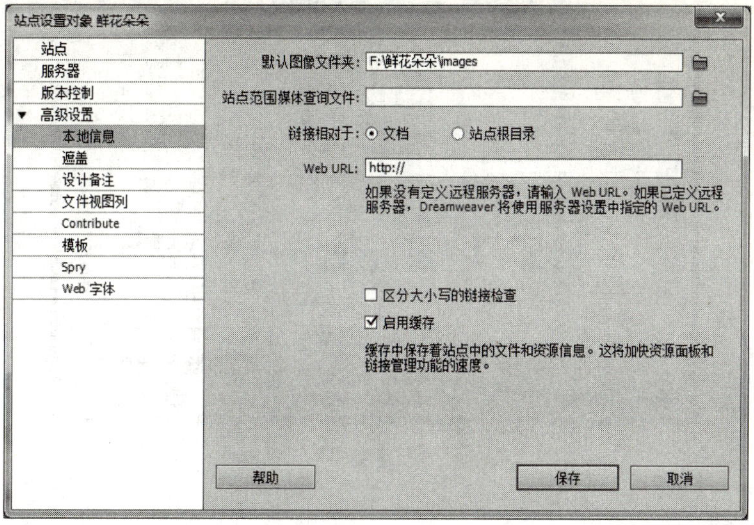

图5.3 “高级设置”选项卡

2）管理站点

建立站点后，可以对站点进行打开、修改、复制、删除、导入、导出等操作。

① 打开站点。执行“窗口”→“文件”命令，弹出“文件”控制面板，选择相应的站点名，打开站点。

② 修改和复制站点。如果需要修改站点的设置，执行“站点”→“管理站点”命令，弹出“管理站点”对话框。复制站点可省去重复建立结构相同站点的操作步骤，在“管理站点”对话框左侧中选择要复制的站点，单击“复制”按钮，双击新复制的站点，在弹出的“站点定义为”对话框中更改站点名称。

③ 删除站点。删除站点只是删除Dreamweaver同本地站点间的关系，而本地站点包含的文件和文件夹仍然保持在磁盘上。在“管理站点”对话框中选择要删除的站点，单击“删除”按钮即可。

④ 移动站点。在计算机之间移动站点，或与其他用户共同设计站点，可以通过“管理站点”对话框中的导入和导出站点的功能实现，站点导入、导出的是“.ste”格式文件。

3）管理站点文件

① 创建网页。创建站点后，可以创建网页来组织展示的内容。执行“文件”→“新建”命令，在弹出的“新建文档”对话框中，选择“空白页”选项，在“页面类型”列表中选择“HTML”选项，在“布局”列表中选择“无”选项，创建空白页，如图5.4所示。单击“创建”按钮，弹出“文档”窗口。在“文档”窗口有“代码”、“设计”、“拆分”3种不同的视图，可以根据需要进行选择。

② 保存网页。网页设计完成后，执行“文件”→“保存”命令，即可将文档保存在站点文件夹中。

③ 设计网站结构。网站每个栏目的文件分别存放在相应的文件夹中，文件和文件夹的创建、文件的复制和移动、文件的删除等操作都在右下侧的“文件”面板中进行。在“文件”面板中的站点文件列表框中，选择建立文件和文件夹的位置并右击，在弹出的快捷菜单中选择相关命令。

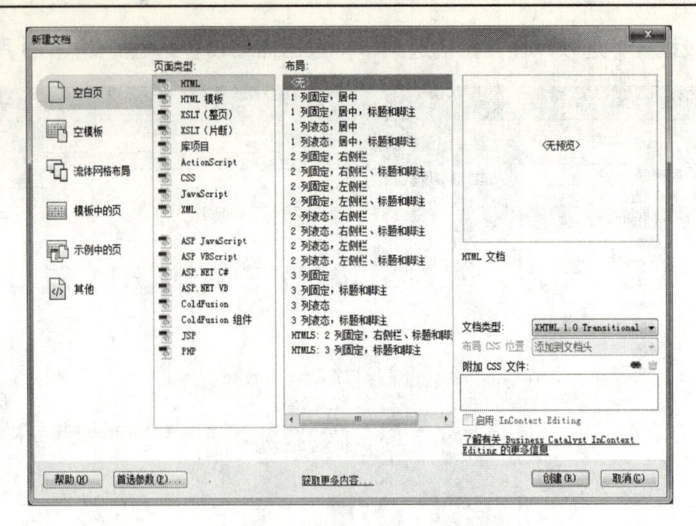

图 5.4 “新建文档”对话框

5.1.2　文本网页

文本是构成网页最基本的要素，能准确表达网页主题思想，生成的文件小、易于浏览下载，因此掌握文本的使用非常重要，制作网页时，文本内容要精确，排版也要美观易读，从而激发浏览者的兴趣。

1. 设置文本属性

不管网页如何赏心悦目，文本是网页构成的最简单、最基本的部分。下面介绍如何插入文本及设置文本属性。

1）插入文本

在网页中可以直接输入文本内容，也可以将其他应用程序中的文本粘贴过来，还可以导入已有的文档。执行“文件”→“打开”命令打开指定的文件，将光标定位在输入文本的位置，开始输入。

如果要输入连续多个空格需要进行设置或通过特定操作才能实现，执行“编辑”→“首先参数”命令，在弹出的“首选参数”对话框的左侧“分类”列表中选中“常规”选项复选框，在右侧的编辑选项组中选择“允许多个连续的空格”，单击“确定”按钮完成设置，如图 5.5 所示。

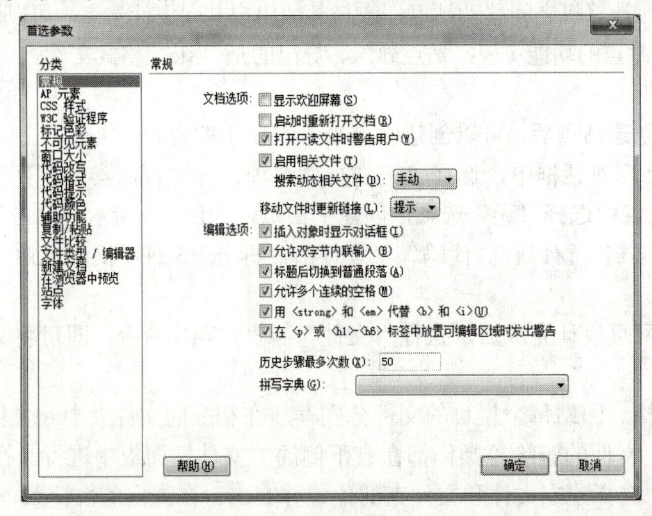

图 5.5 “首选参数”对话框

2）设置字体、字号及颜色

利用文本属性可以修改选中文本的字体、字号、颜色、样式、对齐方式等。执行“窗口”→“属性”命令，弹出“属性”面板，在HTML和CSS属性面板中都可以设置文本的属性。如图5.6和图5.7所示。

图 5.6　HTML 属性面板

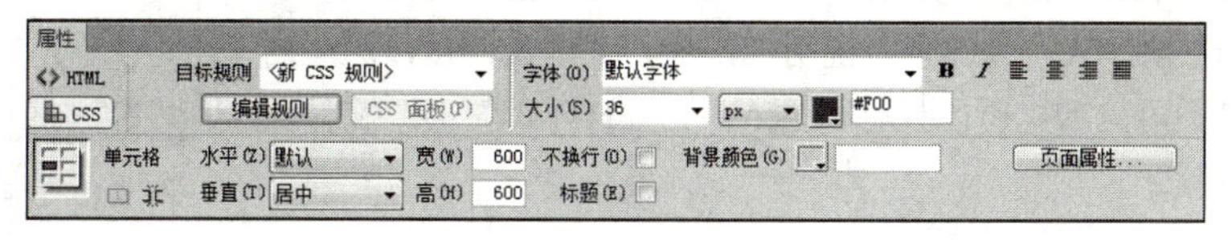

图 5.7　CSS 属性面板

文本的默认字体、字号、颜色，通过“页面属性”对话框设置。执行“修改”→“页面属性”命令，在弹出的“页面属性”对话框的左侧“分类”列表中选择“外观（CSS）”选项，根据需要设置。对于选中文本的字体、字号、颜色的修改，可以通过“属性”面板进行。

3）段落设置

将插入点定位在段落中，或选择段落文本。选择“属性”面板，在“格式”选项的下拉列表框中选择相应格式；或执行“格式”→“段落格式”命令，在弹出的子菜单中选择相应的段落格式。

2．项目符号和编号列表

项目符号和编号用来表示不同段落的文本之间的关系，对文本设置项目符号或编号并适当缩进，可以直观表示文本间的逻辑关系。

1）设置项目符号或编号

选择段落，在“属性”面板中，单击“项目列表”或“编号列表”按钮，为文本添加项目符号或编号；或执行“格式”→“列表”命令，在弹出的子菜单中选择“项目列表”或“编号列表”命令。

如果想修改项目符号或编号，将插入点定位在对应文本中，单击“属性”面板中的“列表项目”按钮，或执行“格式”→“列表”→“属性”命令，弹出“列表属性”对话框，在“列表类型”选项中选择列表类型，在“样式”选项中选择相应的列表或编号的样式，如图5.8所示。

文本缩进格式的设置方法：在“属性”面板中，单击“缩进”按钮或“凸出”按钮，或执行“格式”→“缩进”命令或“格式”→“凸出”命令，使段落向右移动或向左移动。

2）插入日期

在文档窗口中，将插入点定位在欲放置日期的位置，选择“插入”面板中的“常用”选项卡，单击“日期”按钮，或者执行“插入”→“日期”命令，都可以弹出“插入日期”对话框，如图5.9所示。

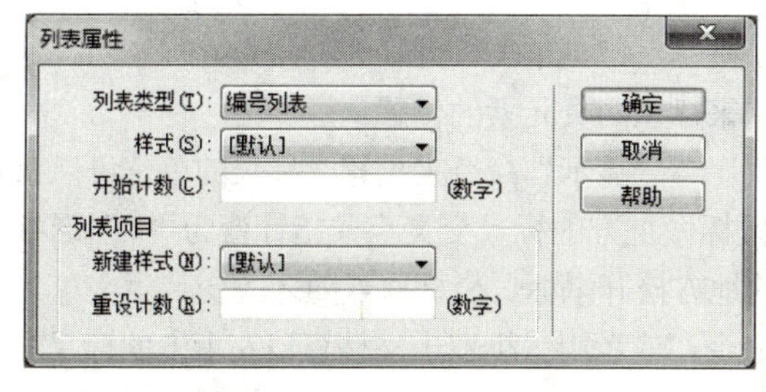

图 5.8　“列表属性”对话框

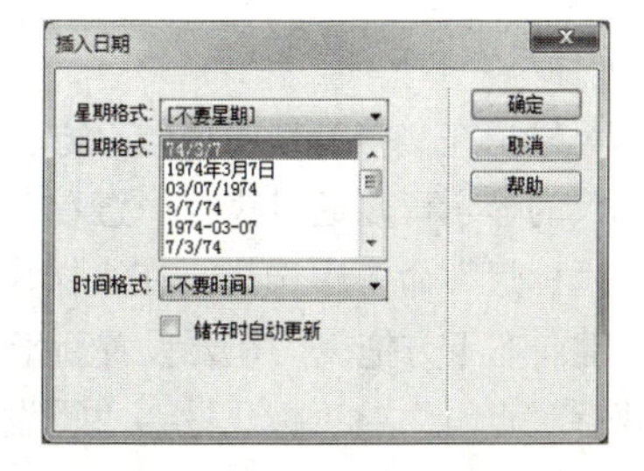

图 5.9　“插入日期”对话框

3）插入特殊符号

特殊字符包括换行符、空格、版权信息、注册商标等，它们在“设计”视图中显示的是一个标志，只有在浏览器窗口中才能显示效果。执行“插入”→“HTML”→“特殊字符”命令，在弹出的子菜单中选择相应的插入的字符，如图 5.10 所示。

图 5.10　特殊字符子菜单

3．网页头部

文件头标签即 Meta 标签，包含在网页中<head>…</head>标签之间。头标签包括标题、META、关键字、说明、刷新、基础及链接，这些内容在网页中都是不可见的，可以执行“插入”→“HTML”→“文件头标签”命令来设置。

4．水平线、网格和标尺

水平线可以将文字、图像、表格等对象在视觉上分割，通过合理设置，会使文档层次分明，易于阅读。

1）创建水平线。

选择“插入”面板的“常用”选项卡，单击“水平线”按钮，或者执行“插入”→“HTML”→“水平线”命令，都可以在插入点位置插入水平线。

如果想修改水平线的高、宽、对齐方式等属性，选中水平线，执行“窗口”→“属性”命令，打在弹出的“属性”面板中，根据需要设置属性值即可。

2）网格的使用

使用网格可以方便定位网页各元素，从而制作更加美观的页面。

① 执行“查看”→“网格设置”→“显示网格”命令，此时网格线处于显示状态，如图 5.11 所示。

② 执行“查看”→“网格设置”→“靠齐到网格”命令，无论外观是否可见，网页元素都自动与网格对齐。

③ 执行“查看”→“网格设置”→“网格设置”命令，在弹出的“网格设置”对话框中，可以修改网格的疏密、网格线的形状和颜色，如图 5.12 所示。

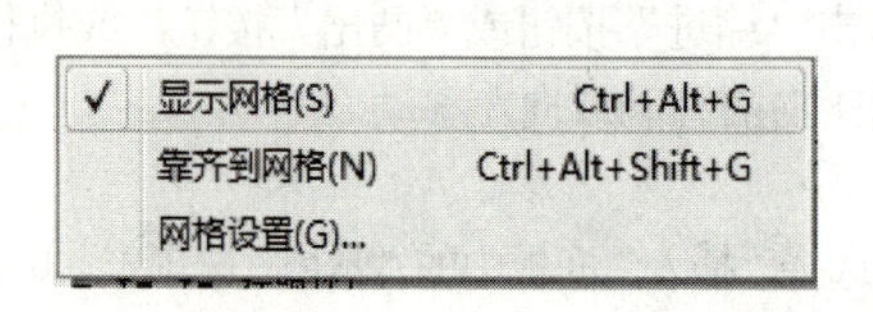

图 5.11　属性设置

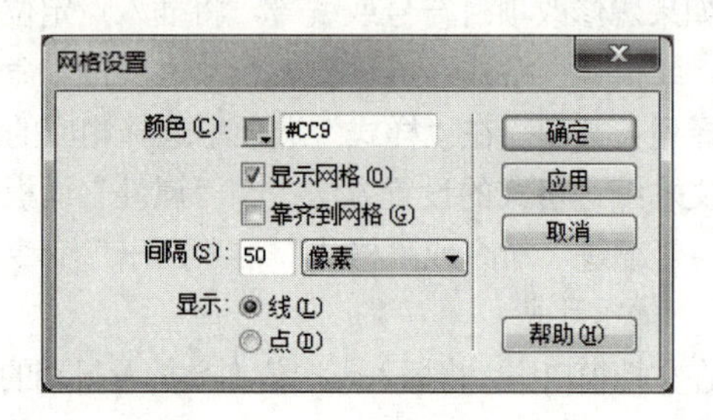

图 5.12　“网格设置”对话框

3）标尺

标尺显示在文档窗口的页面上方和左侧，用来标识网页元素的位置。

标尺的显示可以通过执行“查看”→“标尺”→“显示”命令来设置，标尺的单位可以执行“查看”→“标尺”命令中选择。在文档窗口单击鼠标做上方的标尺交叉点，指针变为“+”形状，按住鼠标左键向右下方拖曳，在要设置新坐标原点的地方松开鼠标，坐标原点随之改变。

执行“查看”→“标尺”→“重设原点”命令，或者用鼠标双击文档窗口左上方的标尺交叉点，都可以将坐标原点还原成（0,0）点。

5.1.3　图像与多媒体

在文档的适当位置添加一些图像或多媒体文件，可以使文本清楚易读，具有更大的吸引力，也可以使网页更加美观、丰富多彩。

网页中的图像一般有 GIF、JPEG 和 PNG 3 种格式，大多数浏览器只支持 JPEG、GIF 格式，PNG 格式的文件较小且灵活，但 IE 等浏览器只能支持 PNG 图像的部分显示。所以为了满足更多浏览者的需求，一般使用 GIF 和 JPEG 格式。

网页使用的媒体包括文字、图片、照片、声音、动画和影片等，以及程式所提供的互动功能。

1. 插入图像

在文档中插入的图像必须位于当前站点文件夹内或远程站点文件夹内，否则不能准确显示。

① 一般在建立站点时，首先创建一个文件夹 image，将所需文件复制到其中。

② 将插入点定位在要插入图像的位置，执行“插入”→“图像”命令，弹出“选择图像源文件”对话框，如图 5.13 所示，或者选择“插入”面板中的“常用”选项卡，单击“图像”按钮右边的下拉按钮，选择“图像”选项，也可以弹出此对话框。

③ 在对话框中，选择图像文件，单击“确定”完成设置。

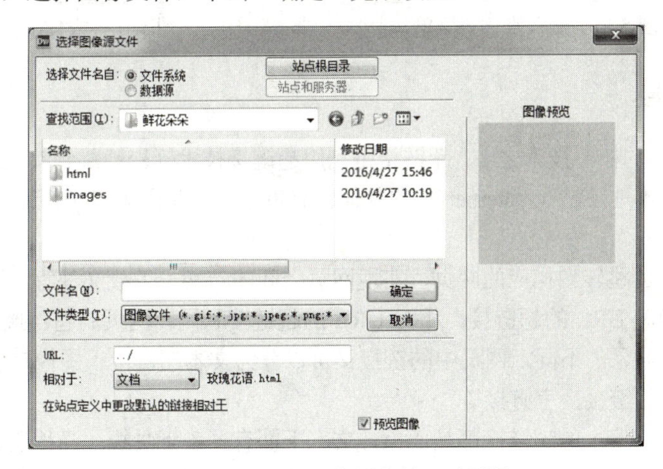

图 5.13　“选择图像源文件”对话框

2. 编辑图像

插入图像后，在“属性”面板中显示该图像的属性，如图 5.14 所示。其中：

①“替换”文本框中可以输入图像的说明性文字，便于不能正常显示图片时了解图片的信息。

②“编辑”按钮组包括编辑、设置、从源文件更新、剪裁、重新取样 、亮度和对比度和锐化功能。

③“链接”选项指定单击图像时要显示的网页文件。

图 5.14　属性面板

3．插入多媒体

在网页中可以插入 Flash 动画、Java Applet 重新、ActiveX 控件等多媒体，从而丰富网页的内容，吸引更多的浏览者。通过以下几种方法可以插入多媒体。

方法 1：执行“插入”→“媒体”命令，弹出如图 5.15 所示的子菜单。

方法 2：在“插入”面板中的“常用”选项卡中，单击“媒体”按钮，弹出如图 5.16 所示的下拉列表项。

在弹出的对话框中，根据需要选择要插入的多媒体文件。选中文档窗口中插入的 Flash 动画、Shockwave 影片、ActiveX 控件等对象，在“属性”面板中，单击“播放”按钮测试插放效果。

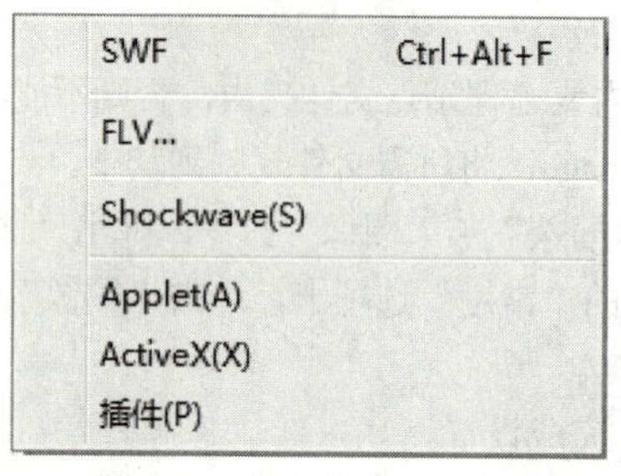

图 5.15 插入媒体子菜单

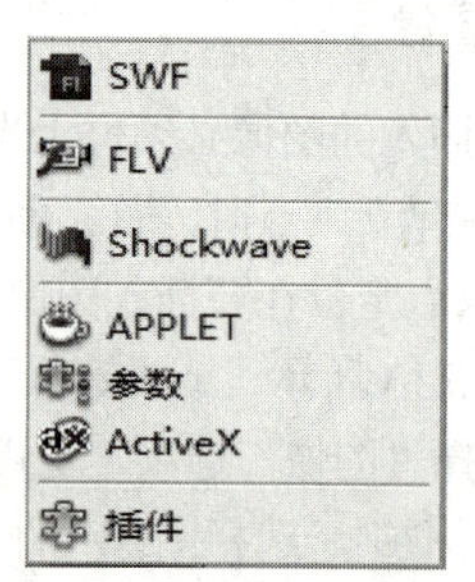

图 5.16 媒体下拉列表

5.1.4 创建超链接

超链接是 WWW 的核心技术之一。超链接是利用超链接技术轻松地跳到其他网页或站点，而不论这个网页或站点是在本地还是在 Internet 上的其他计算机中。正是因为有了超链接，WWW 才真正成了一个四通八达的“网”。

单击超链接，即可跳转到相应的网页，实现网页之间的转换、下载文件等。网页中的链接按照链接路径的不同分为绝对 URL 的超链接、相对 URL 的超链接和同一网页的超链接（也称为书签）3 种形式。如果按照使用对象的不同，网页中的链接又可以分为文本超链接、图像超链接、E-mail 链接、锚点链接、多媒体文件链接、空链接等。

在网页中，一般文字上的超链接都是蓝色，文字下面有一条下画线，当移动鼠标指针到该超链接上时，鼠标指针就会变成一只手的形状，这时单击鼠标左键，可以直接跳到与这个超链接相连接的网页或 WWW 网站上。如果用户已经浏览过某个超链接，这个超链接的文本颜色就会发生改变,只有图像的超链接访问后颜色不会发生变化。

执行“修改”→“页面属性”命令，弹出“页面属性”对话框，如图 5.17 所示，选择“分类”列表中的“链接”选项，可以修改其中的各个属性值。

1．创建超链接

选中要设置超链接的文字或图像，通过下面方法添加相应的 URL。

（1）为文本添加超链接。

方法 1：使用“属性”面板创建超链接，执行“窗口”→“属性”命令，弹出“属性”面板，在面板的“路径”文本框中输入链接的路径，即可创建链接。

方法 2：直接拖动创建超链接，执行“窗口”→“属性”命令，弹出“属性”面板，选中要创建链接的对象，在面板中单击“指向”按钮，按住鼠标左键将按钮拖动到站点窗口中的目标文件上，释放鼠标左键即可创建链接。

方法 3：使用菜单命令创建超链接，选中设置超链接的文本，执行“插入”→“超级链接”命令，弹出“超级链接”对话框，在“链接”文本框中输入链接的目标，或单击“链接”文本框右边的“浏览文件”，选择链接目标，单击“确定”即可。

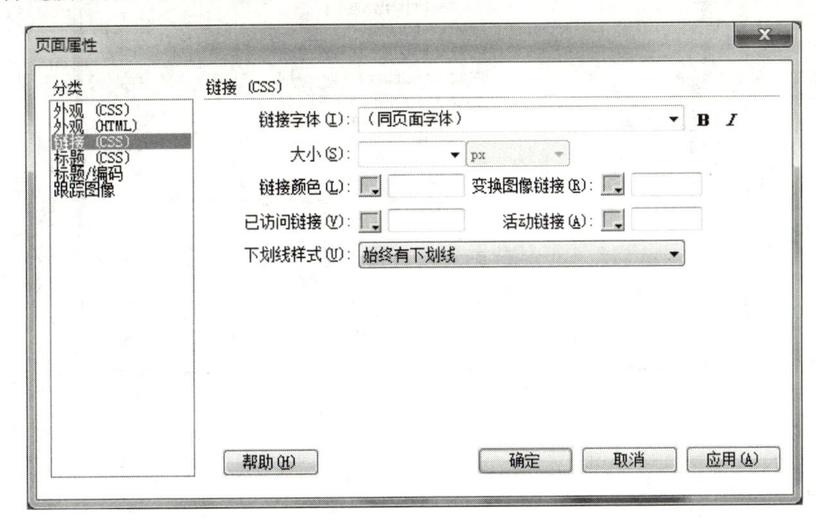

图 5.17 “页面属性”对话框

（2）为图像添加超链接。如果设置链接的对象是图像，则既可以是图像整体，也可以是图像的一部分或多个部分。选中图像，打开“对象”面板，根据图像的形状，从“矩形热点工具”、“椭圆形热点工具”和“多边形热点工具”中选择一种。将鼠标光标移动到图像上方，按住鼠标左键拖动鼠标绘制一个热点，选择热点，在“属性”面板中的“链接”文本框中输入地址。

（3）链接到 E-mail。如果网站建立者想接收使用者的反馈信息，使用电子邮件超链接可以实现。执行“插入”→“电子邮件链接”命令；或者在“插入”面板中的“常用”选项卡中单击“电子邮件链接”工具；或者选中文字对象，在“链接”选项的文本框中输入“mailto”地址，如，mailto:xhdd@163.com，xhdd@163.com是网站管理者的 E-mail 地址。

（4）用锚点链接实现网页内部跳转。锚点也叫书签，如果网页内容篇幅较长，可以通过锚点链接快速跳转到感兴趣的内容。建立锚点链接首先在网页的不同主题内容处定义锚点，然后在网页的开始处建立主题导航，并为不同主题导航建立定位到相应主题处的锚点链接。

① 将鼠标光标移到某个主题内容处，执行“插入”→“命名锚记”命令，或者在“插入”面板中的“常用”选项卡中单击“命名锚记”按钮，在“锚记名称”中输入锚记名称，如“hmg”。

② 在网页的开始处，选择链接对象，如主题文字，在“属性”面板中直接输入锚点名“#hmg”，或者在“属性”面板中，用鼠标拖曳“链接”右侧的“指向文件”，指向相应链接的锚点，如“hmg”，即可完成锚点链接。

2. 管理超链接

在站点内移动或重命名文档时，Dreamweaver 可以更新指向该文档的链接。设置自动更新链接的方法如下。

（1）执行“编辑”→“首先参数”命令，在弹出的“首选参数”对话框中的“分类”列表框中选择“常规”选项，如图 5.18 所示。

（2）在“文档选项”区域中，从“移动文件时更新链接”下拉列表中选择“总是”或“提示”选项。

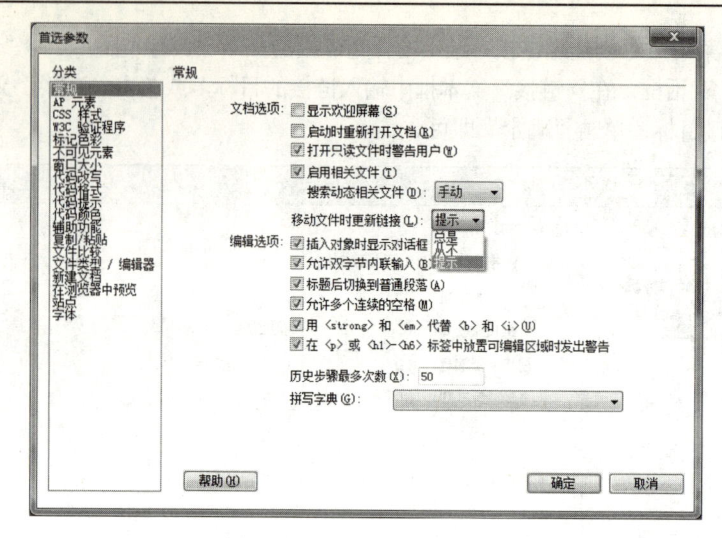

图 5.18 “首先参数”对话框

5.1.5　表格

利用表格可以组织大量的数据，使它们排列整齐，而且还可以精确定位文字、图像等网页元素在网页中的网站。计算机的分辨率不会影响网页的浏览效果，段落格式不随窗口的放大缩小而变化，这是使用表格进行页面布局的最大好处。在表格中可以输入文字，也可以插入图片。

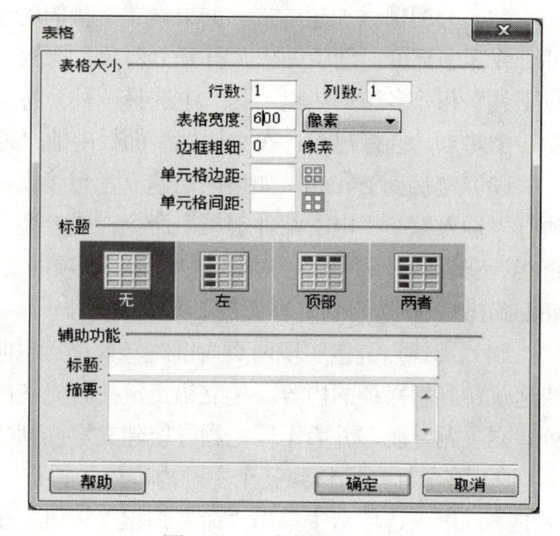

图 5.19 “表格”对话框

1. 创建表格

执行“插入”→“表格”命令，弹出“表格”对话框，如图 5.19 所示。

（1）根据需要设置表格的行数、列数、表格宽度、边框粗细及标题位置等属性，然后单击“确定”按钮。

（2）当“边框粗细”设置为 0 时，窗口中不显示表格边框。如果没有明确指定单元格间距和边距的值，大部分浏览器按单元格间距设置为 2，单元格边距设置为 1，显示表格。

插入表格后，通过选择不同的表格对象，在“属性”面板中查看、修改各项参数值，如图 5.20 所示。单元格行、列的“属性”面板如图 5.21 所示，可以设置单元格的合并、拆分、单元格的高和宽、水平和垂直方向的对齐方式、背景颜色等。

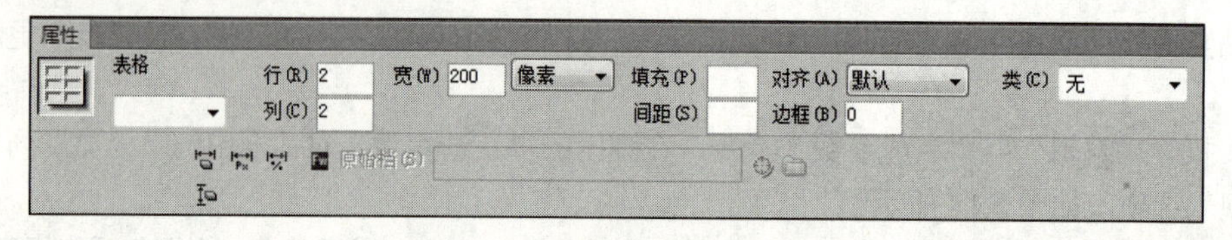

图 5.20 表格“属性”面板

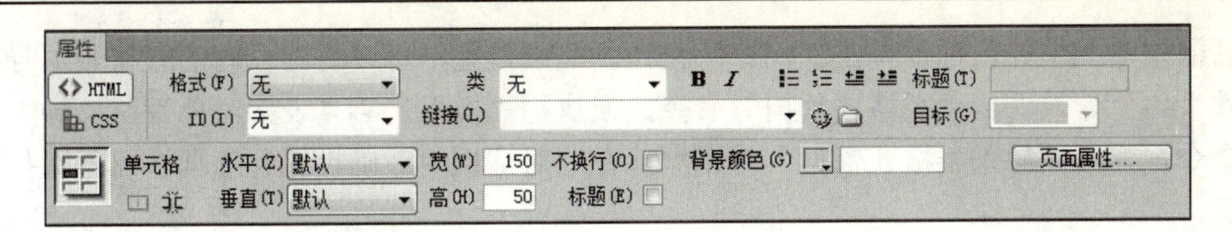

图 5.21　单元格行、列的“属性”面板

建立表格后，可以在其中添加文本、图像、表格等各种网页元素，插入内容后，表格尺寸会随内容的尺寸自动调整，也可以通过设置单元格的属性调整单元格大小和对齐方式等。

2．表格的操作

（1）选择表格。选择整个表格的方法有以下几种。

方法 1：将鼠标指针定位到表格的四周边缘的任意点，当鼠标指针右下角出现图标时，单击鼠标左键。

方法 2：插入点定位到表格中的任意单元格中，在文档窗口左下角的标签栏中选择<table>标签<table>。

方法 3：将插入点定位到表格中，执行“修改”→“表格”→“选择表格”命令。

方法 4：在任意单元格中单击鼠标右键，在弹出的快捷菜单中选择“表格”→“选择表格”命令。

（2）表格行、列的选取。使鼠标指针指向行的左边缘或列的上边缘，当指针出现向右或向下的箭头时单击鼠标，可以选择单行、单列；使鼠标指针指向行的左边缘或列的上边缘，当指针变为方向箭头时，直接拖曳鼠标或按住 Ctrl 键的同时单击行或列，即可选择多行或多列。

（3）选择单元格。

方法 1：将插入点定位到表格中，在文档窗口左下角的标签栏中选择<td>标签<td>；单击任意单元格，按住鼠标左键直接拖曳鼠标选择单元格。

方法 2：将插入点定位到单元格中，执行“编辑”→“全选”命令，选中鼠标指针所在单元格。

（4）选择矩形区域。将鼠标指针从一个单元格向右下方拖曳到另一个单元格；选择矩形块左上角所在位置对应的单元格，按住 Shift 键的同时单击矩形块右下角所在位置对应的单元格。按住 Ctrl 键的同时单击某个单元格即可选中该单元格，再次单击取消选择。

（5）复制表格

选定一个或多个单元格后，执行“编辑”→“拷贝”命令或按 Ctrl+C 组合键，复制单元格的内容；执行“编辑”→“剪切”命令或按 Ctrl+X 组合键，剪切单元格的内容；将光标定位到网页的适当位置，执行“编辑”→“粘贴”命令或按 Ctrl+V 组合键，将剪贴板所包含格式的表格内容粘贴到光标所在位置。

（6）删除表格。执行“修改”→“光标”→“删除行”命令或按 Ctrl+Shift+M 组合键，删除选择区域所在的行；执行“修改”→“光标”→“删除列”命令或按“Ctrl+Shift+-”组合键，删除选择区域所在的列。

选定表格中要清除内容的区域后，执行“编辑”→“清除”命令或按 Delete 键即可。

（7）表格数据的导入和排序。执行“文件”→“导入”→“Excel 文档”命令或执行“文件”→“导入”→“Word 文档”命令，弹出对应的导入对话框，选择相应的文件，即可导入数据。

若将一个网页的表格导入到其他网页或 Word 文档中，首先将网页内的表格数据导出，然后将其导入其他网页或切换并导入到 Word 文档中，执行“文件”→“导出”→“表格”命令，弹出“导出表格”对话框，在此对话框中设置相应参数，单击“导出”按钮，弹出“表格导出为”对话框，在此对话框中输入文件名称，单击“保存”按钮，完成设置，可以将网页内的表格数据导出。执行“文件”→“导入”→“表格式数据”命令，或执行“插入”→“表格对象”→“导入表格式数据”命令，弹出“导入表格式数据”对话框，在此对话框中正确设置各选项，可把数据导入到其他网页。

对表格内容进行排序，方便浏览者快速找到所需数据。将插入点定位放到要排序的表格中，执行“命令”→“排序表格”命令，弹出“排序表格”对话框，在此对话框中，根据需要设置各选项。

5.1.6　网页的发布

所谓网页的发布就是将创建完成的一个站点复制到服务器上指定的 URL，这样网页才能被浏览者看到。网站发布首先需要申请一个域名和一个空间服务器，然后上传网站到服务器。

在发布个人主页之前，需要做一些准备工作，如申请主页空间、预览网页、检验下载时间、定义站点、发布站点等。利用 Dreamweaver 可以轻松地将站点发布到 WWW，下面介绍 Dreamweaver 上传网站的步骤。

① 执行“站点”→“管理站点”命令，弹出“管理站点”对话框，如图 5.22 所示，单击“编辑当前选定的站点”按钮，弹出“站点设置对象”对话框，在此对话框中选择“服务器”选项，单击“添加新服务器”按钮，弹出“远程服务器设置”对话框，如图 5.23 所示。在此对话框中的“基本”选项卡中的“链接方法”下拉列表中选择 FTP 选项，在“FTP 地址”文本框中输入站点要传到的 FTP 地址，在“用户名”文本框中输入拥有的 FTP 服务器主机的用户名，在“密码”文本框中输入用户密码，设置完各个参数，单击“保存”按钮。

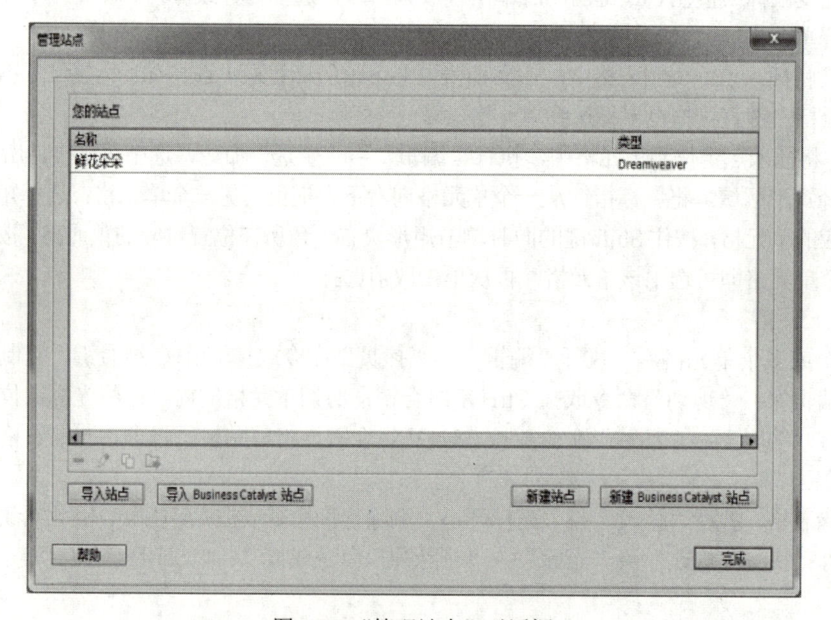

图 5.22　“管理站点”对话框

② 执行“窗口”→“文件”命令，弹出“文件”面板，在面板中单击按钮，弹出如图 5.24 所示的界面，在此界面中单击“连接到远端主机”按钮，建立与远程服务器的连接，此时自动变为闭合状态，并列出原点网站的目录，右侧窗口显示为“本地文件”信息，在本地目录中选择要上传的文件，单击“上传文件”按钮上传文件，上传完毕后，左边“远程服务器”列表框中，会显示已经上传的本地文件。

发布站点后，单击对话框中的超链接可以查看发布的站点，或者在浏览地址栏中输入用户个人主页的地址，欣赏自己制作的个人主页。

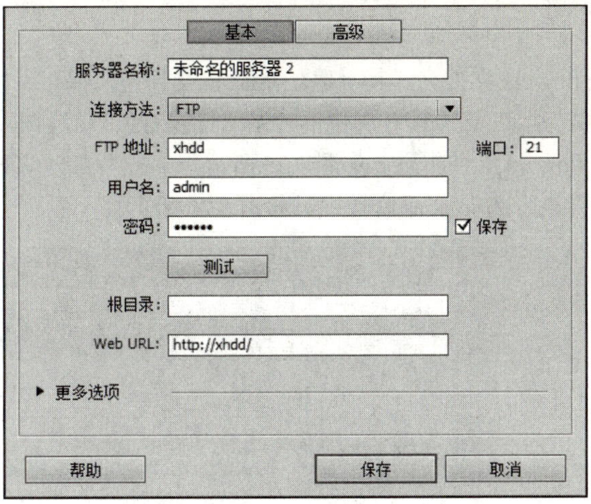

图 5.23 “远程服务器设置”对话框

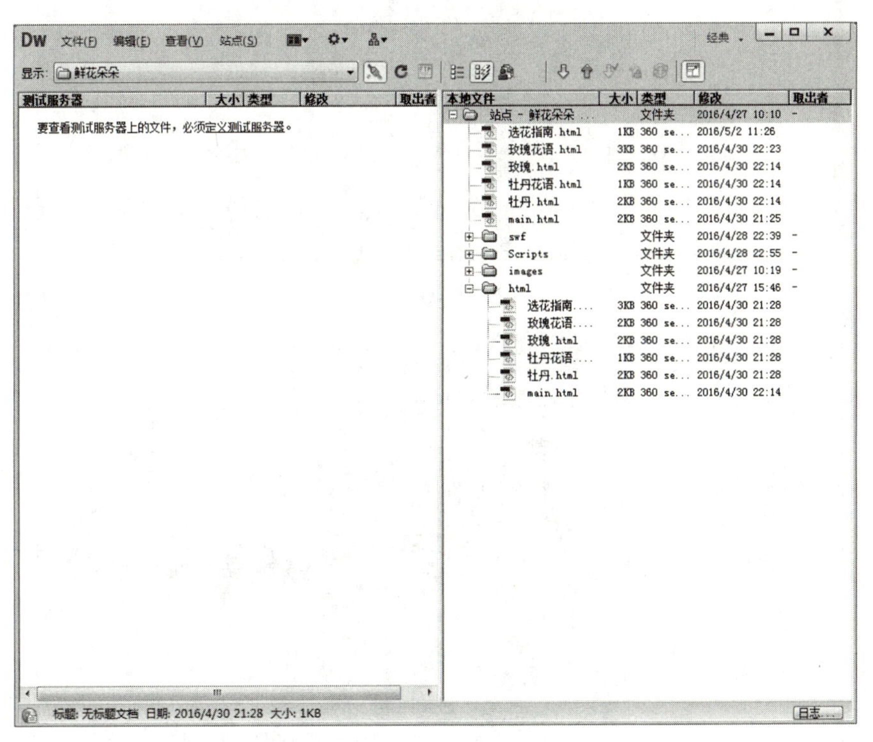

图 5.24　建立与远程服务器的连接

5.2　实 训 案 例

本例以建立一个四季鲜花网站为例，从建立站点开始详细介绍网站的构建和网页的制作过程。四季鲜花网站包括首页、春之烂漫、夏之风姿、秋之傲骨、冬之清妍。

5.2.1　站点的创建

1. 建立网站文件夹

首先在计算机中建立 flowers 文件夹，其下建立 images 文件夹，保存网站中用到的所有图片。

执行“站点”→“新建站点”命令，在弹出的“站点设置对象”对话框中，新建一个名为“四季鲜花”的站点，并保存在 flowers 文件夹下，如图 5.25 所示。单击“高级设置”选项，在“本地信息”选项中设置“默认图像文件夹”为 images 文件夹，如图 5.26 所示。

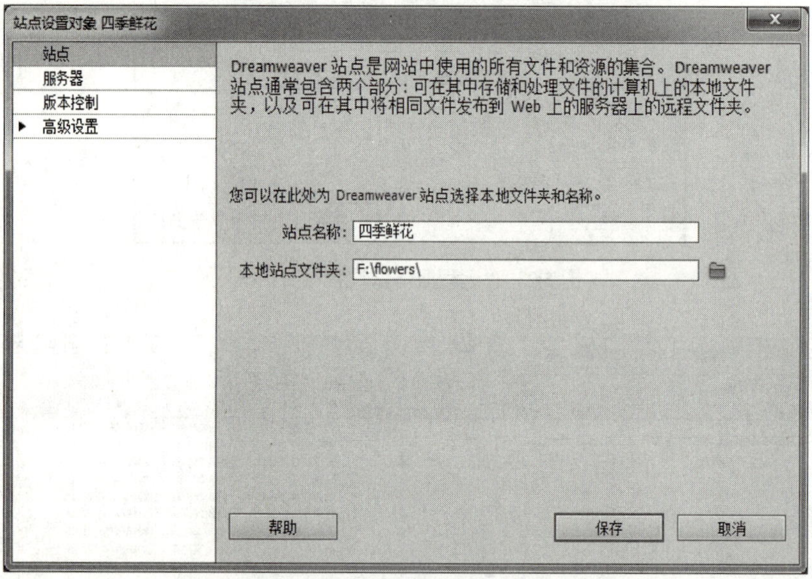

站点设置对象 四季鲜花

站点
服务器
版本控制
▶ 高级设置

Dreamweaver 站点是网站中使用的所有文件和资源的集合。Dreamweaver 站点通常包含两个部分：可在其中存储和处理文件的计算机上的本地文件夹，以及可在其中将相同文件发布到 Web 上的服务器上的远程文件夹。

您可以在此处为 Dreamweaver 站点选择本地文件夹和名称。

站点名称：四季鲜花

本地站点文件夹：F:\flowers\

帮助　保存　取消

图 5.25　站点设置对象

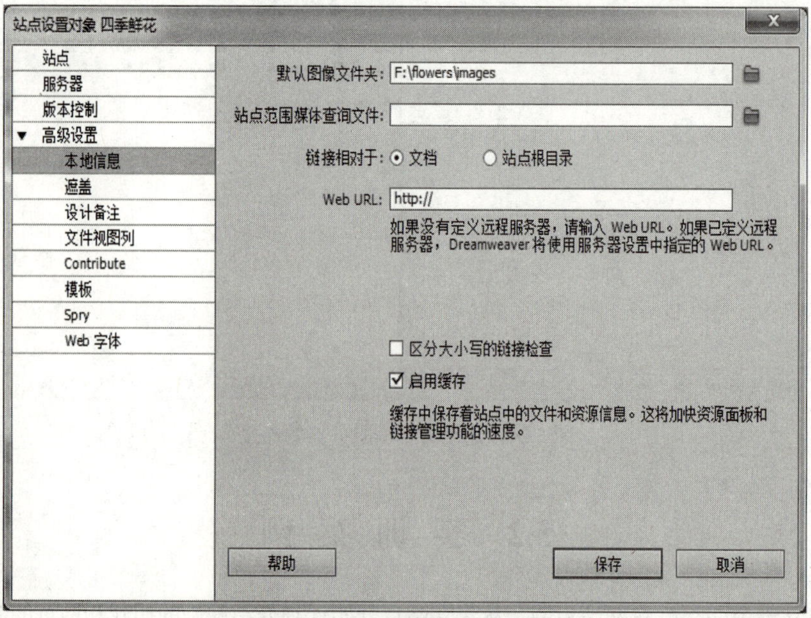

站点设置对象 四季鲜花

站点
服务器
版本控制
▼ 高级设置
本地信息
遮盖
设计备注
文件视图列
Contribute
模板
Spry
Web 字体

默认图像文件夹：F:\flowers\images

站点范围媒体查询文件：

链接相对于：⊙ 文档　○ 站点根目录

Web URL：http://

如果没有定义远程服务器，请输入 Web URL。如果已定义远程服务器，Dreamweaver 将使用服务器设置中指定的 Web URL。

☐ 区分大小写的链接检查

☑ 启用缓存

缓存中保存着站点中的文件和资源信息。这将加快资源面板和链接管理功能的速度。

帮助　保存　取消

图 5.26　“本地信息”选项界面

2. 设置站点

执行“服务器”→“+”命令，添加新的服务器，这里可以对服务器进行命名，如果已经有网站服务器，可以选定一个自己的连接方法，如 FTP 的，并输入 FTP 的地址、用户名、密码；如果没有网站服务器，可以选择本地网络，Web URL 可以暂不设置，也可以设置一个路径 localhost/服务器 1（按服务器名来写），如图 5.27 所示，单击“保存”按钮，完成站点的创建。在右下角的文件面板中可以看到如图 5.28 所示的站点。

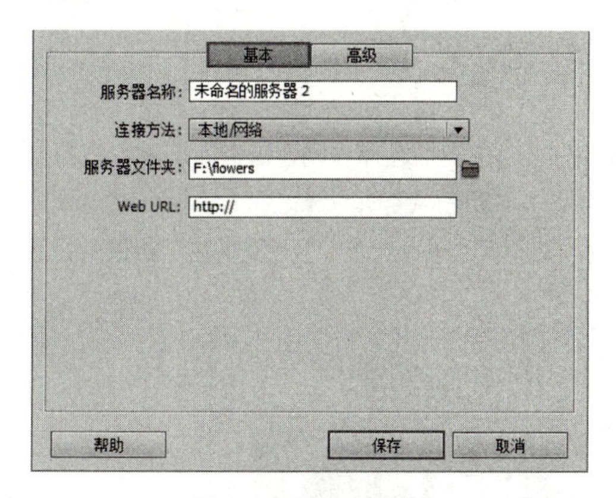

图 5.27　服务器设置

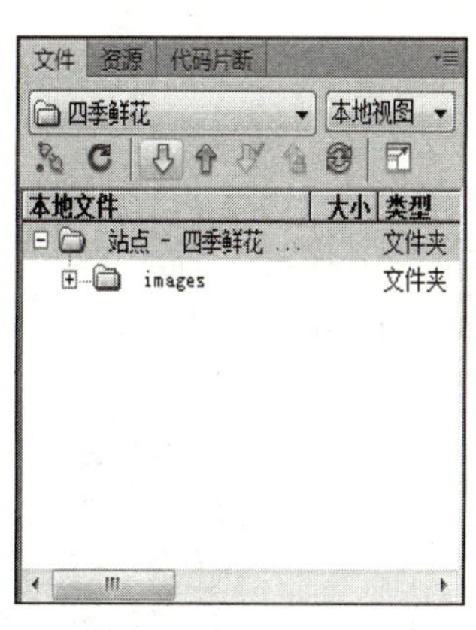

图 5.28　文件资源

3. 建立网页

右击“四季鲜花”文件夹，从弹出的快捷菜单中选择“新建文件”命令，在站点根目录下新建一个名为 index.html 的页面文件，用同样的方法创建 spring.html、summer.html、autumn.html、winter.html 页面文件，如图 5.29 所示的四季鲜花站点的文件。

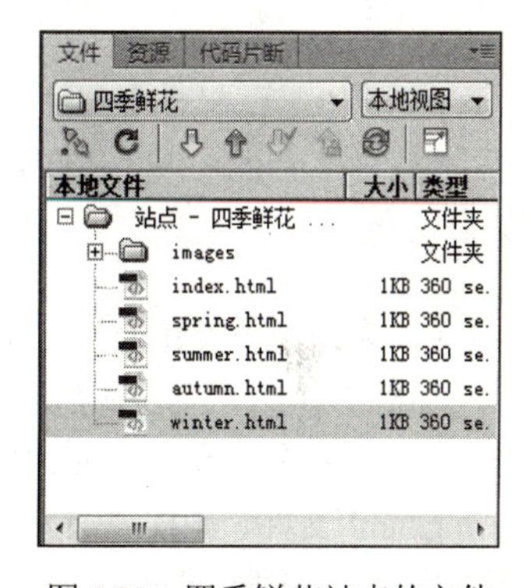

图 5.29　四季鲜花站点的文件

5.2.2　页面文件的制作

1. 设计 index.html 页面

（1）插入表格。建好站点和 index.html 文件后，制作 index.html 页面。

在站点窗口中双击 index.html，打开该页面，执行“插入”→“表格”命令，在弹出的“表格”对话框中（如图 5.19 所示），输入行数 3、列数 8 和表格宽度 600 像素，设置边框粗细、单元格间距和单元格边距，可以采用默认值，将鼠标定位到表格左上方，单击选中整个表格，再单击鼠标右键，在弹出的快捷菜单中执行“对齐”→“居中对齐”命令。

（2）在表格单元格中插入对象

① 光标定位到第一行第 1 个单元格，执行“插入”→“图像”命令，在弹出的“选择图像源文件”对话框中，找到要插入的图像文件 biaotou，单击“确定”按钮，插入一个网站的标志图像。

② 选中第一行第 2～8 个单元格，单击鼠标右键，在弹出的快捷菜单中选择“表格”→“合并单元格”命令，在其中输入“欢迎观赏美丽的四季鲜花，赏心悦目！”。

③ 在第二行第 1、3、5、7 个单元格中，分别插入选择的图像 yingchun.png、shiliu.png、yuzan.png、hudielan.png，并调整图像的大小（或者提前将所有图像裁剪成同样大小）。

④ 光标定位在第二行第 2、4、6、8 个单元格中，分别输入文字“春之烂漫”、“夏之风姿”、“秋之傲骨”、“冬之清妍”，单击鼠标右键，在弹出的快捷菜单中选择“段落格式”→“标题 1”命令，并在“属性”面板中设置水平方向和垂直方向的对齐方式为“居中”。

⑤ 选中第三行所有单元格，并合并成一个单元格，输入相应的文字内容，在“CSS 属性”面板中按需要设置字体和字号，选中单元格，可以在“属性”面板中根据需要设置单元格的宽度和高度。

⑥ 将第二行图像的宽度和高度分别设置为 198 像素和 238 像素，文字所在单元格的宽度设置为 60 像素。

（3）创建超链接。

① 为文本设置超链接。

选中文字“春之烂漫”，单击鼠标右键，在弹出的快捷菜单中选择“创建链接”选项，在打开的“选择文件”对话框中选择 spring.html 文件。用同样方法为文字“夏之风姿”、“秋之傲骨”、“冬之清妍”创建指向 summer.html、autumn.html 和 winter.html 文件的链接，如图 5.30 所示。在“CSS 属性”面板中设置背景颜色为#CCFFCC。

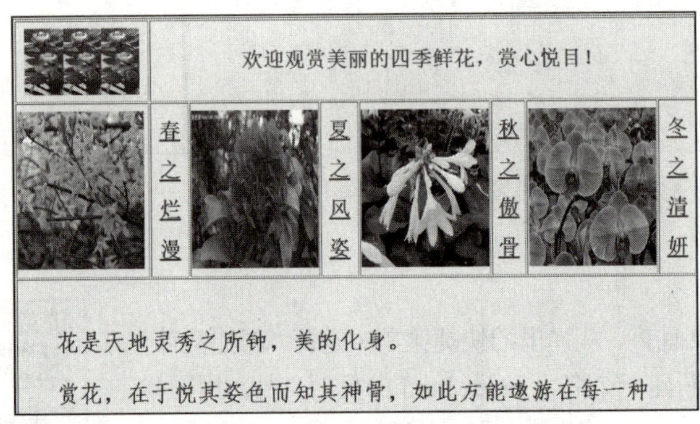

图 5.30 四季鲜花首页

② 为图像设置超链接。还可以为四张图片创建链接。单击第二行列第一个图片，在下面的“属性”面板中选择“矩形热点工具”，鼠标变为十字形，拖动选择第一个图片，弹出一个对话框，单击“确定”按钮。单击“属性”面板中“链接”后面的“选择文件”按钮，在弹出的对话框中选择 spring.html 文件。同样方法为其他三个图片创建相应的链接。至此首页页面制作完成，按 F12 键在浏览器中显示创建的网页，观看效果。

2. 设计 spring.html 页面

① 在本地文件中双击 spring.html，打开页面。插入一个 10 行 3 列的表格，宽度设置为 1200 像素，边框粗细设置为 2 像素。

② 选中第一行第二个单元格，单击鼠标右键，在弹出的快捷菜单中选择“表格”→“拆分单元格”命令，拆分成 6 列，如图 5.31 所示。

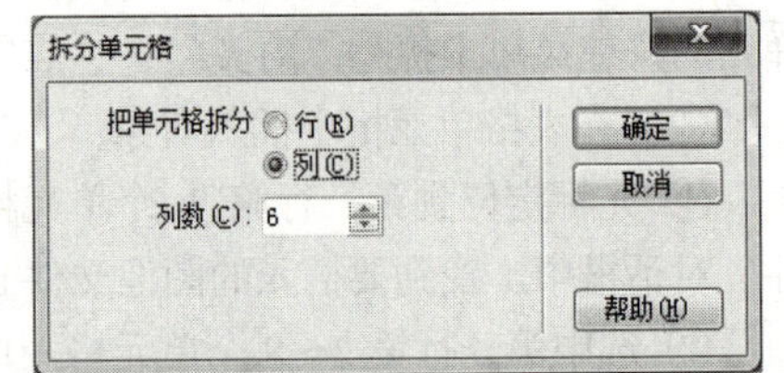

图 5.31 拆分单元格

③ 同样方法将第一行第一个单元格和第一行最后一个单元格，拆分成 2 个。

④ 选中第一行所有单元格，在“属性”面板中设置宽度（例如 120 像素），选中第 2～10 行，根据实际需要设置高度（例如 300 像素），分别输入文字，并设置字体、字号、水平居中。

⑤ 在第二行第一列插入迎春花的图片，图片大小按第一个的高宽设置（例如 240×300 像素），中间是介绍文字，右侧是相应的诗词。

⑥ 因为页面内容较多，可以利用锚点链接快速跳转到感兴趣的内容。

将光标移到某个主题内容处，如第二行中间的迎春花介绍文字开头，执行“插入”→“命名锚记”命令，在“锚记名称”中输入锚记名称，如“ych”。选择链接对象，如第一行第二个单元格的“迎春花”，在“属性”面板中直接输入锚点名“#ych”，或者在“属性”面板中，用鼠标拖曳“链接”右侧的“指向文件”，指向相应链接的锚点，如“ych”，即可完成锚点链接。

按此方法，为其他的“樱花”、“梨花”等建立锚点，以达到快速定位的目的。

最终制作的春之烂漫网页如图 5.32 所示。其他网页的制作方法与此类似，此外不再介绍。

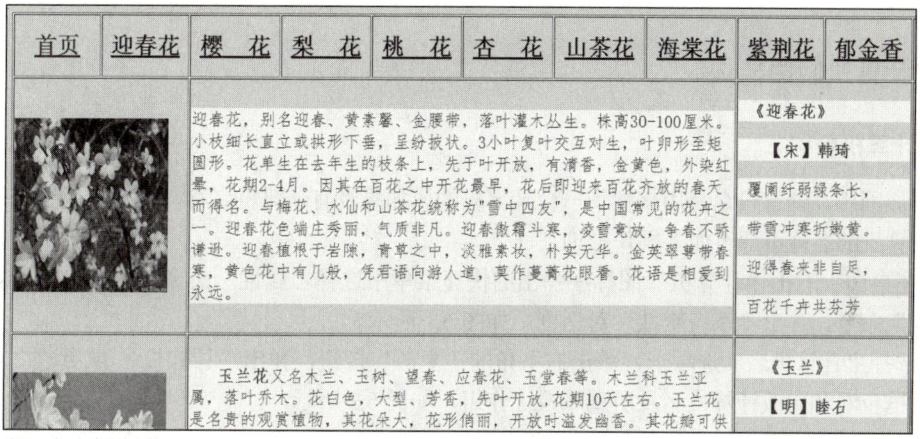

图 5.32　春之烂漫网页

5.3　实 训 内 容

5.3.1　个人网站的制作

1. 实验目的

初步了解创建网站的方法。

2. 实验内容

确定网站主题，如我的家庭、我的母校、我的宿舍等，搜集准备材料，规划网站，创建和管理个人网站。

5.3.2　简单网页的制作

1. 实验目的

掌握 Dreamweaver 制作静态网页的基本方法。

2. 实验内容

根据前面网站的规划，制作具体的组成网页。要求至少包含 5 张网页，练习插入链接、图片、表格等内容。

第 6 章 计算机网络与 Internet 应用

随着网络的飞速发展，微软不失时机地提出了.NET 战略。其新一代操作系统 Windows 7 比以前版本的 Windows 具有更强大的网络管理功能，主要围绕为用户提供更快捷、强大的网络功能为主。

6.1 知 识 要 点

6.1.1 计算机网络概述

1. 计算机名称

在局域网中，计算机名是用来标识一台计算机的。如果没有计算机名称，网络将无法正确识别计算机。计算机的名称可通过如下操作查询。

① 在桌面上右击"计算机"图标在弹出的快捷菜单中选择"属性"命令，在窗口中单击"高级系统设置"命令，弹出"系统属性"对话框，如图 6.1 所示。

② 选择"计算机名"选项卡，单击右下角的"更改"按钮，弹出"计算机名/域更改"对话框，在此对话框查看和更改计算机名及所属域或工作组，如图 6.2 所示。

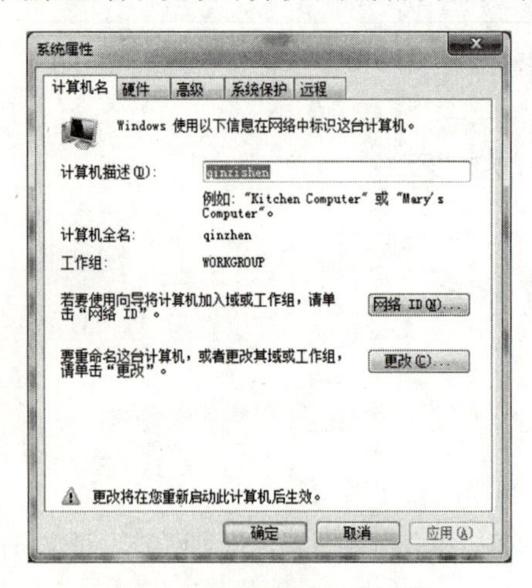

图 6.1 "系统属性"对话框

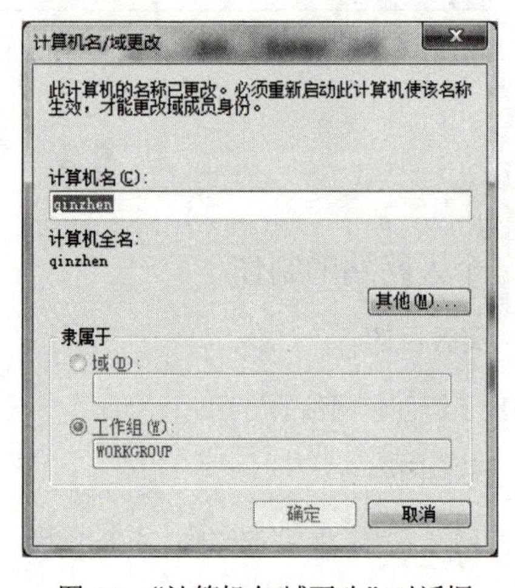

图 6.2 "计算机名/域更改"对话框

2. 域

在局域网中，用来管理网络中的每一台计算机、每一个用户信息和各种共享资源的计算机称为域服务器，由域服务器负责管理的网络称为域。

处于一个域内的计算机共享同一个服务器，它们的安全规则是一样的。处于不同域中的用户要进行交流，必须要得到网络管理员的授权，每当用户欲从任何一台工作站或服务器登录网络时，"域服务器"就会负责确认用户的身份是否被允许；那些没有权利及权限的用户，将会被拒于域门外，无法进入。

基于域模式的局域网络称为客户/服务器网络。

3. 工作组

简单的网络环境，可能不提供专门的域服务器进行网络管理，用户可以通过工作组形式访问网络资源。

工作组是将一群计算机以网络方式连接在一起的形式。在工作组中，并没有任何一台计算机承担中央控制的角色，所有的计算机都是同等的，其资源分散在工作组中的各个计算机上，因此，每一台计算机均可以通过网络访问工作组中其他计算机内的资源，也可以提供资源给其他计算机使用。属于同一个工作组中的计算机之间可以相互访问。

基于工作组模式的局域网络称为对等网。

注意：修改完成后，必须重启计算机才能生效。

6.1.2　网络连接与配置

将用户的计算机与其他的计算机或局域网络进行连接，便可以访问其他计算机的文件夹或者共用硬件资源，实现软、硬件资源的共享。

本节以组建立对等网为例，介绍 Windows 7 系统最基本的网络连接和配置。

1. 安装网卡

网卡即网络适配器，它是网络设备与计算机主机的通信硬件。安装网卡的主要操作步骤如下。

① 关闭所有设备电源。

② 打开计算机的主机箱，将网卡插入插槽内。

③ 将网线插头的一端接入到计算机主机背面的网卡的插孔中，另一端插入到网络设备（集线器）的任一端口的插孔中，即完成了计算机网络系统的线路连接。

④ 添加网卡驱动程序。

⑤ 查看计算机背面的网卡的指示灯及网络设备端口上的指示灯，绿灯闪烁表示正常，否则请重新检查连接是否正确。

2. 安装网络组件

完成网卡驱动程序的安装后，需要安装系统中有关网络的软件，才能使用网络的功能。在微软的网络中提供了三种组件，以实现不同的网络功能。其中：

①“Microsoft 网络客户端”组件：实现在 Windows 环境下，网络用户间的相互连接和访问功能。只有安装了该组件，计算机才能够访问网络资源；

②“Microsoft 网络的文件和打印机共享”组件：可以使计算机能够向网络提供文件和打印共享服务，否则本机的资源将不能共享；

③“Internet 协议（TCP/IP）”组件：可以使用户计算机连接到 Internet，但必须经过相应的配置。

安装步骤如下。

(1) 打开“控制面板”窗口，单击“网络和共享中心”图标，单击“更改适配器设置”选项，就可以看到“本地连接”选项。

(2)“本地连接”是指利用网卡和网线与局域网的连接。在“本地连接”选项上单击鼠标右键，在弹出的快捷菜单中选择“属性”命令，弹出“本地连接 属性”对话框，如图 6.3 所示。

在安装好网卡驱动程序后，Windows 系统将自动安装好网络配置所需要的项目。默认情况下，三种网络组件都已经安装好。如果在“本地连接 属性”对话框中没有显示三种网络组件或不完整，则继续按以下步骤安装。

（3）单击“安装”按钮，弹出“选择网络功能类型”对话框，如图 6.4 所示。

（4）执行“客户端”→“添加”→“Microsoft”→“Microsoft 网络用户”→“确定”命令，以此完成“Microsoft 网络客户端”组件的安装。

（5）执行“协议”→“添加”→“Microsoft”→“ Internet 协议 TCP/IP”→“确定”命令，以此完成“Internet 协议(TCP/IP)”组件的安装。

（6）执行“服务”→“添加”→“Microsoft 网络的文件和打印机共享”→“确定”命令，以此完成“Microsoft 网络的文件和打印机共享”组件的安装。

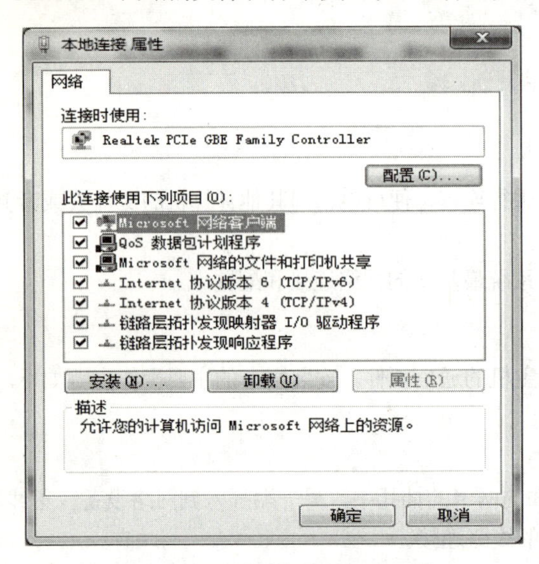

图 6.3 “本地连接 属性”对话框

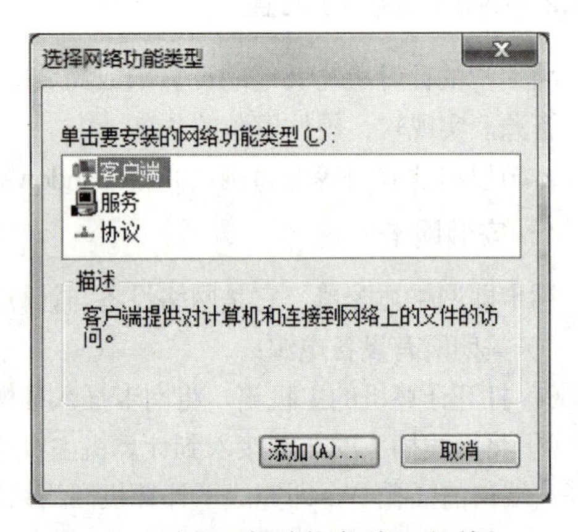

图 6.4 “选择网络功能类型”对话框

3. 设置 TCP/IP 协议

完成安装网络组件后，还应设置组件内的参数，如 IP 地址、计算机名等。

设置 TCP/IP 协议操作步骤如下。

① 在“本地连接 属性”对话框中，选中“Internet 协议版本 4（TCP/IPv4）”组件的前提下单击“属性”按钮，显示 Internet 协议版本 4（TCP/IP）属性”对话框，如图 6.5 所示。

② 选中“使用下面的 IP 地址”单选按钮，在“IP 地址”文本框中输入网络管理员分配的 IP 地址。这里，以 192.168.1.4 作为本机的内部 IP 地址，子网掩码用于区分不同的局域网的网络号，一般可填入 255.255.255.0。

注意：在同一局域网中任意两台计算机的 IP 地址不能相同，如将第一台计算机的 IP 地址设置为 192.168.1.1，那么可以将其他计算机的 IP 地址分别设置为 192.168.1.2、192.168.1.3 等，依次类推。但子网掩码应该相同（如都填写为 255.255.255.0）。

③ 单击“确定”按钮，使 TCP/IP 协议生效。

4. 更改网络标识

网络标识是计算机在网络里的身份标志，通过更改标识，可以将计算机加入对等网或域环境。

配置对等网中计算机的网络标识的方法如下。

① 在桌面上的“我的电脑”图标上单击鼠标右键，在弹出的快捷菜单中选择“属性”命令，弹出“系统属性”对话框。

② 在该对话框中选择“计算机名”选项卡，如图 6.1 所示。

③ 单击“更改”按钮，弹出“计算机名/域更改”对话框，如图 6.2 所示。

④ 在图 6.2 所示的对话框中输入用户为计算机定义的新名称、用户希望加入的工作组，单击“确定”按钮。

⑤ 完成设置后重新启动计算机。

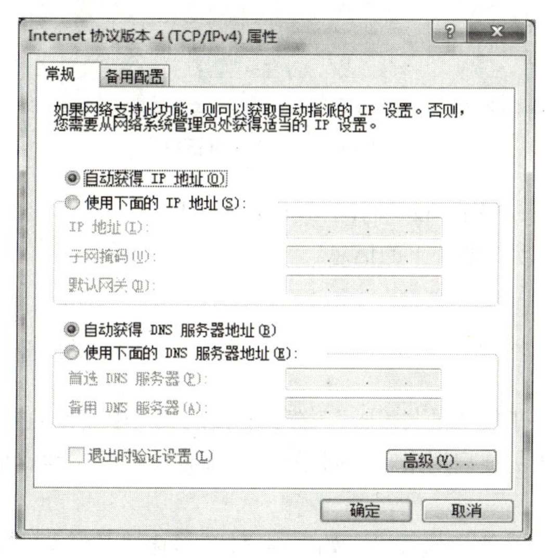

图 6.5　TCP/IP 属性对话框

5．网络的连通测试

网络配置好后，测试它是否畅通是非常必要的，可以使用 Windows 7 提供的 ping 命令，ping 命令用于监测网络连接是否正常，它只能在有 TCP/IP 协议的网络中使用。

具体格式是：“ping 计算机的 IP 地址或域名”，常用的使用方法有以下几种。

① ping 127.0.0.1。检查网络协议的安装情况。若有问题，重新安装网络协议。

② ping 主机 IP 地址。检查网卡工作是否正常。若有问题，检查网卡指示灯是否正常，网卡安装有无松动问题，是否需要换新的网卡。

③ ping 局域网内的主机 IP 地址（办公室内同一网段的其他计算机）。检查线路。若有问题，检查插座是否松动，网线有无问题。如果办公室有集线器或交换机电源打开，检查它们的工作是否正常。

④ ping 网关 IP 地址。检查用户计算机与网关的连通情况。若有问题，请网络中心管理员解决。

ping 命令可以在“运行”对话框中执行，也可以在 MS-DOS 或 Windows 7 中的命令提示符下执行。

例如，用户要检测用户计算机与其他计算机的连通情况，操作步骤如下。

① 执行“开始”→“所有程序”→“运行”命令，弹出“运行”对话框，如图 6.6 所示。

② 在对话框中输入“ping 192.168.1.1 –t”命令（参数 t 表示继续执行 ping 命令，直到用户按 Ctrl+C 组合键终止），其中 192.168.1.1 是其他计算机的 IP 地址。

③ 单击“确定”按钮。

如果网络连通正常，则出现如下信息。

正在 Ping 192.168.1.1 具有 32 字节的数据：

来自 192.168.1.1 的回复：字节=32　时间<1ms TTL=64

来自 192.168.1.1 的回复：字节=32　时间<1ms TTL=64

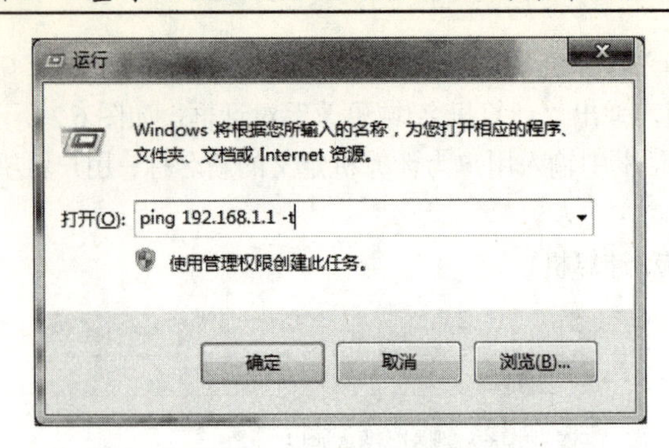

图 6.6 “运行”对话框

来自 192.168.1.1 的回复：字节=32　时间<1ms TTL=64

如果网络不通，则会出现类似如下的信息。

Request timed out.

Request timed out.

Request timed out.

完成以上配置后就可以打开“网上邻居”，查看当前局域网中其他的计算机。

但对于 Windows 7，还需要启用来宾访问账户“Guest”，设置本地安全策略，所共享的资源才能让网络其他用户访问。

启用“Guest”账户的方法为：执行“开始”→“控制面板”命令，弹出如图 6.7 所示的窗口，执行“用户账户和家庭安全”→“添加和删除用户账户”→“Guest”命令，单击“启用”按钮弹出，如图 6.8 所示窗口。

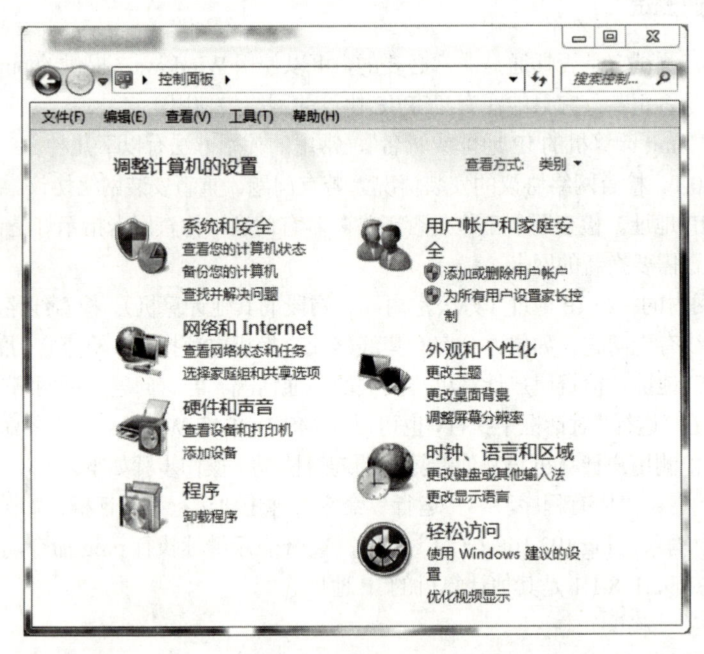

图 6.7 “控制面板”窗口

为了共享资源的安全，建议为该账号设置一个访问密码。执行“计算机管理”→“本地用户和组”→“用户”命令，在“Guest”账号上右周，选择“设置密码”选项，单击提示框中的“继续”按钮，然后在“设置密码”对话框中输入所要设置的密码。

必须通过下面的方法给该账号授权，否则别人依然无法访问该计算机上共享的资源。

通过执行“开始”→“控制面板”→“管理工具”→“本地安全策略”命令，弹出“本地安全策略”对话框，如图 6.9 所示。在此对话框的左侧列表中，选择“本地策略”→“用户权限分配”文件夹，然后在对话框右侧的策略下拉列表中，鼠标双击“拒绝从网络访问这台计算机”选项，弹出“拒绝从网络访问这台计算机 属性”对话框，在此对话框中删除其中的“Guest”账号即可，如图 6.10 所示。

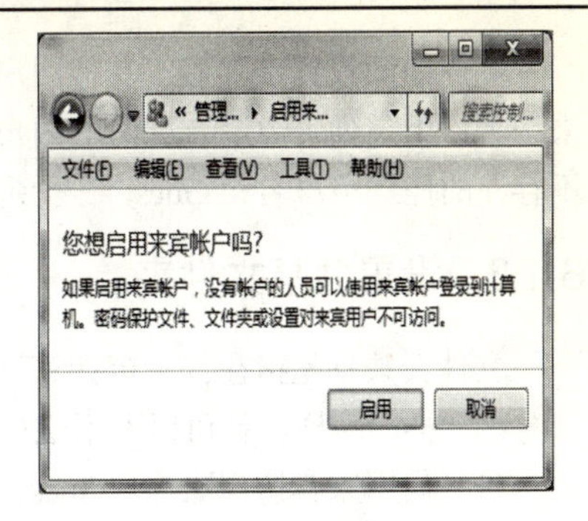

图 6.8　启用账号

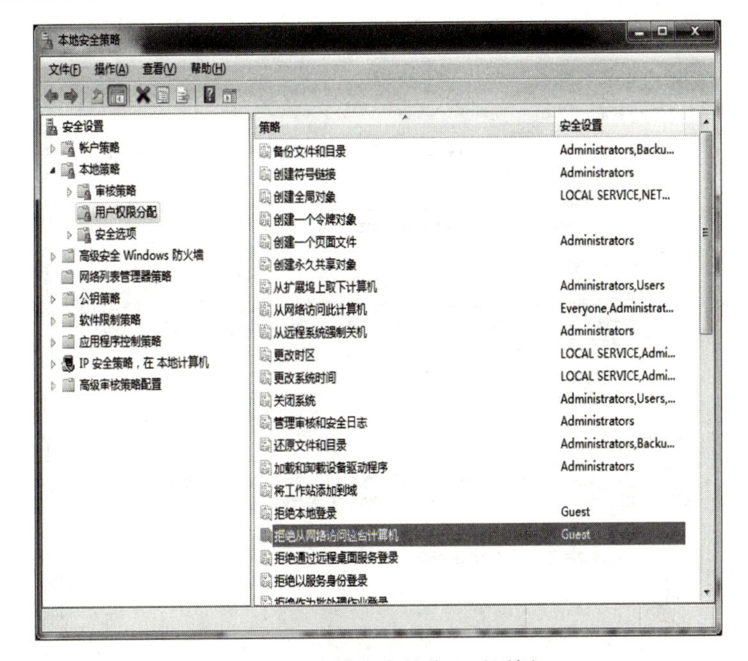

图 6.9　“本地安全策略”对话框

图 6.10　“拒绝从网络访问这台计算机 属性”对话框

完成前面设置步骤后，其他用户就可以通过网络来访问本机已共享的资源了。由于 Guest 是普通来访者，用户列表中没有列出的用户名都被当作 Guest。所以用户从网络访问时，可以输入该列表中不存在的任意用户名和 Guest 账号所对应的密码进行登录。

6.1.3 设置共享文件夹

文件夹共享是指在任一台计算机上都能对另外一台计算机中的文件夹进行操作，就像使用本地的计算机一样，这样，就可以不用磁盘将文件夹来回复制了。

（1）启用来宾访问账户“Guest”，执行“控制面板”→“网络和 Internet”→“网络和共享中心”→“更改共享高级设置”命令，选中下方的“关闭密码保护共享”单选按钮，如图 6.11 所示。

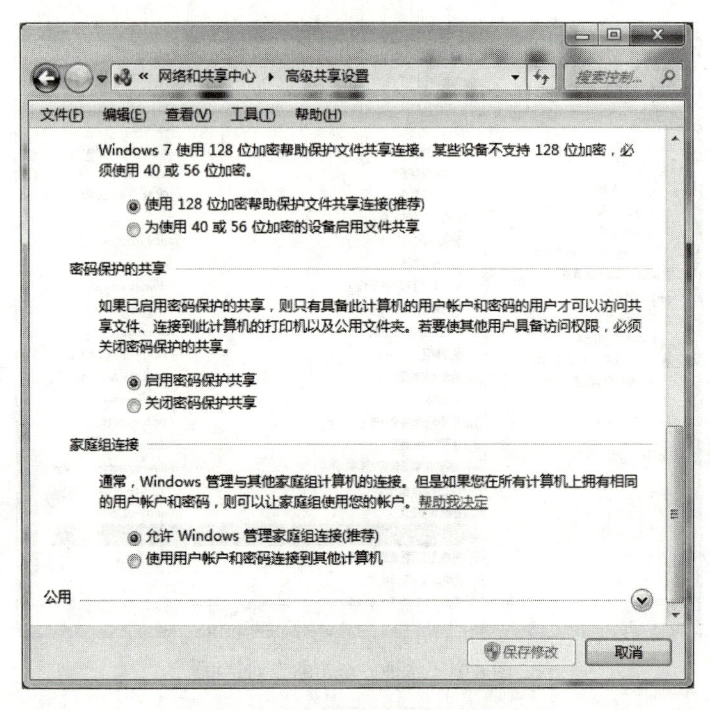

图 6.11 “高级共享设置”对话框

（2）在需要共享的文件夹上右击，在弹出的快捷菜单中选择“属性”选项，弹出“mbfile 属性”对话框，在此对话框中选择“共享”选项卡，如图 6.12 所示,单击“高级共享”按钮，弹出如图 6.13 所示的“高级共享”对话框，选中“共享此文件夹”复选框，然后在“共享名”文本框中输入共享名（网络其他用户可看到的资源图标名字），默认文件夹名字作为共享名，这里也可以设置同时访问共享文件夹用户的数量。

（3）单击“权限”按钮，弹出如图 6.14 的“mbfile 的权限”对话框。在该对话框中可以设置其他人通过网络访问该文件夹时允许或拒绝的权限。

（4）单击“添加”按钮，在“组或用户名”列表中，加入新的组或用户名，如可以将 Guest 账户添加进来。要删除用户或组，首先选中该用户和组，然后单击“删除”按钮。

（5）在权限列表框中，可以为用户或组设置必要的权限。通过选中或取消每个权限对应的“允许”和“拒绝”复选框，来设置共享权限。将添加的 Guest 账户设置权限为允许完全控制，如图 6.14 所示的权限列表中的几种权限含义如下。

①“完全控制”：允许读、写、改变或删除文件和文件夹。

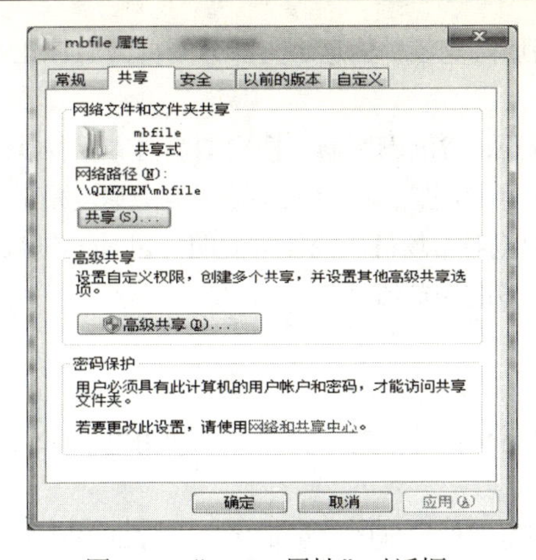

图 6.12 “mbfile 属性”对话框

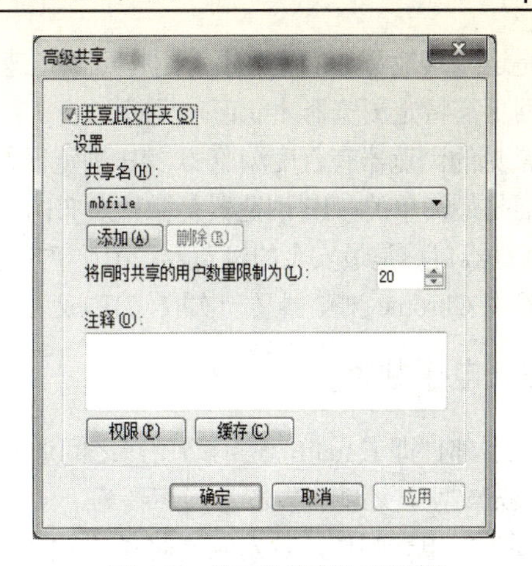

图 6.13 “高级共享”对话框

②“更改”：允许读、写或删除文件和文件夹。

③“读取”：允许查看和列出文件和子文件夹。

（6）单击“确定”按钮。

鼠标双击桌面上的网络图标，选择右侧的计算机名称并双击，就可以看到设置后的共享文件夹。如图 6.15 所示。

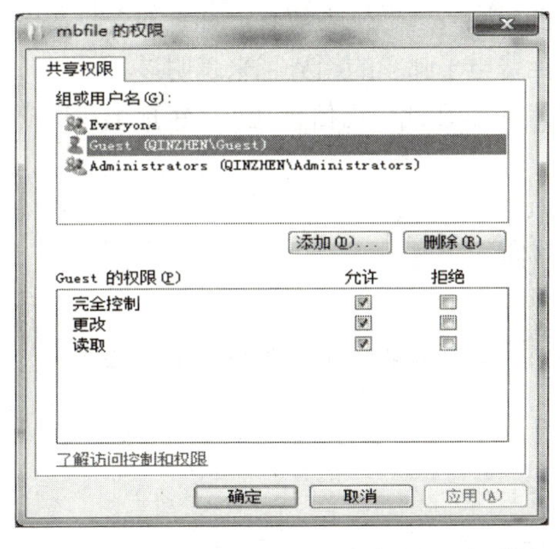

图 6.14 “mbfile 的权限”对话框

图 6.15 文件夹属性设置对话框

对于需要共享的磁盘，其操作过程和设置共享文件夹类似。只是设置后的磁盘图标，左下角有个共享标志。

6.1.4 使用网络资源

Windows 7 主要使用“网络”来统一管理网络资源，通过它可以添加网上邻居、共享网上资源，包括文件夹共享、打印机共享等。在如图 6.15 所示的对话框中，就可以对同一工作组或域中的共享资源进行复制、删除、移动等操作，就像在使用本地计算机一样。

6.1.5 浏览器

浏览器实际上是一个用于浏览网页的应用程序，它使用户能够快速掌握网络浏览方法，极大地推动了 Internet 的发展。它用来显示在万维网或局域网等内的文字、图像及其他信息，这些文字或图像，可以是连接其他网址的超链接，用户可以迅速地、轻易地浏览各种信息。大部分网页为 HTML 格式，有些网页需特定浏览器才能正确显示。

常见的浏览器有百度浏览器、IE 浏览器、360 浏览器、谷歌浏览器、搜狗浏览器等。谷歌浏览器的界面是最简单的；IE 浏览器是微软发布的一款编辑流行的浏览器；火狐浏览器响应速度是最快的；360 浏览器自称是最安全的浏览器。2016 年 5 月份发布浏览器市场份额统计数据的公司 NetMarketShare 称，谷歌 Chrome 浏览器又一次取代 IE 成为使用人数最多的浏览器。

6.1.6　电子邮件

电子邮件即 E-mail，是网络用户之间通过计算机网络传递信息的一种服务。利用电子邮件，不仅可以收发文字，还能收发图片、声音等。

要收发电子邮件，首先应该拥有一个邮件地址。获得邮件地址的渠道很多，一般的 ISP 都会提供电子邮件服务。如果用户想拥有不止一个地址，也可以到其他地方申请一个免费的电子邮件地址。有了地址以后，就可以收发电子邮件了。

基于 WWW 方式收发电子邮件是指在 Windows 环境中使用浏览器访问电子邮件服务的一种方式。若要收发邮件，必须登录到相应网站。在 Web 网站的电子邮件系统网页上，输入用户的用户名和密码，进入用户的电子邮件信箱，然后处理用户的电子邮件。

目前许多网站都提供免费的邮件服务功能，首先必须在该网站申请电子邮箱，按照申请时是否收费，电子邮箱可以分为免费邮箱和收费邮箱。后者提供的功能和服务远远优于前者，并且随着收费电子邮箱与免费电子邮箱之间差距的增大，收费电子邮箱取代免费电子邮箱的趋势越来越明显。

免费电子邮箱服务大多在 Web 站点的主页上提供，申请者可以在此申请信箱地址，包括填写用户名、密码等个人信息。各网站的申请方法大同小异。

6.2　实 训 案 例

目前许多网站都提供免费的邮件服务功能，用户可以通过这些网站收发电子邮件。通过该实例，主要使用户了解在 Internet 上获取免费电子邮箱的过程。

下面是国内著名的提供免费邮箱服务的网站。

① 网易免费邮箱：http://mail.163.com

② 搜狐免费邮箱：http://mail.sohu.com

③ 新浪免费邮箱：http://mail.sina.com.cn

④ 雅虎免费邮箱：http://mail.yahoo.com.cn

6.2.1　申请免费电子邮箱

① 启动 360 浏览器，在“地址栏”中输入 http://www.sohu.com，进入网易主页。在主页顶部可以注册和登录邮箱，如图 6.16 所示。

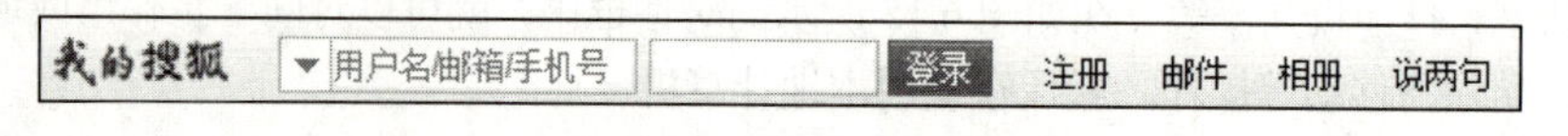

图 6.16　搜狐主页抬头

② 单击“注册”按钮，弹出如图 6.17 所示的页面，在“手机注册”选项卡中输入手机号码和验证码，设置密码，单击“立即注册”按钮，就可以注册手机号码邮箱，或者单击“邮箱注册”选项卡，弹出图 6.18 所示

的页面，输入邮箱账号，其内容将作为邮件地址@前的一部分，即用户在 sohu.com 上的账号，填写完毕按 Enter 键后，若此用户名没有被他人占用，继续输入设置密码、手机号码、验证码等，否则需要重新输入用户名。

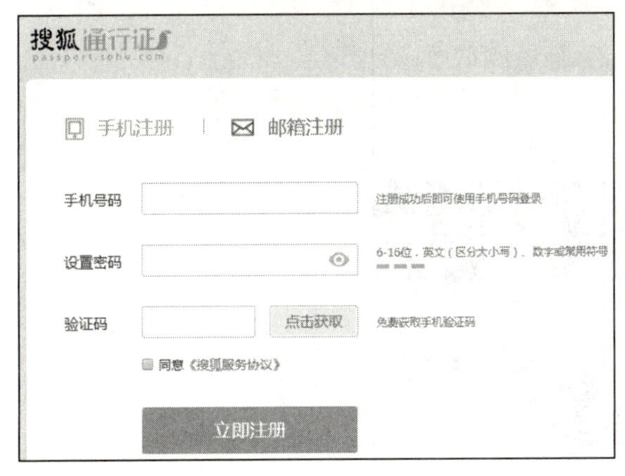

图 6.17　手机注册

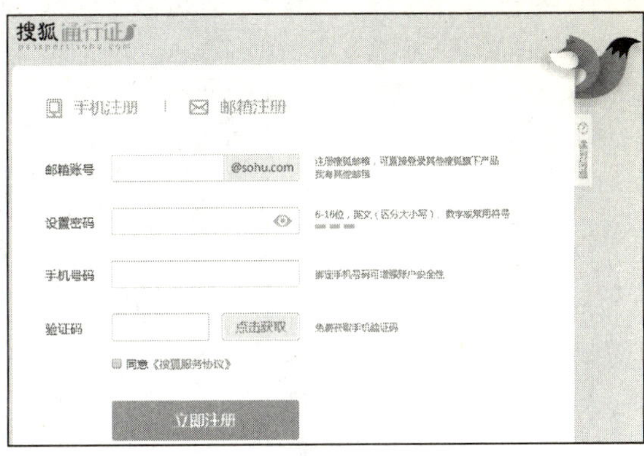

图 6.18　邮箱注册

③ 单击“立即注册”按钮，弹出注册成功页面，提示需要激活账号，输入验证码后，激活邮箱账号，如图 6.19、6.20 所示。

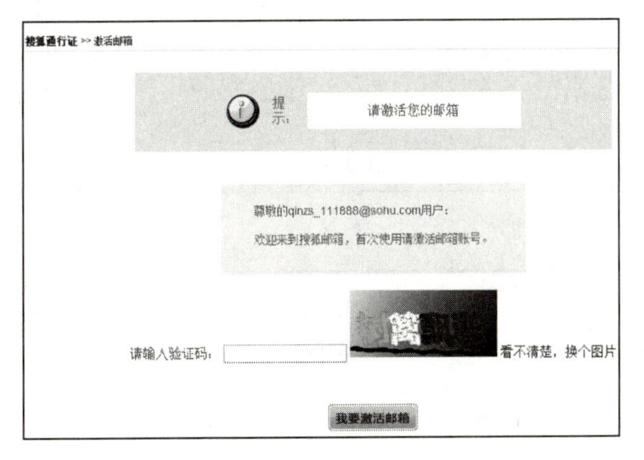

图 6.19　激活提示页面

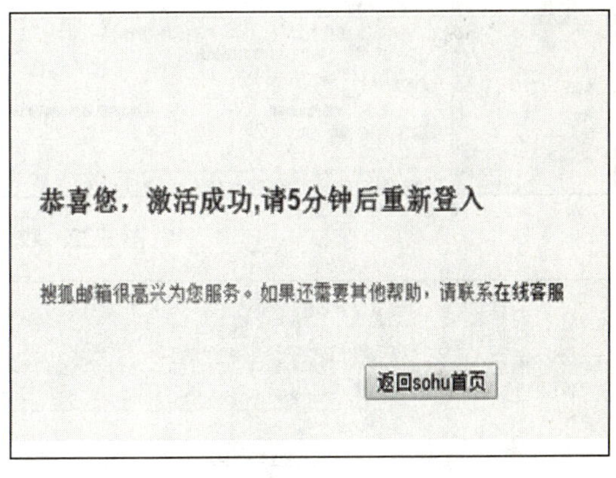

图 6.20　激活成功页面

6.2.2　使用免费电子邮箱发送邮件

注册申请成功以后，就能收发电子邮件了。在如图 6.16 所示的页面中，输入用户名和密码，单击“登录”按钮后，进入搜狐邮箱主界面，如图 6.21 所示。

1．收信

在搜狐邮箱主页中，单击“收件箱”链接，弹出收信窗口，这样会看到收件箱中的邮件列表，如图 6.22 所示。

① 单击发件人前边的小框，表示选中这封邮件，单击“删除”按钮，则可以删除选择的邮件。

② 单击邮件列表中的某封邮件的跳转点，在屏幕中会显示该邮件的内容，即可阅读这封邮件。

2．发信

在搜狐邮箱主窗口中，单击左侧“写信”按钮，弹出写信窗口，如图 6.23 所示。

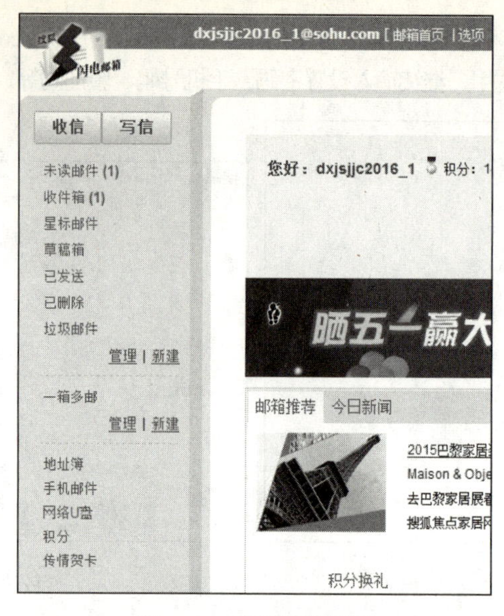

图 6.21　搜狐邮箱界面

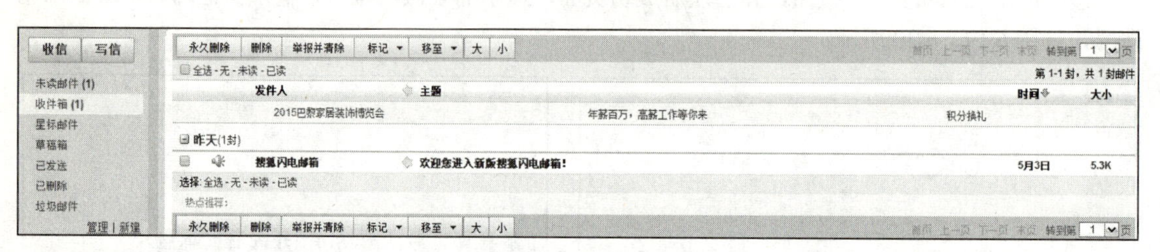

图 6.22　收件箱中的邮件列表

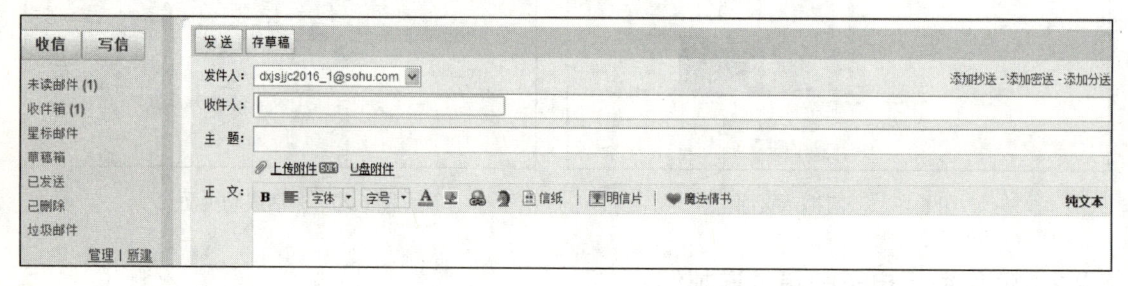

图 6.23　写信窗口

① 在“收件人”文本框中填入收件人的 E-mail 地址。

② 在“主题”文本框中填入邮件的主题，相当于信件的标题。

③ 在“添加抄送”超链接，填入该邮件副本抄送给另一收件人或多人的 E-mail 地址。

④ 在“添加密送”超链接，填入该邮件副本秘密抄送给另一收件人或多人的 E-mail 地址。

⑤ 在“添加分送”超链接，填入多人的 E-mail 地址，逐个给他们发送，其效果就像你把一封邮件单独的发给这几十个人，互相看不到。

⑥ “上传附件”除文字资料外，也可以把 Word 文件、Excel 计算表格、压缩文件或影像、图形、声音等多媒体资料当成邮件的一部分寄给其他人。

邮件中的正文可以采用纯文本编辑，也可以采用“格式”栏中的工具进行格式设置，可在邮件中直接插入图片，用法同 Word。

信件完成以后，单击“发送”按钮，立刻发送该邮件。发送成功后，根据提示可以返回到搜狐邮箱主页，继续进行其他操作。

6.3 实训内容

6.3.1 IE 浏览器的使用

1．实验目的

掌握使用 IE 浏览器下载文件的方法。

2．实验内容

1）通过超链接下载

通过超链接从新浪网站（http://down.tech.sina.com.cn/content/2472.html）下载 CuteFTP Pro 9.0 软件。

2）访问 FTP 服务器下载。

访问清华大学内部的 FTP 服务器，地址为：ftp://ftp.tsinghua.edu.cn。

6.3.2 实用网络程序的使用

1．实验目的

掌握使用 CuteFTP 软件下载文件的方法。

2．实验内容

1）软件下载

下载 CuteFTP Pro 9.0 软件并安装。

2）下载软件的使用

使用 CuteFTP 下载软件。

6.3.3 电子邮件的发送与接收

1．实验目的

熟练掌握申请电子邮箱的方法，能够使用电子邮箱接发邮件。

2．实验内容

1）申请免费邮箱

在网易申请一个免费的电子邮箱。

2）收发邮件

① 登录邮箱，给自己发送一个附带附件的邮件，填上主题，内容自定。

② 用申请的邮箱收取邮件并回复邮件。

参 考 文 献

[1] 解福．计算机文化基础．东营．石油大学出版社（10 版），2014
[2] 神龙工作室．Windows 7 中文版从入门到精通．北京：人民邮电出版社，2010
[3] 于双元．全国计算机等级二级教程——MS Office 高级应用．北京：高等教育出版社，2016
[4] 张彦等．全国计算机等级一级教程——计算机基础及 MS Office 应用．北京：高等教育出版社，2016
[5] 滕春燕．全国计算机等级一级 MS Office 教程．北京：人民邮电出版社，2014
[6] 李嫦，丘金平．计算机一级考证实训教程．北京：电子工业出版社，2014
[7] 王立娟等．Office 2010 办公软件高级应用．北京：中国铁道出版社，2014
[8] 七心轩文化．Office 2010 高效办公．北京：电子工业出版社，2015
[9] 陈静．Office 2010 办公软件应用教程工作任务汇编．北京：化学工业出版社，2004
[10] 谢华等．Office 2010 办公实战技巧精粹．北京：清华大学出版社，2004
[11] 神龙工作室．Office 2010 从入门到精通．北京：人民邮电出版社，2012
[12] 刘西杰. 巧学巧用 Dreamweaver CS6 制作网页. 北京：人民邮电出版社，2013
[13] 刘小伟，薛思奇，刘飞. Dreamweaver CS6 中文版多功能教材. 北京：人民邮电出版社，2013